DEUTSCHE DEMOKRATISCHE REPUBLIK
DEUTSCHE AKADEMIE DER LANDWIRTSCHAFTSWISSENSCHAFTEN ZU BERLIN
INSTITUT FÜR LANDWIRTSCHAFTLICHE INFORMATION UND DOKUMENTATION

Landwirtschaftliches Zentralblatt

ABTEILUNG I

LANDTECHNIK

SACHREGISTER 1964/2

Zweites Halbjahresregister (Heft 5 bis 9)

AKADEMIE-VERLAG · BERLIN

LZ. I. LANDTECHNIK · JG. 1964 · SACHREGISTER/2 · BERLIN · JUNI 1965

DEUTSCHE DEMOKRATISCHE REPUBLIK
DEUTSCHE AKADEMIE DER LANDWIRTSCHAFTSWISSENSCHAFTEN ZU BERLIN
INSTITUT FÜR LANDWIRTSCHAFTLICHE INFORMATION UND DOKUMENTATION

Landwirtschaftliches Zentralblatt

ABTEILUNG I

LANDTECHNIK

SACHREGISTER 1964/2

Zweites Halbjahresregister
(Heft 5 bis 9)

AKADEMIE-VERLAG · BERLIN

LZ. I LANDTECHNIK · JG. 1964 · SACHREGISTER/2 · BERLIN · JUNI 1965

LANDWIRTSCHAFTLICHES ZENTRALBLATT

ABTEILUNG LANDTECHNIK

LANDWIRTSCHAFTLICHES ZENTRALBLATT

ABTEILUNG I

LANDTECHNIK

SACHREGISTER

1964/2

Zweites Halbjahresregister
(Heft 5 bis 9)

BEARBEITET VON DIPLOM-LANDWIRT MARGOT LÜPNITZ

Versuchsarbeit

Herausgeber: Deutsche Demokratische Republik · Deutsche Akademie der Landwirtschaftswissenschaften zu Berlin, Institut für Landwirtschaftliche Information und Dokumentation, 108 Berlin, Krausenstraße 38/39; Fernsprecher: 22 51 61. Chefredakteur: Dr. Werner Kleeberg, 108 Berlin, Krausenstraße 38/39; Fernsprecher: 22 51 61. Redaktion der Abteilung I – Landtechnik: Dr. Joachim Güssefeldt. Verlag: Akademie-Verlag GmbH, 108 Berlin, Leipziger Straße 3—4; Fernsprecher: 22 04 41, Telex-Nr. 011773, Postscheckkonto Berlin 350 21. Bestellnummer dieses Heftes: 1030 I – SR 64/2. Das Landwirtschaftliche Zentralblatt, Abt. Landtechnik, erscheint jährlich in 9 Heften. Einzelheft MDN 20, –; einseitig bedruckte Ausgabe MDN 24, –. Jahresbezugspreis MDN 180, –; einseitig bedruckte Ausgabe MDN 216, – einschließl. Autoren- und Sachregister, zuzüglich Porto- und Versandkosten. Gesamtherstellung: VEB Druckerei „Thomas Müntzer" 582 Bad Langensalza. Veröffentlicht unter der Lizenznummer 1289 des Presseamtes beim Vorsitzenden des Ministerrates der Deutschen Demokratischen Republik.

V o r w o r t

Das vorliegende Halbjahresregister für die Hefte 5 bis 9 des Jahrganges 1964 wurde wie das erste Halbjahresregister mit Hilfe alphanumerischer Lochkartenmaschinen (System BULL) erarbeitet.
Eine ausführliche Begründung der Rationalisierungsmaßnahmen und Hinweise auf die an der Erarbeitung beteiligten Institutionen sind im Vorwort zum ersten Halbjahresregister enthalten. Hier werden nur noch einmal Veränderungen herausgestellt, die sich gegenüber der konventionellen Form von Sachregistern ergeben:

Beschränkung des Textes auf die 80 Stellen der Maschinenlochkarte, daher wurden längere Texte in zwei oder mehr Sachverhaltseinheiten zerlegt.

Die Eigenart der Tabelliermaschine bedingt die zeilenweise Einheit von Stichwort und Kontext, Einschränkung von Durchschuß auf volle Zeilenhöhe bzw. Typenbreite und Beschränkung auf den Punkt als einziges Satzzeichen.

Zufolge der uniformen Typen - es stehen nur Versalien zu Verfügung - mußte ein bestimmter photomechanischer Verkleinerungsgrad eingehalten werden. Daraus ergab sich die Notwendigkeit, den Satzspiegel im Querformat anzuordnen.

Im Interesse der Lesbarkeit wurden die Referatenummern v o r den Text gestellt und bei Stichwortgruppen das erste Wort oder der erste Teil nicht wiederholt.

Es wurden im erhöhten Maße Abkürzungen angewendet. Zur Erhaltung der Verständlichkeit wurden nur solche Wortkürzungen benutzt, die auch sonst häufig im Gebrauch sind. Bei Gefahr der Mehrdeutigkeit wurde nicht gekürzt, insbesondere wurden Artikel nicht gekürzt. Teilweise wurde nach dem Abkürzungspunkt ohne Zwischenraum weitergeschrieben.

Einführung in das Sachregister

Das Sachregister für den Jahrgang 1964 besteht aus zwei alphabetisch angeordneten Stichwortverzeichnissen. Das erste Halbjahresregister umfaßt die Hefte 1 bis 4, das zweite Halbjahresregister die Hefte 5 bis 9. Die Stichwörter wurden den Referaten, Titeln, Übersetzungsnachweisen, Buchbesprechungen und den bibliographischen Angaben entnommen. Sachlich zusammengehörende Stichwörter wurden zusammengefaßt (Beispiel: FAHRSILO und HOCHSILO zu "SILO") und innerhalb der einzelnen Stichwörter nach sachlichen Gesichtspunkten geordnet. Umfangreiche Stichwörter wurden durch Zwischenüberschriften gegliedert, außerdem wurde das sich wiederholende Stichwort fortgelassen.

(Beispiel: SILO...
HOCHSILO
...
FLACHSILO
...).

Heftnummer und lfd. Nummer von Referat, Titel, Übersetzungsnachweis, Buchbesprechung oder bibliographischer Angabe stehen v o r dem Stichwort und zwar in folgender Anordnung:

1 001

Heftnummer

lfd. Nummer im Heft

(Beispiel:
8 512 SILO LUFTDICHTE LAGERSILOS
bedeutet, daß im Heft 8 unter der lfd. Nummer 512 ein Referat mit dieser Thematik zu finden ist).

Abkürzungen entsprechen den üblichen Schreibgepflogenheiten. Häufig angewendet wurden:

V. = von, vom

S. = siehe

U. = und

Die Stichwörter sind untereinander weitgehend durch Hinweise verbunden. Hierfür wurden verschiedene Formen verwendet:

S. (= siehe) weist auf ein Synonym, unter dem der Begriff abgehandelt ist (Beispiel: SCHLEPPER S. TRAKTOREN)

S. UNTER und S. DORT bedeuten, daß der Begriff unter dem Hinweis im Sachzusammenhang erfaßt oder mit ihm sachlich verbunden ist.
(Beispiele:
HOCHSILO S. UNTER SILO
BODENBEARBEITUNG EGGEN S. DORT)

S. AUCH besagt, daß unter dem Hinweis ein engverwandter oder ähnlicher Begriff abgehandelt ist (Beispiel:
GEFLÜGELSTÄLLE S. AUCH HÜHNERSTÄLLE).

Ein Doppelpunkt wurde durch zwei Punkte (..) ausgedrückt.

5	511	ABBRENNEN VON HIEBSFLAECHEN
5	431	ABFALLZERKLEINERER VERWENDUNG
5	432	ABFALLVERTILGER MIT SCHNEIDE AUS CARBOLOY METALL
		ABFERKELSTAELLE S.UNTER SCHWEINESTAELLE
6	81	ABGASTURBOLADER VORAUSBERECHNUNG VON AUFLADEMASCHINEN
		ABIES S.TANNE
8	510	ABKALBESTAELLE VORLAEUFIGE TECHNOLOGISCHE NORMEN
8	490	FUER 187 KUEHE
7	560	DURCH UMBAU VON ANBINDESTALL
8	493	EINFL.AUF DIE BRUZELLOSEBEKAEMPFUNG
		ABLADEGEBLAESE S.UNTER ENTLADEN
		ABLADEN S.UNTER ENTLADEN
		ABSACKWAAGEN S.UNTER KARTOFFELN.- ERNTEAUFBEREITUNG
8	146	ABSCHERKUPPLUNGEN FUER ANHAENGER
7	196	ABSETZBECKEN BERECHNUNG DES ABSETZENS VON KLAERSCHLAMM
		ABTUETUNGSMASCHINEN S.UNTER KARTOFFELN.- ERNTEAUFBEREITUNG
8	119	ABWASSER MITTEL UND WEGE ZUR BESEITIGUNG AUF BAUERNHOF
		ACKERBOHNEN S.BOHNEN
5	223	ACKERBUERSTE B 281 MIT AUSDUENNWERKZEUGEN
9	211	LH 35 23 FEDERZINKENGRUBBER MIT ACKERBUERSTE
		ACKERWAGEN EINACHSANHAENGER S.DORT TRAKTORENANHAENGER S.DORT
9	31	STAND DER NORMUNG
5	128	ANFORDERUNGEN AN DIE BREMSFAEHIGKEIT
5	454	ACRYLNITRIL-BUTADIEN STYROL VERWENDG.FUER HAUSHALTSGERAETE IN USA
8	322	AEPFEL WIRTSCHAFTSAPFELERNTE MIT OBSTBAUMVIBRATOR
8	323	VIBRATOR FUER DIE ABERNTUNG VON BAUMOBST
8	321	MASSENKRAEFTESCHUETTLER GOETTINGEN MIT AUFFANGVORRICHTUNG
7	435	LAGERUNG IN KARTONS AUS WELLPAPPE
5	493	KUEHLUNG IN KARTONS
9	454	AFRIKA HOLZEXPORT NACH EUROPA
7	14	AGRARGESCHICHTE KLEINE ENZYKLOPAEDIE LAND FORST GARTEN
5	9	AGRAROEKONOMIK WOERTERBUCH DER LANDW.ERGAENZUNGSBAND ITALIENISCH
6	124	AGROMOBIL MEILI EIN BAEUERLICHER TRANSPORTER
		ALLRADTRAKTOREN S.UNTER TRAKTOREN
9	526	ALUMINIUM ALS AUSSENHAUT VON WAND UND DACH
7	583	HUEHNERSTAELLE AUS WELLALUMINIUM
6	551	STALLKLIMAUNTERSUCHUNG IN EINEM ALUMINIUMSTALL
5	478	ALS BAUSTOFF FUER GEWAECHSHAEUSER
5	698	HOCH- UND FLACHSILOS
8	432	SILOS MIT UNTENENTNAHME
6	268	SILO LUFT UND GASDICHT VERSCHWEISST
6	436	HERBSTBUETTEN BEWAEHRUNG
9		AMMONIAKDUENGUNG S.UNTER DUENGEN
6	10	ANBAUGERAETE FA. JOHN DEERE CO. ERWEITERT PRODUKTIONSMOEGLICHKEITEN
7	58	ELEKTROMAGNET.MODELLUNTERSUCHUNGEN VON REGLERN
		S.UNTER DEM ARBEITSVORGANG
		S.AUCH DIE EINZELNEN GERAETE

7 548 ANBINDESTAELLE BAU VON GROSSFLAECHIGEN ANBINDESTAELLEN FUER KUEHE
9 570 ALS FERTIGBAUTEN AUS GROSSFLAECHIGEN BAUELEMENTEN
7 545 DECKENLASTIGER STALL IN GROSSBLOCKBAUWEISE
5 667 STANDARDISIERUNG V.AUSBAUTEILEN
8 435 ZWEI- VIER- SECHSREIHIGE STAELLE FUER MILCHVIEH
5 371 4REIHIG DURCHFAHRBAR FUER KUEHE
5 370 4REIHIG 200 KUEHE MIT MODERNER TECHNOLOGIE
8 484 4REIHIG FUER MILCHVIEH IN DER CSSR
6 564 VIERREIHIG FUER MILCHKUEHE IN DER CSSR
7 547 4REIHIGE VERGL.V.BEFAHRBAREM U.NICHT BEFAHRBAREM STALL
8 483 PROJEKTE MIT ZWEI- UND VIERREIHIGER AUFSTALLUNG
7 545 PROJEKTE IN ZWEI- UND VIERREIHIGER AUFSTALLUNG
9 521 MEHRZWECKBAU MIT FLACHDACH
8 485 NEUBAU IN WESTFUNEN
9 571 OHNE EINSTREU FUER MILCHVIEH
9 562 MIT SCHWEMMENTMISTUNG UNTER GITTERROST
STANDAUSFUEHRUNG UND ANBINDEVORRICHTUNGEN
7 549 NORWEGISCHE VERSUCHE UEBER STANDAUSFUEHRUNG
5 666 MIT KURZSTANDAUFSTALLUNG OHNE EINSTREU
5 665 DER LPG MUENCHEBERG MIT KURZSTAENDEN
8 486 MITTELLANGSTAENDE FUER DIE AUFSTALLUNG
8 494 ANBINDEVORRICHTUNGEN UND FRESSGITTER
6 571 FRESSGITTER UND ANBINDEVORRICHTUNG FUER KUEHE
9 349 FRESSGITTER UND ANBINDUNGEN
STALLKLIMA
7 546 STALLKLIMA IN VIERREIHIGEN KUHSTAELLEN
8 488 KLIMATISCHE VERHAELTNISSE IN SOG.KALTSTAELLEN
8 487 UNTERSUCHUNGEN IN KALTSTAELLEN IM WINTER
9 572 T 107 VIERREIHIG MAENGEL IM WAERMEHAUSHALT
6 570 VIERREIHIG MIKROKLIMA U.HYGIENISCHE KENNZIFFERN
ARBEITSWIRTSCHAFT
7 550 ARBEITSVERFAHREN IN DER MILCHVIEHHALTUNG
5 669 ARBEITSZEITBEDARF JE KUH UND TAG
6 572 EINFL.DER EINRICHTUNG AUF ARBEITSAUFWAND
6 342 RINDERHALTUNG IN DER CSSR
6 341 MOEGLICHKEITEN DER MECHANISIERUNG
6 567 ANALYSE DER TECHNOLOG.GROSSPRODUKTIONSVERFAHREN
9 520 STROHLOSE HALTUNG AUF SPALTENBOEDEN IN SKANDINAVIEN
ANHAENGEGERAETE S.DIE EINZELNEN GERAETE
S.UNTER DEM ARBEITSVORGANG
ANHAENGER S.UNTER TRAKTORENANHAENGER LKW EINACHSANHAENGER
7 507 ANSTRICHE IN DER LANDWIRTSCHAFT
5 631 BAUPHYSIKALISCHE DATEN
6 416 SCHUTZ FUER FEUERVERZINKTE STAHLKONSTRUKTIONEN
5 698 CHLORKAUTSCHUK UND PLASTASPHALTLACK FUER SILOS
5 67 ANTIOXYDATIONSZUSAETZE ZU BULGARISCHEN SCHMIEROELEN
ANTRIEBE S.DIE EINZELNEN MASCHINEN UND GERAETE
ELEKTROANTRIEBE S.DORT
5 472 APRIKOSEN ANBAU IN DEN LPG AN DER DONAU

ARBEITSGESCHWINDIGKEIT VON TRAKTOREN S.UNTER TRAKTOREN
9 93 ARBEITSMEDIZIN TRAKTOREN URSACHEN FUER SCHAEDIGUNGEN DES FAHRERS
8 144 GESUNDH.SCHAEDEN BEIM-UM UND VERLADEN V.DUENGEKALK
6 16 ARBEITSPHYSIOLOGIE PHYSIOL.BEDINGUNGEN BEIM TRAGEN VON LASTEN
6 17 LEISTUNGSGRENZEN DER FRAU
7 33 ANPASSUNG VON MASCHINENTEILEN AN DEN MENSCHEN
9 145 MENSCHLICHE BELASTUNG BEI ARBEIT MIT ANBAUGERAET.
7 133 SCHAEDLICHE AUSWIRK.DER SCHWINGUNGEN DES TRAKTORS
8 85 AUF FAHRER EINWIRKENDE VERTIKALSCHWINGUNGEN
9 457 MECH.ARBEITEN IN DER FORSTWIRTSCHAFT
6 456 ARBEITSHYGIENE IN DER FORSTWIRTSCH. PROBLEME
5 513 WALDARBEIT ENERGETISCHER AUFWAND DER AK
7 454 FORSTL.BODENBEARBEITUNG UNTERSUCHUNGEN
9 469 UNTERSUCH.MIT TRAGB.MOTORGERAETEN FUER KULTURPFL.
9 468 BEI DER ANWENDUNG VON MOTORERDLOCHBOHRERN
5 551 KOERPERL.BEANSPRUCHG.VERSCHIED.TYPEN V.MOTORSAEG.
8 30 ARBEITSSCHUTZ UND HYGIENE IN LEG
6 39 UND STANDARDISIERUNG
9 92 BERUECKSICH BEI KONSTRUKTION V.LANDMASCH.TRAKTOREN
6 531 BEIM UMGANG MIT SCHAEDLINGSBEKAEMPFUNGSMITTELN LIT.
5 546 AUGENSCHUTZSCHEIBE AM SCHUTZHELM FUER WALDARBEITER
5 514 HOERSCHUTZMITTEL BEI BEDIENUNG VON MOTORSAEGEN
6 50 IN DER LANDWIRTSCHAFT ZWEITE DURCHGESEHENE AUFL.BERLIN
6 444 ARBEITSTECHNIK ZEITSTUDIEN MIT SEKTIONSWEISER MESSG.V.TEILZEITEN
6 40 ERHOEHG.DER ARBEITSPRODUKTIVITAET IN FELDWIRTSCHAFT
6 456 ARBEITSHYGIENE IN DER FORSTWIRTSCHAFT PROBLEME
7 377 KLEINE HAUSWIRTSCHAFTLICHE ARBEITSLEHRE FACHBUCH
6 ARBEITSVORANSCHLAG S.UNTER ARBEITSWIRTSCHAFT
6 41 ARBEITSWIRTSCHAFT BERECHNUNG DES ARBEITSBEDARFES U.DER ZUGKRAEFTE
8 27 METHODIK V.ARBEITSZEITERHEBUNG U.KALKULATION
8 31 METHODIK V.ARBEITSZEITERHEBUNG UND KALKULATION
6 42 ARBEITSVORANSCHL.RICHTZAHL.FUER HALBMONATSPERIODEN
9 50 ARBEITSSTUDIEN U.VORANSCHLAG SCHWEIZ
9 53 TECHNOL.KARTEN V.INST.FUER MECH.ELEKTR.
9 51 VERWENDUNG TECHNOL.KARTEN
9 52 ARBEIT MIT TECHNOL.KARTEN
6 44 ARBEITSORGANISATION IN LPG NACH UEBERN.DER TECHNIK
6 43 UNTERSUCHUNG V.LOHNBETRIEBEN IN DEN NIEDERLANDEN
8 264 ARBEITSVERHAELTN.DER BAEUERIN BADEN WUERTTEMBERGS
6 595 LEGEHENNENHALTUNG UNTERSUCHG.DES ARBEITSAUFWANDES
GARTEN-UND WEINBAU
6 392 IM GARTENBAU
9 401 PROBLEME IM GARTENBAU
8 288 EINSATZ V.MASCHINEN U.GERAETEN IM GARTENBAU

7	400	ARBEITSWIRTSCHAFT	KOSTEN DER ARBEITSERLEDIGUNG IM WEINBAU
5	456		ARBEITSAUFW.IN GEMISCHTBETR.MIT WEINB.KAISERSTUHL
			FORSTWIRTSCHAFT
8	343		KENNTNISSE DES FORSTLICHEN ARBEITSWESENS
8	342		ARBEITSAUFWAND IN DER FORSTL.PRODUKTION
8	374		ARBEITSORGANISATION IM FORSTBETRIEB
8	344		ABHAENGIGK.FORSTL.AK VERHAELTNISSE V.REGIONAL.ENTW.
8	340		MESSUNG V.AP IN STFB AUF GRUNDLAGE DER BRUTTOPROD.
8	341		ZEITSTUDIEN AUF RUNDHOLZPLAETZEN V.SAEGEWERKEN
9	49	ARBEITSWISSENSCHAFT	TERMINOLOGIE
5	506		LEBENSWERK VON HUBERT HUGO HILF
5	505		FORSTLICHE IN FINNLAND
9	528	ARBOLIT	IM LAENDLICHEN BAUWESEN
9	543	ASBESTBETON	LITERATUR
5	650		HYDRAULISCHE WIDERSTAENDE IN ROHREN
6	323	ASPIRATEUR	PNEUMATISCH ENTWICKLUNG
		ASYNCHRONMOTOREN S.UNTER ELEKTROANTRIEBE	
9	474	AUFASTEN	MIT DRUCKLUFT BETRIEBENE ENTASTUNGSMASCHINE
7	446	AUFFORSTUNG	SIEBENJAHRESPLAN DER SU
5	507		CSSR ERHOEHUNG DES ANTEILES DER NATURVERJUENGUNG
5	522		SICHERUNG DER FORSTKULTUREN MIT WENIGEN AK
5	511		MECHANISIERUNG DER ARBEITEN
5	525		KOMPLEXE MECHANISIERUNG AUF UNGERODET.SCHLAGFLAECHEN
7	452		KOMPLEXE MECHANISIERUNG AUF GEBIRGSHAENGEN
7	458		VON STEINFELDERN IN DEN KARPATEN
8	367		IN LAWINENSTRICHEN UND AUF EXTREMEN HOCHLAGEN
8	357		MASCHINENSYSTEM ZUR BEARBEITUNG FUER TERRASSEN
8	357		MASCHINENSYSTEM ZUR BEARBEITUNG FUER STREIFEN
8	366		SCHWEDISCHE VERSUCHE MIT EINER NEUEN METHODE
9	461		RATIONALISIERUNG DES KULTURBETRIEBES
9	460		KULTURTECHNIK IN ENGLAND
5	532		MECHANISIERUNG DER HERSTELLUNG V.BALLENPFLANZEN
8	364		VERWENDUNG DER TRAGBAREN MOTORERDBOHRER
9	472		MOTORBOHRER ZUR SAEGE DRUZBA
			S.AUCH UNTER DEM ARBEITSVORGANG
8			S.AUCH UNTER PFLANZEN
6	261	AUFNAHMETROMMEL	BEWEGUNGSVERLAUF DER ZINKEN
		AUFSAMMELBRIKETTIERPRESSE S.UNTER HEUPRESSLINGE	
		AUFSAMMELPRESSEN S.SAMMELPRESSEN	
		AUFSATTELANHAENGER S.UNTER TRAKTORENANHAENGER	
5	546	AUGENSCHUTZSCHEIBE	AM SCHUTZHELM FUER WALDARBEITER
		AUSBILDUNG S.BERUFSAUSBILDUNG	
		AUSSTELLUNGEN	BRD
7	39		BRD BERICHT V.DER INTERNAT.KUNSTSTOFF—FACHMESSE
8	432		1963 IN MUENCHEN UND STUTTGART
5	441		1963 KOELNER HERBSTMESSE KAELTETECHNIK
7	398		1964 INTERNAT.HAUSHALTSMESSE IN KOELN

8 286	AUSSTELLUNGEN	1964 HAUSRAT—UND EISENWARENMESSE KOELN
9 399		1964 ELEKTROHAUSHALTSGERAETE HANNOVER MESSE
5 502		WEIN—OBST—UND GARTENBAU VEITSHOECHHEIMER MASCH.TAG
8 330		INDUSTRIESCHAU AUF DEUTSCHEN WEINBAUKONGRESS
9 610		BAU 64 UND BAUMA
8 219		GRUENLANDHOF MIT LIEGEBOXEN UND LAUFHOF
9 611		BAUSONDERSCHAU AUF DER DLG—AUSSTELLUNG
		CSSR
8 428		IV. INTERNATIONALE MESSE IN BRNO
8 429		V. INTERNATIONALE MESSE IN BRNO
9 515		LANDMASCHINEN AUF DER INTERNATIONALEN MESSE IN BRUENN
		DDR
5 605		II. LANDWIRTSCHAFTSAUSSTELLUNG MARKKLEEBERG
8 522		1963 BAUAUSSTELLUNG IN MARKKLEEBERG
		FRANKREICH
5 606		34. PARISER SALON
8 329		PARISER LANDMASCHINENSALON
9 518		1963 LANDMASCHINENSALON IN PARIS
8 328		INTERNAT.TAGE DER WEINBAUMECH.IN MONTPELLIER
		GROSSBRITANNIEN
8 431		ROYAL SMITHFIELD AUSSTELLUNG
5 607		1963 ROYAL AUSSTELLUNG
7 495		1963 ROYAL SMITHFIELD SCHAU
9 516		1964 SMITHFIELD SCHAU
		ITALIEN
9 517		1964 EINDRUECKE AUS VERONA
		NIEDERLANDE
7 496		LANDMASCHINEN IN AMSTERDAM
8 430		1964 LANDMASCHINENAUSSTELLUNG IN AMSTERDAM
9 447		1964 LANDMASCHINENINDUSTRIE IN AMSTERDAM
8 3		HET LANDBOUWWERKTUIG IN AMSTERDAM
7 399		ZENTRUM FUER GARTENBAUTECHNIK NIEDERLANDE
		POLEN
7 497		LANDMASCHINEN AUF DER MESSE IN POZNAN
		SCHWEIZ
5 500		1963 BESUCH DER OLMA
		UNGARN
9 519		1962 LANDWIRTSCHAFTSAUSSTELLUNG IN BUDAPEST
		UDSSR
5 612		PAVILLON LAENDLICHES BAUWESEN IN MOSKAU
6 533		1964 ENGL.LANDWIRTSCH.AUSSTELLUNG IN MOSKAU
7 277	AUSTRALIEN	VERMEIDUNG VON AUSWUCHSSCHAEDEN IN GERSTE
5 15	AUTOMATION	LIT.UEBER TERMINOLOGIE DER AUTOMATISIERUNG
5 42		THEORET.VORAUSSETZUNG.ZUR AUTOMAT.V.ARBEITSPROZESSEN
7 16		IN DER LANDWIRTSCHAFT
9 10		IN DER LANDWIRTSCHAFT
7 12		DER PRODUKTIONSPROZESSE IN DER LANDWIRTSCHAFT
6 11		LANDW.MASCHINEN UND ANLAGEN
		S.AUCH UNTER DEM ARBEITSVORGANG
		S.AUCH DIE EINZELNEN MASCHINEN UND GERAETE

8 355 AXT ELWELL SLIM DINE

9 392 BACKHAUBEN LEISTUNGSMERKMALE V.TRANSPORTABLEN ELEKTR.GERAETEN
9 398 BAD IM EIGENHEIM
7 374 INSTALLATION VON DUSCHKABINEN
6 449 BAEUME GERAETE FUER INDIREKTE HOEHENZUWACHSMESSUNG
9 181 BAGGER EINSATZ UND LEISTUNGSVERMOEGEN
5 225 PRODUKTIVER EINSATZ IM HYDROMELIORATIONSBAU
9 465 ERFAHRUNGEN MIT TRAKTORAGGREGATEN ALS GRABENBAGGER
6 194 DRAINUNG TECHNISIERUNG IN STEINIGEN BOEDEN
8 111 BAGGERKRAENE FUER KULTURTECHN.IN DEN NIEDERLANDEN
6 186 EINSATZ DER DRAINGRABENBAGGER IN DER DDR
9 610 MIT HYDRAUL.STEUERUNG UND TIEFLOEFFELAUSRUESTUNG
7 180 SELBSTFAHRENDER GRABENBAGGER MIT MEHREREN SCHUERFKUEBELN
6 517 NEUER FINNISCHER GRABENBAGGER
5 191 SCHAUFELBAGGER EDR I
5 191 GRABENBAGGER ETN 142
5 191 GRABENBAGGER ETN 171
6 198 ETN 171 EIMERKETTENGRABENBAGGER KOMPLEXEINSATZ
6 200 KM 251 MECH.EINLOEFFELUNIVERSALBAGGER
9 188 PWP 301 MIT KETTENFAHRWERK UND MEHREREN SCHUERFKUEBELN
6 534 FINNISCHER GRABENBAGGER UKKO MAESTARI
6 146 STANDARDVORSCHLAEGE FUER RAUPENFAHRWERKE
S.AUCH UNTER.. DRAINAGE; GRABENRAEUMUNG
5 273 BALLENLADER KOMB.MIT BALLENSCHLITTEN
8 171 UND FOERDERER PORTAVEYOR NIAE TEST
BALLENPFLANZUNG S.UNTER PFLANZEN
BALLENPRESSEN S.UNTER.. HEUERNTE; SAMMELPRESSEN; STROH
9 271 BALLENSCHLEUDERN BAUWEISEN
8 400 BALLON EINSATZ ZUM HOLZRUECKEN IN DER SU
BANDFOERDERER S.FOERDERBAENDER
BANDSPRITZGERAETE S.UNTER SPRITZEN
5 291 BASCHKIRIEN ANBAUTECHNIK BEI ZUCKERRUEBEN
BATTERIEHALTUNG S.UNTER HUEHNERHALTUNG; HUEHNERSTAELLE
7 514 BAUDURCHFUEHRUNG LAENDLICHES BAUWESEN IM KUBANGEBIET, ERFOLGE
7 512 BAU NACH TECHNOLOGISCHEN KARTEN
8 447 VERBESSERUNG DER ARBEIT V.LPG-BAUORGANISATIONEN
5 622 PRODUKT.ANLAGE EINER ZWISCHENGENOSSENSCH.BAUORG.
8 448 ORGANISATION DER ARBEITEN MIT FLIEGENDEN BRIGADEN
7 513 ERFAHRUNGEN MIT MECHANIS.TAKTBRIGADEN
5 625 BAUHYGIENE DAEMMUNG DES GEFLUEGELSTALLS
6 550 WASSERHALTUNG TROCKENLEGUNG DER BAUGRUBE
6 542 BESTIMMG.DER WASSERDAMPFDURCHLAESSIGK.V.GEBAEUDETEILEN
5 624 MAUERTROCKNUNGSVERFAHREN, VOR UND NACHTEILE
6 541 WASSER-UND FROSTSCHAEDEN IM BAYERISCHEN WALD

8 449	BAUHYGIENE	LUFTFEUCHTIGKEIT INNERHALB DER LANDW.BAUTEN
8 17		LAERMSCHUTZ UND SCHALLDAEMMUNG
		S.AUCH.. LUEFTUNG ; STALLKLIMA ; WAERMESCHUTZ
	BAUKONSTRUKTIONEN	
5 612		AUSSTELLUNG LAENDLICHES BAUWESEN IN MOSKAU
5 619		BERECHNUNGSGRUNDLAGEN FUER WIND UND SCHNEELASTEN
5 617		GRUENDUNG BEI LANDW.GEBAEUDEN IN FINNLAND
7 510		FLACHE FUNDAMENTE FUER GEBAEUDE
9 536		BAUEN AUF FLACHEN FUNDAMENTEN
7 510		FLACHE FUNDAMENTE FUER GEBAEUDE
8 445		DRAINUNG UNTER FUNDAMENTEN
5 616		UNIVERSALKONSTRUKTIONEN FUER LANDW.PRODUKTIONSGEBAEUDE
8 435		VORGEFERTIGTE BAUELEMENTE FUER LANDW.PRODUKTIONSBAUTEN
6 540		VORFERTIGUNG V.ELEMENTEN FUER BAEUERL.BETRIEBSGEBAEUDE
9 531		AUFBAU EINES HOFES MIT ALLZWECKMONTAGEELEMENTEN
5 620		PROJEKTE VON STALLGEBAEUDEN AUS FERTIGTEILEN
5 656		LAENDL.WOHNHAUS AUS RAUMZELLEN IM GEBIET ALMA ATA
8 444		STAHLBETONFERTIGTEILKONSTRUKTIONEN
8 448		UNIFIZIERTE GEBAEUDE AUS STAHLBETONFERTIGTEILEN
9 532		ANWENDG.VORGEFERTIGTER DUENNWANDIG.STAHLBETONELEMENTE
9 545		LITERATUR UEBER KORROSION VON STAHL IM SPANNBETONBAU
8 446		BERECHNUNG VON BETONBOGENSCHALEN FUER LEICHTBAUTEN
9 535		DECKENVERSCHALUNGEN AUS STAHLBETON DECE
7 509		STALLPROJEKT AUS BEWEHRTEN GASBETONPLATTEN
9 544		LITERATUR UEBER BETONDACHELEMENTE
5 618		DACHDECKUNGSMATERIAL
9 533		SCHORNSTEINELEMENTE AUS FEUERFESTEM U.GASDICHTEM BETON
9 534		VORGEFERTIGTES AUSSENWANDELEMENT AUS SPERRHOLZ
9 556		FUSSBOEDEN AUS HOLZ
9 555		TREPPEN AUS HOLZ
9 552		FENSTER AUS HOLZ
9 553		AUSSENTUEREN AUS HOLZ
9 554		INNENTUEREN AUS HOLZ
9 530	BAUKOSTEN	METHODE ZUR UEBERSCHLAEGLICHEN ERMITTLUNG
8 443		EXPERIMENT IM LANDBAUKOMBINAT NEUBRANDENBURG
7 588		KOSTEN FUER BAU VON STAELLEN FUER LEGEHENNEN
9 610	BAUMASCHINEN	BAU 64 UND BAUMA
7 513		ERFAHRUNGEN MIT MECHANISIERTEN TAKTBRIGADEN
		S.AUCH.. FORSTWEGE ; FORSTSTRASSEN ; WEGEBAU
	BAUMRODEN S.UNTER RODEN	
	BAUMSAEGEN S.UNTER SAEGEN	
9 122	BAUMSCHEIBENFRAESEN	MIT HYDROSTATISCHEM GETRIEBE
	BAUMSCHULEN	PFLANZEN S.DORT ; SAEEN S.DORT
		S.AUCH JUNGPFLANZENANZUCHT
		GEHOELZVERMEHRUNG S.AUCH UNTER GEWAECHSHAEUSER
		GARTENBAU
7 406		SOZIALISTISCHE ARBEITSGEMEINSCHAFT

5	462	BAUMSCHULEN	PROBLEME DER MECHANISIERUNG
9	409		NEUE MASCHINEN
8	301		GERAET ZUR REISVEREDELUNG U.ZUM ZAPFENSCHNEIDEN
9	409		SANDSTREUMASCHINE DER FA. EGEDAL
9	409		RILLENMASCHINE DER FA. EGEDAL
7	414		BALLIEREN DER KONIFEREN
7	414		BALLENPFLANZMASCHINE
6	411		VORZUEGLICHE BUENDELMASCHINE
7	413		PFLANZENHEBEMASCHINE
9	409		PFLANZENAUSHEBEPFLUG VON EGEDAL
9	409		PFLANZENRODEMASCHINE PLANTLIFT
5	485		RS 09 MIT ANBAURODEPFLUG
			FORSTWIRTSCHAFT
6	462		KOMPLEXE MECHANISIERUNG DER ARBEITEN IN KAEMPEN
8	363		RICHTIGE BODENPFLEGE IM FORSTPFLANZGARTEN
5	523		KLEINMECHANISIERUNG VON PFLANZENANZUCHTSTAETTEN
8	361		FURCHENZIEHER FUER PFLANZBEETE
9	463		MULCHIERFOLIEN ODER TORFMULCHE IM PFLANZGARTEN
8	365		NADELHOLZSAATEN ZWISCHEN PVC-FOLIE
8	360		VERDUENNUNG VON SAEMLINGEN UND SAATPFLANZEN
6	462		HYDR.PFLANZMASCHINEN ZUM VERSCHULEN
9	464		TYP B 180 WURZELSCHNITT-U.PFLANZENAUSHEBEPFLUG PRUEFBER.
6	465		BAUMSCHULRODUNG MIT TRAKTORPFLUEGEN
8	368		NEUE ARTEN DER VERPACKUNG VON PFLANZEN
5	530		KOMPOSTAUFBEREITUNG EINSATZ VON MASCHINEN
5	507		EINSATZ VON CHEM.MITTELN ZUR UNKRAUTBEKAEMPFUNG
8	192	BAUMWOLLE	MASCHINENSYSTEM FUER DEN ANBAU
5	210		BODENLOCKERER FUER SAATBETTBEREITUNG
8	157		HACKEN ZWISCHEN DEN REIHEN
9	214		KOMBINIERTE MASCHINEN ZUM SAEEN UND DUENGEN
7	195		WASSERSTRAHLERDBOHRER ZUM BEWAESSERN U.DUENGEN
5	601		MECH.UND CHEM.UNKRAUTBEKAEMPFUNG
9	299		BERECHNUNG UND KONSTRUKTION VON ERNTEMASCHINEN
8	193		ERNTEMASCHINEN EINFLUESSE AUF SPINDELVERSCHLEISS
5	303		ERNTEKOMBINE FUER KAPSELN SKO VIER
6	28		BERECHNUNG DES GEWICHTES V.BAUMWOLLE-U.STYLONNETZGEWEBEN
		BAUNORMEN	S.UNTER.. NORMUNG; STANDARDISIERUNG
		BAUSTOFFE	FUER WEGEBAU S.UNTER.. WEGEBAU ; FORSTWEGE ; FORSTSTRASSEN

BAUSTOFFE S.AUCH DIE EINZELNEN BAUSTOFFE
5 631 HAUPHYSIKALISCHE DATEN
5 433 UNTERLAGEN UEBER WAERMEDAEMMZAHLEN
8 439 IM SKANDINAVISCHEN LANDWIRTSCHAFTLICHEN BAUWESEN
5 618 DACHDECKUNGSMATERIAL
5 615 EINSATZGEBIETE DER PLASTE
7 38 SCHAUMSTOFFE ALS ISOLIERMATERIAL FUER STAELLE
5 613 SCHAUMSILIKAT
8 441 GROBKERAMIK FUER LANDWIRTSCHAFTLICHE BAUTEN
9 523 ANWENDUNG VON ARBOLIT IM LAENDLICHEN BAUWESEN
9 529 BETOLIT IM BAUWESEN
8 441 GLASVERWENDUNG IM BAUWESEN
6 544 BESTIMMUNG DER MAHLFEINHEIT VON ZEMENT
6 545 ABHAENGIGKEIT DER ZEMENTFESTIGKEIT V.MAHLFEINHEIT
6 546 LITERATUR UEBER DEN ZEMENTTRANSPORT
9 527 BETON IN DER LANDWIRTSCHAFT
6 549 LITERATUR UEBER TECHNOLOGIE DES BETONSCHUETTELNS
6 547 VERDICHTEN V.BETON DURCH SCHLEUDERN U.VAKUUM
9 542 LITERATUR UEBER DAS FLUATIEREN VON BETON
6 548 LITERATUR UEBER SPRITZBETON NACHTRAG
9 545 LITERATUR UEBER KORROSION VON STAHL IM SPANNBETONBAU
9 544 LITERATUR UEBER BETONDACHELEMENTE
9 543 LITERATUR UEBER ASBESTBETON
9 535 DECKENVERSCHALUNGEN AUS STAHLBETON DECE
8 440 MIT STAHLBETONSTEGEN VERSEHENE DECKENPLATTEN AUS ZIEGEL
5 614 GASBETON EIN LEICHTER PORIGER SILIKATBAUSTOFF
7 540 WAERMEDAEMMEND FUER UMFASSUNGSWAENDE GAS U.SCHAUMBETON
9 526 ALUMINIUM IN DER LANDWIRTSCHAFT
9 534 VORGEFERTIGTES AUSSENWANDELEMENT AUS SPERRHOLZ
6 15 BAUTEILE SICHERHEIT UND LEBENSDAUER
5 612 BAUWEISEN AUSSTELLUNG LAENDLICHES BAUWESEN IN MOSKAU
5 692 MEHRZWECKSTALL FUER GEFLUEGEL IN BARACKENBAUWEISE
5 621 MONTAGE VON HALBRAHMEN MIT TRAKTORHEBEZEUG
S.AUCH DIE EINZELNEN BAUTEN
8 434 BAUWESEN ARCHITEKTONISCHE FRAGEN IM LAENDLICHEN BAUWESEN
8 437 LANDWIRTSCH.ARCHITEKTUR UNGARISCHES FACHBUCH
5 611 UEBERBLICK UEBER HAUSFORSCHUNG IN DEN LETZTEN JAHREN
7 506 NEUZEITLICHE BAUGESTALTUNG IN LANDWIRTSCHAFT
9 522 ANFORDERUNGEN AN LANDWIRTSCHAFTLICHE GEBAEUDE
7 501 INDUSTRIELLES BAUEN IN DER LANDWIRTSCHAFT
6 3 AUFGABEN DER LANDTECHNIK IN DIESEM JAHRZEHNT
7 502 BERUECKSICHTIGUNG DER PRODUKTIONSRICHTUNG
9 524 INDUSTRIALISIERUNG IM NEULANDGEBIET
7 504 LEITSAETZE ZUM LANDWIRTSCHAFTLICHEN BAUEN
8 460 VERZEICHNIS VON BAUPLAENEN FUER LANDW.IN UNGARN
7 503 EINFL.VON ARBEITSKETTEN AUF GEBAEUDEGESTALTUNG
8 436 AUFGABEN DES LANDW.BAUWESENS KONFERENZ IN BUDAPEST
9 613 4. PLENUM DES SOWJET.ARCHITEKTURBUNDES IN MOSKAU
9 612 TAGUNG DER BAUSCHAFFENDEN IM GEBIET OMSK

8 522 BAUWESEN 1963 BAUAUSSTELLUNG IN MARKKLEEBERG
9 610 AUSSTELLUNGEN BAU VIERUNDSECHSIG UND BAUMA
9 611 BAUSONDERSCHAU AUF DER DLG—AUSSTELLUNG
9 520 IN SKANDINAVIEN
7 514 LAENDLICHES BAUWESEN IM KUBANGEBIET ERFOLGE
9 525 EINSATZMOEGLICHKEITEN FUER KUNSTSTOFFE
7 508 ANWENDUNG VON PLASTROHREN
7 14 KLEINE ENZYKLOPAEDIE LAND FORST GARTEN
6 519 FUER FORSTTECHNIKER
9 12 UMRECHNUNG ENGL.AMER.MASSEINHEITEN
5 9 WOERTERBUCH DER LANDW.ERGAENZUNGSBAND ITALIENISCH
9 156 BECHERELEVATOREN FUER FUTTERTRANSPORT
9 195 BECKENSTAUBEWAESSERUNG AUF GEBIRGSWIESEN
8 319 BEERENOBST MASCHINELLE HILFSMITTEL BEI DER ERNTE
6 529 BEGASUNG BEKAEMPFUNG DER LAGERSCHAEDLINGE IN SILOS
5 604 METHYLBROMID BEGASUNGSANLAGE FUER EIN INSEKTARIUM
6 532 METHYL BROMIDE FUNIGATOR FOR AN INSECTARY
5 159 BEHAELTER TRANSPORT IN EINIGEN LAENDERN
S.AUCH.. DIE EINZELNEN ERNTEGUETER; MILCHTRANSPORT
S.AUCH OBSTBAU
8 418 BEIZEN TECHNIK IN UNGARN
6 524 KOMBINATIONSBEIZUNG VON MONOGERMASAATGUT
8 415 K 618 I ZUR TROCKENBEIZUNG VON SAATGUT
7 493 ZMZ 0 5 MECH.BEIZGERAET
7 345 DER ERDNUESSE
8 453 BELEUCHTUNG ANFORDERUNGEN IN PRODUKTIONSBAUTEN
7 517 VEREINFACHTE TAGESLICHTBERECHNUNG
5 633 FENSTER UND TUEREN
9 541 GEBAEUDE EINGEBAUTE WELLKUNSTSTOFFPLATTEN
5 72 ANLAGEN IN DER LANDWIRTSCHAFT
7 12 AUTOMATION DER ARBEITSPROZESSE
6 79 REFLEKTORLEUCHTSTOFFLAMPEN FUER STAELLE
8 1 BELGIEN GRUNDKENNZIFFERN DER LANDWIRTSCH.PRODUKTION
6 46 BETRIEBSGROESSENKLASSEN IN DER LANDWIRTSCHAFT
BELICHTUNG S.BELEUCHTUNG
IN GEWAECHSHAEUSERN S.DORT
BELUEFTUNG VON GEBAEUDEN S.LUEFTUNG
VON GEWAECHSHAEUSERN S.DORT
VON GETREIDE S.UNTER GETREIDE
HEUBELUEFTUNG S.DORT
8 202 ZWANGSBELUEFTUNG BEI KONTINUIERL.SAATGUTBEREITUNG
6 333 VON MAIS UND BOHNEN
7 339 WARMBELUEFTUNG VON MAISKOERNERN
5 166 BENZINBANDROLLE FUER ANTRIEB V.UNIVERSALFOERDERER PRUEFBER.BORNIM
8 13 BERATUNG MOEGLICHKEITEN DES FERNSEHENS FUER AGRARSEKTOR
9 23 ZWECKMAESSIGKEIT EINES TECHN.BAUERNHOFES
8 263 LAENDLICHE HAUSWIRTSCHAFT IN OESTERREICH
5 193 BEREGNUNG WIRTSCHAFTLICHKEIT AUF DER INSEL MAURITIUS
7 244 DE ONTIJZERING VAN GRONDWATER TEN BEHOEVE

		BEREGNUNG	ANLAGEN
6	204		PLANUNG VON ANLAGEN
7	187		PLANUNG PROJEKTIERUNG UND BAU VON ANLAGEN
7	190		MASCHINEN TECHNISCH OEKONOMISCHE KENNZIFFERN
9	9		MASCH. TECHN.FORTSCHRITT
8	329		ANLAGEN AUF PARISER LANDMASCHINENSALON
9	447		1964 AUSSTELLUNG AMSTERDAM
7	427		STATIONAERE ANLAGEN
7	188		ERFAHRUNGEN MIT SYSTEM BELILOM IN BULGARIEN
9	192		JUGOSLAWISCHE ANLAGEN EINSATZ UND BETRIEB
6	205		VERSUCHE BEI TEE MIT MITTELSTRAHLREGNERN
9	194		WASSERSTRAHLBALLISTIK DER DUESEN
9	189		DDA 100M AGGREGAT
9	189		DDN 45 WEITSTRAHLREGNER
9	189		KDU 55M ANLAGE
9	191		MS 61 DREHSTRAHLREGNER
9	191		S 57 2 DREHSTRAHLREGNER
9	190		HYDRAULISCHE NIEDERDRUCKROHRANLAGE PNHS
9	189		PUMPSTATIONEN KONSTRUKTION LEISTUNGSFAEHIGKEIT
9	190		PUMPENAGGREGATE NQE
			ROHRLEITUNGEN
7	189		ERRECHNUNG V.DURCHFLUSSWIDERSTAENDEN IN DRUCKLEITUNG
7	407		BAU VON ANLAGEN AUS KUNSTSTOFFROHREN
7	38		SCHLAEUCHE UND ROHRE AUS KUNSTSTOFF
7	427		STATIONAERE ANLAGEN MIT PVC-ROHREN
7	191		FLIEGEND VERLEGTE LEITUNG AUS KUNSTSTOFFSCHLAEUCHEN
9	193	BEREGNUNGSDUENGUNG	MITTELS GELOESTER MINERALDUENGER
9	413		VERREGNUNG VON N DUENGEMITTELN
9	190		DUENGERLOESEGERAET
6	206		GROSSPRODUKT.TECHNOLOGIE MIT WIRTSCHAFTSEIG.DUENG.
			S.AUCH UNTER GUELLE
6	153	BEREIFUNG	ROLLWIDERSTAND VON TERRA REIFEN
6	239		NEUE REIFENGROESSE FUER STALLDUNGSTREUER
7	121		WALZENREIFEN FUER LOCKEREN BODEN
7	121		LYPSOIDREIFEN FUER EXTREM WEICHE BOEDEN
7	121		DIABOLO REIFEN FUER UNWEGSAMES GELAENDE
9	127		REIFEN ENTWICKLUNG BEI METZELER
6	459		STAEHLERNER REIFENSCHUTZ ARMOTECT
9	126		RAEDER REIFEN RUNDERNEUERUNGEN
5	126		RUNDERNEUERUNG IN DER DDR
			VON TRAKTOREN S.UNTER TRAKTOREN
9	20	BERUFSAUSBILDUNG	AUSRICHTUNG AUF INDUSTRIEMAESSIGE PRODUKTION
6	3		AUFGABEN DER LANDTECHNIK IN DIESEM JAHRZEHNT.
9	22		LANDWIRTSCHAFT UND IHRE BILDUNG
7	23		FACHUNTERRICHT IN DER LANDWIRTSCHAFT
9	21		BEDEUTUNG DER LANDW.BERUFSSCHULE BRD
8	11		INGENIEURSCHULEN DER LANDWIRTSCHAFT
7	22		SCHWERPUNKTAUFGABEN DES HOCHSCHULWESENS
9	17		EINFUEHR.V.PRODUKTIONSARBEIT LANDW.HOCHSCHULE BRUENN

9 19 BERUFSAUSBILDUNG VERZEICHNIS V.FACH-UND HOCHSCHULEN IN DER BRD
5 20 25 JAHRE BUNDESLEHRANSTALT BURG WARBERG
5 610 TEHO FUER FINNISCHE RATIONALISIERUNG
5 17 LANDWIRTSCHAFTSSCHULWESEN IN NORWEGEN
5 18 DER TRAKTORISTEN IN EINEM ZWEITEN BERUF
7 24 LABORATORIUMSUEBUNGEN ZUR LANDMASCHINENLEHRE
7 146 INTERNATIONALE SCHULE FUER AGRARFLIEGER
7 444 DER MENSCH IM FORSTBERUF
5 680 BESAMUNG FAHRBARE EINRICHTUNGEN FUER KUENSTLICHE BESAMUNG
8 111 BESANDUNGSMASCHINE VON RATHJENS
9 196 VON RATHJENS
5 632 BESONNUNG BAU VON SÖNNIGEN STAELLEN
BESTANDESBEGRUENDUNG S.UNTER AUFFORSTUNG
S.UNTER DEM ARBEITSVORGANG
BESTELLUNG SAEEN, PFLANZEN S.DORT
S.AUCH DIE EINZELNEN KULTUREN
6 3 AUFGABEN DER LANDTECHNIK IN DIESEM JAHRZEHNT,
8 147 1964 NEUES AUS DER LANDTECHNIK
9 9 MASCHINEN UND GERAETE
6 13 JAHRESBERICHT DES NIAE
9 529 BETOLIT HERSTELLUNG VON FERTIGTEILEN
9 542 BETON LITERATUR UEBER DAS FLUATIEREN
6 549 LITERATUR UEBER TECHNOLOGIE DES RUETTELNS
6 547 VERDICHTEN DURCH SCHLEUDERN UND VAKUUM
6 548 LITERATUR UEBER SPRITZBETON NACHTRAG
9 527 IN DER LANDWIRTSCHAFT
9 544 LITERATUR UEBER BETONDACHELEMENTE
9 535 DECKENVERSCHALUNGEN AUS STAHLBETON DECE
5 478 ALS BAUSTOFF FUER GEWAECHSHAEUSER
5 698 HOCH-UND FLACHSILOS
9 533 VORGEFERTIGTE BAUTEILE FUER SCHORNSTEINE
9 501 ERFAHRUNGEN BEIM STRASSENBAU MIT EISENBETONPLATTEN
8 409 WALDSTRASSENBAU MIT FERTIGBETON
BETRIEBSGEBAEUDE S.UNTER GEBAEUDE
S.AUCH DIE EINZELNEN ARTEN
5 49 BETRIEBSWIRTSCHAFT DEFINITION UND MESSUNG DER ARBEITSPRODUKTIVITAET
7 54 ARBEITSPRODUKTIVITAET IN PFLANZENBAUZWEIGEN
5 50 ARBEITSNORMUNG IN KOLCHOSEN
BETRIEBSORGANISATION
5 43 SPEZIALISIERUNG U.VEREINFACHUNG DER LANDW.BETRIEBE
5 52 WIRTSCHAFTSWEISE UND RECHNUNGSFUEHRUNG IN LEG
5 51 ARBEITSPRODUKTIVITAET IN KOLCHOSEN U.SOWCHOSEN
5 48 BETRIEBSORGANISATION U.MECH.IN HANGBETRIEBEN
6 43 UNTERSUCHUNG V.LOHNBETR.IN DEN NIEDERLANDEN
5 173 ELECTR.APPLIANCES FOR MODEL FARMS
8 391 BETRIEBSPLANUNG FUER EINEN BAUERNWALD
MECHANISIERUNG
6 45 MESSUNG DES MECHANISIERUNGSGRADES
5 47 INDEX FUER MECHANISIERUNG EINES LANDW.BETRIEBES

8 28 BETRIEBSWIRTSCHAFT BESTIMMUNG DER TECHNISIERUNG IN FELDWIRTSCHAFT
5 509 KAPAZITAETSPLANG.U.ANALYSEN DER MECH.MITTEL
5 44 TECHNOLOGISCHE KARTEN IN DER LANDWIRTSCHAFT
7 52 AUSWIRKUNGEN DER TECHNISIERUNG AUF ARBEITSAUFWAND
6 47 WIRTSCHAFTL.ANWENDUNGSBEREICH V.LOHNMASCHINEN
6 46 TREND NACH LEISTUNGSFAEHIGEREN LANDMASCHINEN
6 46 TREND NACH GROESSEREN LANDMASCHINEN
5 173 DEVELOPMENT OF STANDARD MACH.
6 49 ENTWICKLG.EINER MODERNEN LANDWIRTSCH.IN UGANDA
5 250 GESICHTSPUNKTE BEIM EINSATZ V.LADEWAGEN
KOSTEN
5 46 EINFLUSS DER FLAECHENGROESSE AUF MASCHINENKOSTEN
7 44 KOSTEN V.MASCH.EINSATZ IN DER FELDWIRTSCHAFT
6 48 KOSTEN V.MASCHINENEINSATZ FUER BODENBEARBEITG.
6 48 KOSTEN V.MASCHINENEINSATZ FUER ERNTE IN NEBRASKA
6 170 ARBEITSAUFWAND UND KOSTEN AUF INTENSIVWEIDEN
5 457 SELBSTKOSTENSENKG.IN LPG MIT WEIN-U.OBSTBAU
BEWAESSERUNG BEREGNUNG S.DORT
IN GEWAECHSHAEUSERN S.UNTER GEWAECHSHAEUSER
9 236 KONFERENZ IN HAJDUSZOBOSZLO
6 210 LANDGRADUIERUNG V.BEWAESSERTEN GEBIETEN IN GRIECHENLAND
5 192 PROBLEME IN ISRAEL
5 195 KOSTEN UEBERBLICK
5 196 BESTIMMUNG DES NUTZEFFEKTES
6 209 BERECHNUNG DES WASSERVERBRAUCHS V.BERIESELUNGSSYSTEMEN
8 302 BERIESELUNG VON GEMUESE UND OBSTPLANTAGEN
ANLAGEN
9 189 MASCHINEN DER SU
7 245 PROBLEME DER AUTOMATION DER SYSTEME
7 192 AUTOMATISCHES SYSTEM
5 194 WIRKSAMKEIT HORIZONTAL DRAINBEWAESSERTER FLAECHEN
8 116 MASCHINEN FUER DIE UNTERGRUNDBEWAESSERUNG
5 464 UNTERGRUND MAULWURFPFLUG STABIISIER.MIT WASSERGLAS
7 194 ANLAGE CHEM.VERFESTIGT.ROEHREN NACH ART MAULWURFSDRAINE
9 195 BECKENSTAUBEWAESSERUNG AUF GEBIRGSWIESEN
7 195 MIT WASSERSTRAHL ERDBOHRERN BEI BAUMWOLLE
6 462 D 20 TRANSPORTABLE BERIESELUNGSANLAGE FUER KAEMPE
6 400 MASCHINE FUER REBANLAGEN
ROHRLEITUNGEN
6 208 AUS UNTERIRDISCH VERLEGTEN ROHRLEITUNGEN
7 427 VORTEIL DER KUNSTSTOFFROHRE IM GARTENBAU
8 192 MASCH.ZUM VERLEGEN U.AUFNEHMEN V.POLYAETHYLENROHREN
KANAELE GRAEBEN
5 224 ERRICHTUNG VON KANAELEN DAEMMEN
8 117 BAU VON KANAELEN BETONIERVERFAHREN
5 197 SPANNBETON-FERTIGTEILE FUER BAU VON KANAELEN
5 198 WASSERVERLUSTE KANAELE U.METHODEN DER ABDICHTUNG
7 193 SELBSTTAETIGE WEHRE IN BEWAESSERUNGSSYSTEMEN
8 118 QUERSCHNITTE DER ZULEITER FUER BEWAESSERUNGSSYSTEME
FURCHENBEWAESSERUNG

6 207 BEWAESSERUNG VERSUCHE ZUR TECHNIK DER MAISBEWAESSERUNG IN FURCHEN
7 29 BIBLIOGRAPHIE DER LANDW.FACHBIBLIOGR.U.THEMENDOKUMENTATIONEN
6 450 BIBLIOTHEKEN UNGAR.FORSTLICHES BUECHEREIWESEN
BINDEMAEHER S.MAEHBINDER
5 9 BIOLOGIE WOERTERBUCH DER LANDW.ERGAENZUNGSBAND ITALIENISCH
6 12 BIOGRAPHIEN NACHRUF FUER GUSTAV FISCHER
5 493 BIRNEN KUEHLUNG IN KARTONS
5 543 BITTERLICH GERAET ERMITTLG.V.DURCHSCHNITTL.MODELLSTAMM IM BESTAND
9 565 BITUMEN BODENSTABILISIERUNG FUER FUSSBOEDEN
7 389 BLANCHIEREN GEMUESE EINFL.AUF VIT.C—GEHALT U.TITRIERB.SAEURE
5 598 BLAUSCHIMMEL SPRITZGERAET ZUR BEKAEMPFUNG
8 287 BLUMENKOHL TECHNOLOGIE DES ANBAUES UNTER GLAS
6 404 BLUMENTOEPFE AUS KUNSTSTOFF
8 288 PLASTIK,AUS POLYAETHYLEN
9 66 BODEN RADIOMETR.METH.IN DER BODENPHYSIK
7 60 MESSUNGEN DES WIDERSTANDES
7 60 MESSEN DES BODENWIDERSTANDES
8 36 PROBLEME VON WIDERSTAENDEN BEIM SCHNEIDEN
9 69 BESTIMG.DER SCHER—U.ZERREISSFESTIGKEIT
9 65 SCHERKRAFTMESSER
9 68 GERAET ZUR MESSUNG DER TROCKENBRUCHFESTIGKEIT
7 56 GERAET ZUM AUFZEICHNEN DER BODENPROFILE
8 34 THEORIE DER BEWEGUNG EINES KEILS IN SCHUETTBAREM STOFF
9 71 EINFL.V.VIBRATION AUF INNERE REIBUNGSZAHL
7 56 GERAET ZUM AUFZEICHNEN DER BODENPROFILE
6 559 LITERATUR UEBER ERDBEWEGUNG ERDMASSENERMITTLUNG

7 26 DICHTEMESSUNGEN
6 558 LITERATUR UEBER VERDICHTUNG NICHTBINDIGER BOEDEN
7 128 METHODEN DER MESSUNG DER BODENVERFORMUNG
6 66 FELDMESSGERAET ZUR BESTIMMG.DER BODENVERDICHTUNG
6 58 HYDRAULISCHE WAAGE WH ZWEI FUER RADDRUCKMESSUNGEN
6 152 BESTIMMUNG V.VERFESTIGUNG DURCH FAHRZEUG U.MASCHINENSPUREN
5 131 NACHWIRKUNG V.TRAKTORENEINSATZ AUF STRUKTUR U.PFLANZENERTRAG
5 134 UNTERSUCHG.LUFTBEREIFT.ANGETRIEB.RAEDER AUF LOCKEREN BOEDEN
7 130 DAS ROLLEN DES ANTRIEBSRADES

7 61 VENTILLOSES GERAET ZUR ANZEIGE DES DEFIZITS AN BODENFEUCHTE
9 70 RADIOMETR.FEUCHTE—U.DICHTEMESSER
7 62 TRANSP.TAXOMETER FUER NEUTRONENFEUCHTEMESSUNGEN
9 67 ANWENDG.DER NEUTRONENSTREUUNG BEI WASSERGEHALTBESTIMG.
7 63 VERDUNSTUNGSMESSER ZUR ERFASSUNG DER WASSERSTROEMUNG

7 466 BAUMRINDE ALS MITTEL ZUR FROSTDAEMMUNG

BODENBEARBEITUNG EGGEN S.DORT
FRAESEN S.DORT
GRUBBERN S.DORT

		BODENBEARBEITUNG	PFLUEGEN S.DORT
			ROTIERENDE BODENBEARBEITUNG S.DORT
6	3		AUFGABEN DER LANDTECHNIK IN DIESEM JAHRZEHNT
8	121		STEIGERUNG DER BODENFRUCHTBARKEIT
6	216		STEIGERUNG DER ARBEITSPRODUKTIVITAET
9	212		BESEITIGUNG VON BODENVERDICHTUNGEN
9	241		2. VERB.U.ERG.AUFLAGE WARSZAWA
9	240		BRATISLAVA SLOV.VYD.PODOHOSP.LIT.
			METHODEN
7	198		WANDEL IN DEN METHODEN
6	212		MECHANISIERUNGSPRINZIPIEN
5	199		OEKON.BEWERTUNG DER VERSCHIED.ARTEN
7	199		MINIMUM-BEARBEITUNG ALS OPTIMALE BESTELLMETHODE
5	229		LIT.UEBER ARBEITSGESCHWINDIGKEIT U.BREITE
9	242		LIT.UEBER HOEHERE ARBEITSGESCHWINDIGKEITEN
9	57		TIEFE UND GESCHWINDIGKEIT IM HARTEN BODEN
7	25		VERBESS.DER SCHWERDURCHLAESS.STRUKTUR V.LEHMBOEDEN
6	497		ZWISCHEN DEN WEINSTOECKEN
			MASCHINEN GERAETE
9	5		STAND UND ENTWICKLUNG DER TECHNIK
5	605		II. LANDWIRTSCHAFTSAUSSTELLUNG MARKKLEEBERG
9	449		VORFUEHRUNG VON MASCHINEN IN FERRARA
9	447		1964 AUSSTELLUNG AMSTERDAM
8	329		PARISER LANDMASCHINENSALON
6	1		MECHANISIERUNGSSYSTEME DES RGW
6	8		AUSARBEITUNG GUENSTIGER GERAETEKOMBINATIONEN
6	48		KOSTEN V.MASCHINENEINSATZ IN NEBRASKA
9	31		GERAETE STAND DER NORMUNGSARBEIT
7	454		WERKZEUGUNTERSUCHUNGEN AUF STANDORT DES DILUVIUMS
7	452		KOMPLEXE MECHANISIERUNG AUF GEBIRGSHAENGEN
5	228		ARBEIT DER GERAETE IM GEBIRGIGEN GELAENDE
7	212		MODERNE KRUEMELGERAETE
8	122		GERAETEKOMB.FUER SAATBETTBEREITG.AUF KLEIBODEN
7	451		SBN I BODENLOCKERER
6	471		LOCKERER AUF BASIS DER MOTORSAEGE DRUZBA
7	497		ANBAUBODENLOCKERER SOZ I
7	455		RLN 50 FORSTLICHES BODENLOCKERUNGSGERAET
8	355		HOLDER CULTITRAC A ZWANZIG
7	497		PPTZ 250 SCHEIBENSCHAELDRILL
8	138		JUKO DUENGEREINARBEITUNGSMASCHINE
6	406		VERBESSERUNGEN AN GERAETEN FUER DEN WEINBAU
5	498	BODENBEDECKUNG	FROSTSCHUTZ IM GARTEN DURCH PLASTIKFOLIEN
8	365		NADELHOLZSAATEN ZWISCHEN PVC-FOLIE
8	111	BODENBEWEGUNG	MASCHINEN IN DEN NIEDERLANDEN
6	559		LITERATUR UEBER ERDBEWEGUNG ERDMASSENERMITTLUNG
9	181		LKW DUMPER UND FELDBAHN
9	182		EINSATZBEREICH VON BULLDOZERN U.SANDSAUGANLAGEN
5	185		2ACHSIGE PLANIERGERAETE MIT WEITEM ACHSABSTAND

8 192 BODENBEWEGUNG LANGGESTRECKTES PLANIERGERAET
8 112 PON ION ANBAUPLANIERMASCHINE
6 183 METHODEN DER ANLAGE VON TERRASSEN
6 182 TERRASSIERUNG DER HANGFLAECHEN MIT DER PLANIERMASCHINE
S.AUCH DIE EINZELNEN MASCHINEN U.GERAETE
BODENDAEMPFUNG S.ERDSTERILISATION
BODENDESINFEKTION ERDSTERILISATION S.DORT
9 409 GERAET DER FA. EGEDAL
BODENDRUCK S.UNTER BODEN
BODENENTSEUCHUNG S.ERDSTERILISATION
8 121 BODENFRUCHTBARKEIT STEIGERUNG MIT HILFE DER TECHNIK
5 5 MASSNAHMEN ZUR STEIGERUNG IN DER DDR
8 288 BODENHEIZUNG PLASTIKROHR
BODENMELIORATIONEN
BEREGNUNG S.DORT
BEWAESSERUNG S.DORT
BODENBEWEGUNG S.DORT
DRAINAGE S.DORT
FLAECHENABRAEUMUNG S.DORT
PFLUEGEN S.DORT
RODEN S.DORT
UNTERGRUNDLOCKERUNG S.DORT
6 181 FACHTAGUNG MELIORATIONSTECHNIK IN ROSTOCK
8 111 MASCHINEN FUER KULTURTECHNISCHE ARBEITEN IN NIEDERLANDEN
9 181 MASCHINEN FUER KULTURTECHNISCHE ARBEITEN IN DEN NIEDERLANDEN
9 182 MASCHINEN FUER KULTURTECHNISCHE ARBEITEN IN DEN NIEDERLANDEN
9 196 MASCHINEN FUER KULTURTECHN.ARBEITEN IN DEN NIEDERLANDEN
7 197 BETRIEBSOEKONOMISCHE ASPEKTE BEI KULTURTECHN.ARBEITEN
6 192 AUTOMAT.STEUERUNG U.REGELUNG AN MELIORATIONSMASCHINEN
9 183 MELIORATION STAUNASSER BOEDEN
7 173 BAU VON KONTURDAEMMEN MIT SCHAR-U.SCHEIBENPFLUEGEN
9 196 MISCHWUEHLER DER FA. VAN DAMME
BODENSTABILISIERUNG S.UNTER.. FORSTSTRASSEN, FORSTWEGE, WEGEBAU
9 565 MIT ZEMENT UND BITUMEN FUER FUSSBOEDEN
BODENUNTERSUCHUNGEN S.UNTER BODEN
BODENVERDICHTEN BODENVERDICHTUNG DURCH RADDRUCK S.UNTER BODEN
5 511 BODENVERWUNDUNG LEISTUNGSFAEHIGE VOLLAUTOMATISCHE ARBEITSGERAETE
BODENVORARBEITEN S.UNTER DEM ARBEITSVORGANG
S.AUCH DIE EINZELNEN MASCHINEN UND GERAETE
8 413 BOESCHUNGEN SAEEN AUF STROHDECKSCHICHT ZUR BEFESTIGUNG
9 122 BOESCHUNGSMAEHWERK MIT HYDROSTATISCHEM GETRIEBE

6 178 BOHNEN MECHANISIERUNG DES ANBAUES
9 225 DURCH FEDERDRUCK KONTROLLIERTE EINZELKORNAUSSAAT
9 431 ERNTEMASCHINEN FUER BUSCHBOHNEN
9 122 ERNTEKOMBINE MIT V.HYDROMOT.ANGETRIEB.ARBEITSORGANEN
9 434 1964 PFLUECKMASCHINE RUSTICA SIMPLEX
8 430 PFLUECKMASCHINE
7 308 ERNTEMASCHINE FUER TROCKENE BOHNEN
9 326 REINIGUNG UND TROCKNUNG
8 202 ZWANGSBELUEFTUNG BEI KONTINUIERL.SAATGUTBEREITUNG
6 333 TROCKNUNG AUF BELUEFTUNGSANLAGEN MIT VORGEWAERMTER LUFT
5 328 OPS 2 STEIGSICHTER FUER REINIGUNG UND SORTIERUNG
BOXENLIEGESTALL S.UNTER LAUFSTAELLE
6 169 BRANDSCHUTZSCHIEBER FUER GEBLAESEANLAGEN
8 4 BRD BERICHT UEBER LAGE DER LANDWIRTSCHAFT
8 1 GRUNDKENNZIFFERN DER LANDWIRTSCH.PRODUKTION
6 46 BETRIEBSGROESSENKLASSEN IN DER LANDWIRTSCHAFT
6 45 MECHANISIERUNGSGRAD DER LANDWIRTSCHAFT TESTZAHL
7 51 ZEITSPANNEN FUER FELDARBEITEN IM RAUM GOETTINGEN
9 86 ENTWICKLUNG DES TRAKTORENBESTANDES
8 45 DURCHSCHNITTLICHE TRAKTORENSTAERKE
6 110 NORMUNG VON TRAKTOREN
6 22 ERZEUGUNG VON PLASTSTOFFEN
5 596 MASSNAHMEN ZUM OEFFENTL.GESUNDHEITSSCHUTZ BEI DER MITTELPRUEFG.
9 512 HUBSCHRAUBER IM PFLANZENSCHUTZEINSATZ
5 640 ARBEIT DES ALB-AUSSCHUSSES DORFPLANUNG
5 637 ERSTER RAUMORDNUNGSBERICHT
5 636 ZIELE EINER NEUORDNUNG DES RAUMES
5 641 PLANUNG DER DORFERNEURUNG
8 64 BREMSEN BERECHNUNG U.EXPER.ERMITTLUNG DER ARBEITSLEISTUNG
5 129 WIRKUNGSWEISE UND VORTEILE DER SCHEIBENBREMSEN
8 65 EINFL.DER WAERMEDEHNUNG AN INNENDREHBACKENBREMSEN
7 127 SCHWUNGMASSENPRUEFSTAND FUER KRAFTFAHRZEUGBREMSAGGREGATE
7 126 ERMITTLUNG DER BREMSLEISTUNGEN VON FAHRZEUGBREMSEN
S.AUCH TRAKTOREN
6 76 BRENNSTOFFELEMENTE MIT LAENGERER LEBENSDAUER
6 273 BRIKETTIEREN VON HALMGUT UNTERSUCHUNGEN
VON HEU S.UNTER HEUPRESSLINGE
BROILER-STAELLE S.UNTER HUEHNERSTAELLE
5 647 BRUECKEN LANDWIRTSCHAFTLICHER BRUECKENBAU
8 465 BAUTEN IN MELIORIERTEM GELAENDE
7 483 DAUERTRAGKONSTRUKTIONEN FUER WALDWEGE
7 529 BRUNNEN BOHRMASCH.HAUPTPARAMETER DER ARBEITSORGANE
7 12 BRUTANLAGEN AUTOMATION DER ARBEITSPROZESSE
6 11 REGELUNG DER BEHEIZUNG
5 540 BUCHEN ARBEITSVERFAHREN IN SCHWACHHOLZ
9 455 VERKAUF VON LAUBFASERHOLZ NACH GEWICHT

BUEGELEISEN S.UNTER BUEGELN
5 446 BUEGELN PFLEGEKENNZEICHEN FUER TEXTILIEN
8 266 WANDEL ALTER BEGRIFFE UNTER EINFL.DER VERWENDG.V.ELEKTROENERG.
8 283 MASCH. HAUSRAT—UND EISENWARENMESSE IN KOELN
6 387 VERGLEICHSUNTERSUCHUNGEN AN BUEGELMASCHINEN
5 448 BUEGELMASCHINEN FUER DEN HAUSHALT
5 447 800 CORDES HAUSHALTSBUEGLER
8 286 VERSENKBARE TISCHBUEGELMASCHINE
6 388 EINTEILUNG DER BUEGELEISENTEMP.IN ZWOELF STUFEN
7 396 ELEKTR.BUEGELEISEN AUF DER KOELNER FRUEHJAHRSMESSE
6 389 REGELBUEGELEISEN PERFECT VON AEG
BUERSTENREINIGUNGSMASCHINEN S.UNTER KARTOFFELN-- ERNTEAUFBEREITUNG
7 2 BULGARIEN INTENSIVIERUNG DER LANDWIRTSCHAFTLICHEN PRODUKTION
8 94 MECHANISIERUNG DER FELDWIRTSCHAFT
7 167 OEKONOM.FRAGEN DES GETREIDEANBAUS
7 443 ERNTEVERFAHREN BEI ZWIEBELN UND TOMATEN IM FREILAND
5 316 LUZERNEHEUGEWINNUNG DURCH KALTBELUEFTUNG
7 421 ENTWICKLUNG UND STAND DES GEWAECHSHAUSBAUES
6 563 BESTIMMUNG DER LAGE DER WIRTSCHAFTSHOEFE UND FARMEN
9 182 BULLDOZER ZUR BODENBEWEGUNG
8 357 ANLAGE U.BEARBEITEN V.TERRASSEN U.BEWALDUNGSSTREIFEN
9 472 D 259 MECH.V.FORSTKULTURARBEITEN
5 680 BULLENUNTERKUENFTE FAHRBARE EINRICHTUNGEN FUER KUENSTL.BESAMUNG

8 298 CHAMPIGNON MASCHINELLE BEARBEITUNG VON BEETEN
9 12 CHEMIE UMRECHNUNG ENGL.AMER.MASSEINHEITEN
5 445 DER WASCHVORGAENGE
8 287 CHICORREE TECHNOLOGIE DES ANBAUES UNTER GLAS
CSSR AUSSTELLUNGEN S.DORT
8 1 GRUNDKENNZIFFERN DER LANDWIRTSCH.PRODUKTION
5 507 ORG.U.ARBEITSWEISE DER TSCHECH.WISSENSCHAFTL.GESELLSCH.LFKG
5 45 KONZEPTION FUER LANDW.MECHANISIERUNG
6 2 LANDMASCHINEN ENTWICKLUNG UND PRODUKTION
5 45 MASCHINENSYSTEM FUER KOMPLEXE MECHANISIERUNG
5 53 TAGUNG MESSGERAETE UND MESSUNGEN AN LANDMASCH.IN PRAG
5 159 STAND DES LANDW.TRANSPORTWESENS
6 22 ERZEUGUNG VON PLASTSTOFFEN
6 231 TECHNIK DER ANWENDUNG FLUESSIGER DUENGEMITTEL
6 171 KUENFTIGE KOMPLEXMECHANISIERUNG DES GETREIDEANBAUES
5 271 ERFAHRUNGEN MIT FORTSCHRITTL.GETREIDEERNTEVERFAHREN
9 282 UNTERSUCHUNGSERGEBNISSE DER DREIPHASENGETREIDEERNTE
9 274 EINFL.V.ERNTEMETHODEN AUF BRAUGERSTENQUALITAET IM HANA—GEBIET
6 172 KOMPLEXMECHANISIERUNG BEIM KOERNERMAISANBAU
5 297 VOLLMECHANISIERTE ZUCKERRUEBENERNTE
5 378 HUEHNERHALTUNG AUF TIEFSTREU UND IN KAEFIGEN
5 365 ENTENPRODUKTION IN LPG DES WESTSLOWAKISCHEN BEZIRKS
5 567 UEBERBLICK UEBER DIE FORSTWIRTSCHAFT

5 508 CSSR FORSTSCHUTZ STAATSNORMEN
6 564 VIERREIHIGE ANBINDESTAELLE FUER MILCHKUEHE

DAEMMUNG BAUSTOFFE S.DORT
S.AUCH WAERMESCHUTZ
DAEMPFEN S.UNTER FUTTERZUBEREITUNG
8 1 DAENEMARK GRUNDKENNZIFFERN DER LANDWIRTSCH.PRODUKTION
5 375 ENTWICKLUNG DER GEFLUEGELZUCHT
9 450 TECHNIK IM GARTENBAU
5 13 DDR 1946 BIS 1949 GEBIET DER DDR,LIT.UEBER ENTWICKLG.DER LANDW.
6 1 MECHANISIERUNGSSYSTEME BEDEUTUNG FUER ENTWICKL.DER LANDW.
6 51 AUFBAU UND ORGANISATION DES LANDMASCHINENPRUEFWESENS
6 37 LAGERHALTUNG DER ERSATZTEILE MOEGLICHE REORGANISATION
5 126 RUNDERNEUERUNG VON REIFEN GESETZLICHE REGELUNG
6 15 WEITERENTWICKLUNG DER LANDW.INFORMATION U.DOKUMENTATION
7 147 LEISTUNGEN DES WIRTSCHAFTSFLUGES
5 159 STAND DES LANDW.TRANSPORTWESENS
5 180 STANDORTVERTEILUNG DER KARTOFFELPRODUKTION
5 218 EINFUEHRUNG DER EINZELKORNSAAT VON ZUCKERRUEBEN
6 186 STAND DES EINSATZES DER DRAINGRABENBAGGER
7 184 STAND DER MECHANISIERTEN GRABENREINIGUNG
6 327 AUFBAU VON NEUEN TROCKNUNGSANLAGEN
7 365 STAND UND PERSPEKTIVEN DER MELKTECHNIK
5 635 SYMPOSIUM UEBER GEBIETSPLANUNG IN WEIMAR
5 634 GEBIETSENTWICKLUNGSPLANUNG DES BEZIRKES HALLE
5 613 NIEDERLEHME ERSTES SCHAUMSILIKATWERK
8 419 DEFOLIATION FLUGZEUGEINSATZ FAA-UEBERSICHT
7 406 ANBAU-ENTBLAETTERUNGSWELLE FUER BAUMSCHULEN
6 11 DIESELELEKTROAGGREGATE REGELUNG
9 76 DIESELMOTOREN EINSATZ FUER LANDW.ARBEITEN
5 113 EMPFEHLUNGEN FUER GERAEUSCHMINDERUNG
UNTERSUCHUNG PRUEFUNG
5 115 FORSCHUNGSERGEBNISSE IN DER SU
6 82 ZEITLUPENFILM UEBER VERBRENNUNGSVORGAENGE
9 78 LUFTGESCHWINDIGKEIT IM VERBRENNUNGSRAUM
6 101 EINFL.V.BEWEGUNGSGESCHWINDIGK.DER LUFTLADG.BRENNKAMMER
6 100 TEMPERATUR DER BRENNRAUMFUELLUNG BEIM ANLASSEN
7 81 WAERMEUEBERTRAGUNG IM VIERTAKTER BEI GEBLAESEVERSTAERKG.
6 96 GLEITLAGERVERSUCHE AN EINZYLINDERMOTOR NEUART.PRUEFST.
6 97 VERHALTEN SCHWERER BRENNSTOFFE
BAUARTEN TYPEN
8 40 ENTWICKLG.DES FAHRZEUGDIESELS ZUM VIELSTOFFMOTOR
9 77 ENTWICKLG.V.SCHNELLAUF.DIESEL ZUM VIELSTOFFMOTOR
6 82 ENTWICKLG.V.DIESEL-U.OTTOMOTOREN IN GROSSBRITANNIEN

5	71	DIESELMOTOREN	TECHNISCH OEKONOMISCHE KENNWERTE VON NEUN MOTOREN
6	95		NEUE BAUREIHE LUFT-U.WASSERGEKUEHLT.MWM-MOTOREN
6	94		NEUERE ENTWICKLUNG DES MAN-M-VERFAHRENS
5	70		AKD 1105 NEUE BAUREIHE
5	70		KD 1105 WASSERGEKUEHLT
5	419		DIESELVAKUUMMASCHINENSATZ GIGANT W
			BAUTEILE
9	83		LIT.UEBER EINSPRITZPUMPEN
7	82		KORREKTURVORRICHTUNG FUER EINSPRITZPUMPEN
8	42		ERHOEHG.DER ZUVERLAESSIGKEIT DER EINSPRITZZYENTILE
6	98		EINSPRITZPROZESS BEI MOTOR MIT BRENNKAMMER IM KOLBEN
8	43		EINSPRITZGESCHWINDIGKEITSDIAGRAMME HERSTELLUNG
6	99		GESCHLOSSENE STIFTDUESEN IN SOWJET.TRAKTOREN ARBEIT
6	102		VERSTOPFEN DER STIFTE VNN ZERSTAEUBERDUESEN
8	41		TURBOKUEHLUNG BEI AUFGELADENEN VIERTAKTMOTOREN
			S.AUCH UNTER TRAKTOREN
		DIFFERENTIAL S.UNTER TRAKTOREN	
		DLG-MASCHINENPRUEFBERICHTE S.UNTER LANDMASCHINEN	
			S.AUCH DIE EINZELNEN MASCHINEN U.GERAETE
6	15	DOKUMENTATION	UND INFORMATION IN DER DDR WEITERENTWICKLUNG
8	15		METHODIK DES RECHERCHIERENS U.RECHERCHEMITTEL
8	16		LIT.UEBER DATENERFASSUNG UND DATENVERARBEITUNG
8	14		SITUATION DES LANDW.UEBERSETZUNGSWESENS
9	25		CODE ZUR KLASSIFIZIERUNG DER LANDW.LIT.
5	22		UND REPROGRAPHIE
9	24		RINGFOERMIG.PLASTELEMENTE ZUR MAGNETSPEICHERG.
7	30		SCHLAGWORTREG.V.SACHKATALOG.DTSCH.BUECHEREI LEIPZIG
7	27		IN DER WASSERWIRTSCHAFT
6	22		UEBERSICHT DER ENTWICKLUNG DER PLASTISCHEN STOFFE
5	635	DORFPLANUNG	SYMPOSIUM UEBER GEBIETSPLANUNG IN WEIMAR
9	613		PLANUNG LAENDLICHER SIEDLUNGEN
6	557		GESAMTPLANUNG LANDWIRTSCHAFTLICHER SIEDLUNGEN
5	638		STANDORTFESTLEGUNG LANDW.BAUTEN
5	639		HYGIENE SCHUTZGUERTEL ZWISCHEN WOHN-U.STALLKOMPLEXEN
5	634		ENTWICKLUNGSPLANUNG DES BEZIRKES HALLE
5	640		ARBEIT DES ALB-AUSSCHUSSES
5	641		PLANUNG DER DORFERNEUERUNG IN DER BRD
6	553		BRD KOOPERATIVE ORGANISATION VON FAMILIENBETRIEBEN
6	554		WIRTSCH.BEDEUTUNG DER BAUPLANUNG IN POLEN
8	462		PROBLEME DER SOWJETISCHEN DORFPLANUNG
5	642		PLANUNG UND BAU V.KOLCHOSEN U.SOWCHOSEN IN BELORUSSLAND
7	520		PLANUNG U.BEBAUUNG DES ZENTRUMS V.KOLLEKTIVWIRTSCHAFT
7	521		BAU VON SOWCHOSANSIEDLUNGEN IM GRUPPENSYSTEM
8	463		ANSIEDLUNG BIKSTY IN LETTLAND
9	400	DOSENOEFFNER	ELEKTROGERAET SUNBEAM
		DRAHTSEILBAHN S.UNTER HOLZTRANSPORT	
		DRAINAGE GLIEDERUNG ALLGEMEINES	
			VERFAHREN

DRAINAGE

DRAINIERMASCHINEN
HERSTELLUNG VON GRAEBEN
MAULWURFDRAINUNG
DRAINROHRE

ALLGEMEINES
6 184 STAND UND WEITERENTWICKLUNG DER DRAINTECHNIK
9 5 STAND UND ENTWICKLUNG DER TECHNIK
6 193 STAND DER DRAINTECHNIK IN OESTERREICH
6 3 AUFGABEN DER LANDTECHNIK IN DIESEM JAHRZEHNT
7 171 MELIORATIONSGENOSSENSCHAFTEN IM KREIS GRANSEE
6 14 ERTRAGSSTEIGERUNGEN
9 239 EFFEKTIVITAET AUF ZEITWEILIG UEBERFEUCHTETEN BOEDEN
5 187 ANWENDUNG VON KUNSTSTOFFEN
8 371 FORST PROJEKTIERUNG UNTER AUSNUTZUNG V.FLUGZEUGAUFNAHMEN
7 243 ERHALTUNG UND INSTANDSETZUNG VON SYSTEMEN
5 186 WIEDERAUFFINDUNG UND REKONSTRUKTION ALTER ANLAGEN
8 114 ROSTOCKER DRAINSPUEL- UND ORTUNGSGERAET RSO II
7 183 AUSSPUELEN VERSCHLAMMTER DRAINROHRE
VERFAHREN
6 257 PERIODISCH UEBERFEUCHTER BOEDEN
6 194 TECHNISIERUNG IN STEINIGEN BOEDEN
9 467 RESULTATE DER WALDENTWAESSERUNG IN FINNLAND
5 586 KOMBINATION VON WEGEBAU UND ENTWAESSERUNG
7 179 AK-BEDARF U.KOSTEN BEI VERSCHIED.DRAINIERVERFAHREN
5 224 ANLAGE UND NUTZUNG V.ENTWAESSERUNGSSYSTEMEN
7 177 TECHN.VERFAHREN DER PLASTROHRDRAINUNG
5 194 WIRKSAMKEIT HORIZONTAL DRAINBEWAESSERTER FLAECHEN
5 190 NEUES DRAINROHRFILTERVERFAHREN
5 186 VERFAHREN ZUR AUTOMATISCHEN GEFAELLESTEUERUNG
8 445 UNTER FUNDAMENTEN
DRAINIERMASCHINEN
7 179 UEBERBLICK UEBER DRAINMASCHINEN IN DEN NIEDERLANDEN
8 111 MASCHINEN FUER KULTURTECHN.IN DEN NIEDERLANDEN
6 192 AUTOMAT.STEUERUNG U.REGELUNG AN MELIORATIONSMASCHINEN
5 191 MASCHINEN FUER ENTWAESSERUNG VON MOORBOEDEN
6 187 UNIVERSALMELIORATIONSAGGREGAT UMAS FUER TRAKTORENANBAU
5 188 ENTWICKLG.V.MASCH.FUER VERLEGEN V.PLASTROHREN
5 186 MASCHINENSYSTEM FUER DIE TON- UND PLASTROHRDRAINUNG
8 113 MASCHINE ZUM VERLEGEN VON TON- UND KUNSTSTOFFROHREN
5 187 VERLEGEN V.PLASTROHREN MASCH.MIT AUTOMAT.TIEFENSTEUERUNG
6 186 EINSATZ DER DRAINGRABENBAGGER IN DER DDR
9 465 ERFAHRUNGEN MIT TRAKTORAGGREGATEN ALS GRABENBAGGER
7 180 GRABENBAGGER MIT MEHREREN SCHUERFKUEBELN
5 191 BAGGER ZUM ENTWAESSERN VON MOORBOEDEN
6 200 KM 251 MECH.EINLOEFFELUNIVERSALBAGGER
6 198 ETN 171 EIMERKETTENGRABENBAGGER KOMPLEXEINSATZ
9 188 PWP 301 SCHWIMMBAGGER
5 191 DRAINGERAET DMT 1800 ZUM ENTWAESSERN VON MOORBOEDEN
5 191 DRAINGERAET DMT 1400 ZUM ENTWAESSERN VON MOORBOEDEN
5 191 TORFFRAESE ZUM ENTWAESSERN VON MOORBOEDEN

5 191 DRAINAGE GRABENFRAESE ZUM ENTWAESSERN VON MOORBOEDEN
5 189 PD 1 DRAINPFLUG EIGNUNGSPRUEFUNG
HERSTELLUNG VON GRAEBEN
9 186 KD 120 GRABENZIEHER
9 185 GRABENZIEHER AUF PONTON MIT EINEM SCHUERFKUEBEL
MAULWURFDRAINUNG
7 178 MAULWURFSDRAINUNG RADIOKONTROLLIERTER PLASTROHRLEGER
5 191 MAULWURFDRAINGERAET ZUM ENTWAESSERN VON MOORBOEDEN
5 186 B 750 IN DER DDR ENTWICKELTE MAULWURFDRAINMASCHINE
6 191 B 750 MAULWURFDRAINMASCHINE ERFAHRUNGEN IN DER DDR
8 120 DKG 100 MAULWURFPFLUG
DRAINROHRE
7 181 BERECHNG.V.DMR.FUER DRAINROEHREN IN WASSERABFUEHREND.DRAINS
6 185 VON SAND-UND MOORBOEDEN DURCH PLASTROHRE
6 188 VERSUCHE MIT PLASTDRAINROHREN IN DER BRD
6 190 KUNSTSTOFFROHRDRAINUNG IN WESTFALEN
6 189 ROHRE AUS KUNSTSTOFF MERKBLATT UEBER VERWENDUNG
7 427 ROHRE AUS PVC UND PAE
7 182 GLASFASERFILTER FUER ROHRDRAINE
6 190 GLASFASERWOLLE FUER UMMANTELN V.KUNSTSTOFFROHREN
6 185 GLASWOLLE ODER NYLON ALS ABDECKUNGSMATERIAL
7 37 DREHMOMENT UEBERTRAGUNG IN GEKLEBTEN WELLEN-NABENVERBINDUNGEN
DREHMOMENTMESSUNG S.UNTER MESSINSTRUMENTE U.VERFAHREN
S.UNTER TRAKTOREN
DREHPFLUEGE S.UNTER PFLUEGEN
DREHSTRAHLREGNER S.UNTER BEREGNUNG
DRESCHEN SCHWADDRUSCH S.DORT
MASCHINEN FUER FLACHS S.UNTER FLACHS
5 236 KEGEL- ODER KONUSDRESCHMASCHINEN THEORETISCHE GRUNDLAGEN
6 262 EINRICHTUNG MIT LOGARITHM.ZAHNFORM AUFBAU BETRIEB
8 180 DATEN DER ARBEITSWERKZEUGE FUER DEN VIBRATIONSDRUSCH
7 247 UNTERSUCHG.V.DRESCHWERK MIT SCHNECKENTROMMEL
5 255 KORNBESCHAEDIGUNGEN BEI HOHER DREHZAHL DER DRESCHTROMMEL
9 282 VERSUCHSSEPARATOR FUER NACHDRUSCH VON GETREIDE
9 245 UNIVERSAL-DRESCHAPPARATE
8 96 MS 400 PARZELLENDRESCHMASCHINE FUER SAATZUCHTBETRIEBE
7 500 PARZELLENDRESCHMASCHINE MS VIERHUNDERT
8 96 MKL 30 LABORAEHRENDRESCHMASCHINE
9 11 HANDBUCH
DRILLMASCHINEN S.UNTER SAEEN
DUENGELANZEN S.UNTER DUENGEN
8 136 DUENGEMITTEL ISU 4 SCHROT-UND MISCHMASCHINE
8 136 TA 5 DUENGERSCHROTER
8 134 VORGAENGE BEIM EINDRINGEN DER SCHAUFEL IN SCHUETTGUT
9 155 MINER.BERECHNUNG DER OPTIMALEN TRANSPORTWEGE
5 162 MOEGLICHKEITEN DES LOSETRANSPORTES
5 211 LOSETRANSPORT RATIONELLE BE-UND ENTLADUNG
8 135 TRANSPORT IN SELBSTENTLADENDEN BEHAELTERN

5 607 DUENGEMITTEL MONMOUTH SLUDGEKART TRANSPORTTANKER
8 143 TRANSPORT VON KALK
8 144 GESUNDH.SCHAEDEN BEIM UM-U.VERLADEN V.DUENGEKALK
DUENGEN GLIEDERUNG AUSBRINGEN ORGANISCHER DUENGEMITTEL
AUSBRINGEN MINERALISCHER DUENGEMITTEL
ALLGEMEINES
FLUGZEUGE
DUENGERSTREUER
GERAETEKOMBINATIONEN
SCHLEUDERSTREUER
AUSBRINGEN FLUESSIGER DUENGEMITTEL
KALKDUENGUNG
AMMONIAKDUENGUNG
AUSBRINGEN ORGANISCHER DUENGEMITTEL
S.UNTER GUELLE; S.UNTER JAUCHE
STALLMISTSTREUER S.DORT
AUSBRINGEN MINERALISCHER DUENGEMITTEL
ALLGEMEINES
9 9 TECHNISCHER FORTSCHRITT
6 14 ZWECKMAESSIGSTE AUSBRINGUNG METHODEN
8 135 STAND DER MECHANISIERUNG
6 212 MECHANISIERUNGSPRINZIPIEN
6 1 MECHANISIERUNGSSYSTEME DES RGW
6 236 PROBLEMATIK DER KOMPLEXMECHANISIERTEN DUENGUNG
7 220 BESTIMMUNG DER VERTEILUNGSGUETE VON DUENGEMITTELN
6 235 ANLAGE UND DURCHFUEHRUNG V.GROSSFLAECHENSTREUVERSUCHEN
6 50 ARBEITSSCHUTZ IN DER LANDWIRTSCHAFT
FLUGZEUGE
7 146 EINSATZ VON FLUGZEUGEN
8 419 FLUGZEUGEINSATZ FAA UEBERSICHT
5 231 FLUGZEUGE GRANULIERTE DUENGER IN REISKULTUREN
5 529 IM WALDE MIT HILFE VON FLUGZEUGEN
DUENGERSTREUER
9 5 STREUER STAND UND ENTWICKLUNG DER TECHNIK
8 137 BAUARTEN UND ARBEITSWEISE
9 223 EINFUEHRUNG VEREINHEITLICHTER MASCHINEN
5 605 II. LANDWIRTSCHAFTSAUSSTELLUNG MARKKLEEBERG
9 447 1964 AUSSTELLUNG AMSTERDAM
8 136 MASCHINENSYSTEM
7 45 STREUER NUTZUNGSDAUER UND REPARATURKOSTEN
9 408 GERAETE FUER WEINBAU
9 214 STREUER MIT NEBENEINANDER ANGEBRACHTEN STREUKAESTEN
5 214 WIRTSCHAFTLICHKEIT DES STREUERS RCW ZWEI
7 222 NEUER PENDELSTREUER VON VICON
8 430 EB 500 STREUER SCHIEFERSTEIN
9 122 STREUER MIT HYDROSTATISCHEM GETRIEBE
5 212 NK 38 TELLERSTREUER VERBESSERUNG V.STREUVORRICHTUNG
7 221 NEW IDEA E 101 STREUER NIAE-TEST
5 607 TRANSPORTVORRICHTG.FUER DUENGERSTREUER NEW IDEA

DUENGEN GERAETEKOMBINATIONEN

6 8 AUSARBEITUNG GUENSTIGER GERAETEKOMBINATIONEN
9 179 GERAETEKOMB.FUER PFLUEGEN DUENGEN SAEEN U.UNKRAUTBEKAEMPFG.
8 138 JUKO DUENGEREINÄRBEITUNGSMASCHINE
9 213 KOMBINIERTES DRILL—DUENGEN MIT FLUESSIGEM DUENGER
9 221 KOMBINIERTE SAE—UND DUENGEMASCHINEN
7 498 SNT 2 6 ANBAUDUENGERDRILLMASCHINE
5 606 PRAEZISIONSSAEGERAETE MIT KOMBINIERTER DUENGERAUSBRINGUNG
8 192 ANBAUHACK UND KOPFDUENGEMASCHINEN

SCHLEUDERSTREUER

7 216 EIGENSCHAFTEN VON BREIT—UND SCHLEUDERSTREUER
7 218 BEWEGUNG AUF SCHEIBE ZUFUEHRUNG AUSSERHALB V.MITTELPUNKT
7 219 SCHLEUDERSTREUER FLUGBAHNEN DER TEILCHEN
8 139 SCHLEUDERSTREUER MIT SELBSTLADEBECHERWERKEN
8 140 SCHLEUDERSTREUER AMAZONE ZA PRUEFBERICHT VOLLEBEKK
9 218 BOGBALLE SCHLEUDERSTREUER FUER EINACHSTRÄKTOREN
9 216 MC CORMICK SCHLEUDERSTREUER
5 213 D 020 2 ANBAUSCHLEUDERSTREUER PRUEFBER.POTSDAM—BORNIM
6 237 D 027 AUFSATTELSCHLEUDERSTREUER
9 162 SCHLEUDERSTREUER FLOWMASTER MARK II
9 217 SCHLEUDERSTREUER FOYK PRUEFBERICHT VOLLEBEKK
9 215 ZWILLINGSSCHLEUDERSTREUER HANSEAT

AUSBRINGEN FLUESSIGER DUENGEMITTEL

6 231 TECHNIK DER ANWENDUNG FLUESSIGER DUENGEMITTEL
7 217 AUSBRINGUNG FLUESSIGER DUENGEMITTEL
9 219 MECHANISIERUNG DER FLUESSIGDUENGUNG
7 25 HANTIEREN MIT FLUESSIGEN DUENGEMITTELN
5 606 FLUESSIGDUENGUNG UND GUELLEVERREGNUNG IM BERGLAND
8 106 BLATTDUENGUNG VON RUEBEN
9 162 FLUESSIGDUENGERVERTEILER
5 607 HOWARD ROTASPREADER EIN DUENGERSPRITZGERAET
5 607 MONMOUTH SLUDGEKART VERTEILER FUER FLUESSIGDUENGER
6 402 DUENGELANZEN UNTERSUCH.DER GUENSTIGSTEN LANZENFORM
7 195 MIT WASSERSTRAHL—ERDBOHRERN BEI BAUMWOLLE
BEREGNUNGSDUENGUNG S.DORT

KALKDUENGUNG

6 234 STREUEN VON KALK
8 141 TECHNIK DES KALKENS DER BOEDEN
6 233 ORG.DER KALKDUENGUNG IM BEZIRK FRANKFURT/ODER
7 498 RCW 2 KALKSTREUER
7 497 KALKSTREUER RCW ZWEI
8 142 KALKSTREUEN MIT SILOWAGEN
6 232 EINSATZ VON ZEMENTSILOFAHRZEUGEN BEI DER KALKDUENGUNG

AMMONIAKDUENGUNG

9 243 LITERATUR UEBER NUTZUNG DES AMMONIAKWASSERS
9 214 MASCHINE ZUM AUSBRINGEN VON HERBIZIDEN UND AMMONIAK
8 519 DUENGERLAGER FUER SOZIALISTISCHE LANDWIRTSCHAFTSBETRIEBE
9 602 PLANUNG DER KAPAZITAET VON MINERALDUENGERLAGERN
9 606 PROJEKTE VON MINERALDUENGERLAGERN

9 601 DUENGERLAGER BAU VON MINERALDUENGERLAGERN
9 605 BAU VON MINERALDUENGERLAGERN
9 603 FUER FESTE UND FLUESSIGE MINERALDUENGER BAU
9 600 7 05 515 TYPENPROJEKT EINES MINERALDUENGERLAGERS
9 604 MINERALDUENGERLAGER MIT GLEISANSCHLUSS
9 601 FUER FLUESSIGDUENGER
8 520 SAMMELBECKEN ZUR EINLAGERUNG VON DUENGEKALK
9 532 ANWENDG.VORGEFERTIGTER DUENNWANDIG.STAHLBETONELEMENTE
8 295 DUENGERMISCHER GEWA LF 25 PRUEFBERICHT WIESELBURG
8 288 AUTOMATISCH ARBEITENDES MISCHGERAET
DUNG... S. STALLMIST...
S.AUCH ENTMISTEN
5 515 DURCHFORSTUNG MASCHINE LAERMBELASTUNG DER AK
8 S.AUCH UNTER HOLZFAELLEN
6 56 DYNO-TEST FUER GEBRAUCHTTRAKTOREN

5 463 ECEPOLEN-ROHRE FUER WASSERLEITUNGEN
8 61 EGGEN ARBEITSLEISTG.U.TREIBSTOFFVERBRAUCH BEI VIERRAD-U.KETTENTRAKTOR
8 293 MECHANISIERUNG DER BODENPFLEGE IN OBSTANLAGEN AM HANG
7 212 MODERNE KRUEMELGERAETE
7 214 LOEFFEL-U.GRUBBEREGGEN EGGEN MIT VERSTELLBAREN ZINKEN
5 230 AUFSATTELGRUBBER MIT STERNWAELZEGGEN
6 230 B 492 SEILZUGEGGE EINSATZ IN DER PRAXIS
6 462 FEDEREGGE FUER KAMPPFLEGE
8 130 FEDERZINKENEGGE PRUEFBERICHT ULTUNA
7 213 VERSCHLEISSFESTIGKEIT GEHAERTETER EGGENZINKEN
7 211 SPATENEGGE EINSATZ UND VORTEILE
7 211 ERFAHRUNGEN MIT DER SPATENEGGE
8 131 SPATENROLLEGGE HANKMO PRUEFBERICHT ULTUNA
8 132 SPATENROLLEGGE VAUHTI PRUEFBERICHT ULTUNA
SCHEIBENEGGEN
6 229 VERGLEICH VON GRUBBERN UND SCHEIBENEGGEN
7 498 BTC 2 5 SCHEIBENEGGEN
7 498 BTZ 2 SCHEIBENEGGEN
9 472 EICHEN MECHAN.DER ARBEITSPROZESSE BEI PFLEGE
9 471 PFLEGEHIEBE IN JUNGEN WAELDERN IM STRANDSHAGEBIRGE
6 6 EIER ERZEUGUNG IN FINNLAND
5 376 SAMMELN WASCHEN SORTIEREN U.VERPACKEN MECH..
6 595 ARBEITSAUFWAND FUER EINSAMMELN UND MARKTFERTIGMACHEN
6 364 BERECHNUNG EINES FLIESSBANDES FUER DAS EINSAMMELN
5 378 BEHANDLUNG HORIZONTAL-UND HOCHFOERDERER
6 365 TROCKENREINIGUNGSGERAET AUFBAU UND FUNKTION
9 371 HUEHNEREIER-WASCHMASCHINE
7 372 ANLAGE FUER DIE ULTRAVIOLETTE BESTRAHLUNG
5 376 KUEHLRAEUME FUER DIE LAGERUNG
8 EIN-UND UMTOPFMASCHINE S.UNTER JUNGPFLANZENANZUCHT

5 572 EINACHSANHAENGER HOLZTRANSPORT IN SCHWEDEN
7 155 MIT SELBSTTAETIGER ENTLADUNG
9 135 HUBKUPPLUNGEN FUER AUFSATTELUNG KOPFLASTIGER
6 153 ROLLWIDERSTAND VON TERRA REIFEN
8 329 EINACHSTRAKTOREN PARISER LANDMASCHINENSALON
6 4 EINSATZ IN JAPAN
6 113 GROESSENKLASSEN UND EINSATZBEREICH
5 84 TAB.DER TECHNISCHEN DATEN VON GRUNDTYPEN
5 85 ERLAEUTERUNG VON TYPENTAFELN DER BRD
7 11 FUENFUNDSIEBZIG JAHRE HOLDER
6 394 AGRIA 2400 PRUEFBERICHT VOLLEBEKK
5 500 MORTRAC MIT TRIEBACHSANHAENGER
5 128 ANFORDERUNGEN AN DIE BREMSFAEHIGKEIT
8 466 EINKAUFSZENTREN KOMPLEXSERIE VON SOWJETISCHEN TYPENPROJEKTEN
EINSCHIENENBAHN S.UNTER HOLZRUECKEN UND BRINGEN
9 608 EINSTELLRAEUME ABSTELLUNG DES FAHRZEUG UND MASCHINENPARKS IN LPG
9 560 FUER BAUERNHOEFE
9 607 FUER LANDW.FAHRZEUGE MASCH.U.GERAETE FLAECHENBEDARF
8 521 MASCHINEN UND GERAETESCHUPPENBEDARF RICHTZAHLEN
9 608 RICHTZAHLEN ZUM ABSTELLFLAECHENBEDARF
9 608 PROJEKTIERUNG U.BAU V.SCHUPPEN ALS KALTBAUTEN
5 700 VERWENDUNG TRANSPORTABLERFLUGZEUGHALLEN
9 531 AUS FERTIGBAUTEILEN
9 532 ANWENDG.VORGEFERTIGTER DUENNWANDIG.STAHLBETONELEMENTE
5 663 EINSTREU VERRINGERUNG DES BEDARFES DURCH ROSTBOEDEN
5 378 VERTEILUNG U.AUSBRINGUNG FUER GEFLUEGEL IN DER CSSR
EINZELKORNSAAT S.UNTER SAEEN
RUEBEN S.DORT
9 501 EISEN ERFAHRUNGEN BEIM STRASSENBAU MIT EISENBETONPLATTEN
5 584 EISENBAHN HOLZTRANSPORT IN SCHWEDEN
9 493 ELEFANT ZUM HOLZRUECKEN IN DEN TROPEN
ELEKTRISCHE FUSSBODENHEIZUNG S.UNTER HEIZUNG V.WOHNRAEUMEN
6 78 ELEKTROANTRIEBE FUER DIE LANDWIRTSCHAFT
6 374 VON HAUS—UND WIRTSCHAFTSGERAETEN
7 71 AUSLASTUNG AN LANDW.MASCHINEN
6 11 REGELUNG UND STABILITAET
7 72 DREHMOMENT DES ASYNCHRONMOTORS BEIM EINSCHALTEN
7 205 EINES LEICHTEN SEILPFLUGES
ELEKTROENERGIE ELEKTROGENERATOREN S.DORT
7 86 IN DER LANDWIRTSCHAFT
9 9 IN DER LANDWIRTSCHAFT
7 25 EINSATZ IN DER LANDWIRTSCHAFT
8 44 WIRTSCHAFTLICHKEIT V.ANWENDUNG IN LANDWIRTSCHAFT
7 65 VERSORGUNG DER LANDWIRTSCHAFT KENNZIFFERN
7 66 LANDW.ENERGIEABNAHME IN SOZ.GROSSBETRIEBEN
9 80 RURAL ELECTRIFICATION

5	79	ELEKTROENERGIE	STUDY OF RURAL ELECTRIFICATION
5	75		SITUATION DE L' ELECTRIFICATION RURALE EN EUROPE EN 1961
5	76		ELECTRICITY IN FAMILY ENTERPRISES
5	77		RURAL ELECTRIFCATION LONG TERM PROGRAMME OF WORK
5	78		REVISON A.BRINGING UP TO DATE OF THE PROGR.OF WORK
6	67		FERMES PILOTES PROGRAMM IN FRANKREICH
8	38		NACHTSTROMABNAHME IN LANDW.BETRIEBEN
5	458		EINSATZ IM GARTENBAU
7	68		ANWENDUNG IN DER LANDWIRTSCHAFT UNFALLGEFAHR
6	50		ARBEITSSCHUTZ IN DER LANDWIRTSCHAFT
6	373		AMER.ZUKUNFTSGEDANKEN UEBER HAUSHALTELEKTRIFIZIERUNG
9	380		SPEZ.HAUSHALTSSTROMVERBRAUCH IN DEN USA
6	69		EINPHASIG HOHE BELASTUNG SCHWACHER DREHSTROMNETZE
7	67		ARBEIT MIT LANDW.MASCH.UNTER HOCHSPANNUNGSLEITUNGEN
			ANLAGEN-UND BAUTEILE
5	157		LIT.UEBER HUBSCHRAUBER FUER BAU V.FREILEITUNGEN
6	71		WAHL OPTIMALER TRENNSTELLEN IN VERSORGUNGSNETZEN
6	70		VERWENDG.EINES NULLSYSTEMKANALS FUER NACHR.UEBERMITTLG.
7	70		KONTAKTLOSER NETZREGLER MIT VORMAGNETISIERUNG
7	73		KREIS-U.L NEARDIAGR.FUER ELEKTROWAERMEANLAGEN
9	79		EINRICHTG.IN DER LANDWIRTSCHAFT
5	72		BELEUCHTUNGS-U.KRAFTANLAGEN IN DER LANDWIRTSCHAFT
9	550		PLANUNG VON ELEKTROANLAGEN IN HAUS U.HOF
7	84		EINSATZ BEDIENUNG UND PFLEGE VON ANLAGEN
7	69		UEBERPRUEFUNG U.INSTANDHALTUNG V.ANLAGEN IN DER LPG
6	1		MECHANISIERUNGSSYSTEME DES RGW
5	367		ELEKTROMECH.DER TIERZUCHTFARMEN IN DEN USA
6	68		MODELL FUER VOLL-ELEKTRIFIZIERT.LANDW.BETR.V.SIEMENS
5	173		ELECTR.APPLIANCES FOR MODEL FARMS
5	74		ELECTRICITY AND THE FARM BUSINESS
6	73		STROMAGGREGATE FUER DIE LANDWIRTSCHAFT
6	74		TRAKTORENBETRIEBENES KLEINKRAFTWERK
5	336		RICHTIGER EINSATZ BEI DER GETREIDEKALTBELUEFTUNG
6	139	ELEKTROGENERATOREN	SG 15 AN SELBSTERREGG.DES SYNCHRONGENERATORS
6	75		BERECH.DER SCHWUNGMASSEN V.DIESELELEKTROAGGREGAT.
5	63		SCHUTZ MIT KURZSCHLUSSAUSLOESUNG
8	286	ELEKTROGESCHIRR	HAUSRAT-UND EISENWARENMESSE KOELN
7	384		EINFLUSS VON BODENDICKE AUF WIRKUNGSGRAD
		ELEKTROHERDE S.UNTER HERDE	
9	72	ELEKTROHYDRAULISCHER	EFFEKT ANWENDUNG IN DER LANDWIRTSCHAFT
6	370	ELEKTROINSTALLATION	EIN-ODER ZWEISCHIENIGE VERSORGUNG
9	73		IM FERTIGHAUS UND MONTAGEBAU
9	382		FUSSBODEN-INSTALLATIONSLEISTE

```
9  12 ELEKTRONIK UMRECHNUNG ENGL.AMER.MASSEINHEITEN
9  12 ELEKTROTECHNIK UMRECHNUNG ENGL.AMER.MASSEINHEITEN
8 243 ELEKTROZAEUNE AUFBAU UND BETRIEB VON ANLAGEN
6 344               TRANSPORTABLES BATTERIEGERAET PAN
5  62 ENERGETIK IN DER ENTWICKLUNG DER LANDWIRTSCHAFT

7  64 ENERGETIKER AUFGABEN IN DER LANDWIRTSCHAFT
7  65 ENERGIE VERSORGUNG DER LANDWIRTSCHAFT  PERSPEKTIVEN
      ENGLAND S.UNTER GROSSBRITANNIEN
      ENTASTEN S.UNTER HOLZAUFBEREITUNG
               AUFASTEN S.DORT ; MOTORSAEGEN S.DORT
5 385 ENTEN PRODUKTION IN LPG DES WESTSLOWAKISCHEN BEZIRKS
5 387       AUFZUCHT VON KUEKEN AUF METALLROSTEN
6 564 ENTENSTAELLE AUFZUCHT-UND MASTSTAELLE
8 508              MONTIERTE BAUTEN
      ENTLADEN VON HOLZ S.UNTER HOLZVERLADEN
               S.AUCH DIE EINZELNEN ERNTEGUETER
8  87          MASCHINEN FUER LANDW.GUETER
6 320          VON EISENBAHNWAGGONS  VORRICHTUNGEN
5 324          FUTTER, ABLADE-UND FOERDEREINRICHTUNGEN
8  88          VORRICHTUNGEN FUER WAGEN
7 320          VON ANHAENGER MIT ABZUGSVORRICHTUNG
7 251          FELLA ABLADEKOMBIGEBLAESE MIT FLUEGELRADVERLAENGERUNG
6 168          ABLADEGEBLAESE DER FA.MAX GRUMBACH PRUEFBER.POTSDAM-BORNIM
6 268          ABLADEGEBLAESE RAPID  SILOFUTTERERNTE
7 252          ABLADEKOMBIGEBLAESE DER FELLA-WERKE
6 318          HAECKSELSCHLEUSE ZUM ABLADEKOMBIGEBLAESE
7 297          UND STAPELN VON KARTOFFELN IN GROSSKISTEN
8  91          GERAET MP 15 FUER STAUBFOERMIGES MATERIAL
      ENTLUEFTEN S.LUEFTUNG
      ENTMISTEN GLIEDERUNG ALLGEMEINES
                           RINDERSTAELLE
                           SCHWEINESTAELLE
                           SCHWEMMENTMISTUNG
                           SCHLEPPSCHAUFEL
                           SCHUBSTANGEN
                           TRAKTOREINSATZ
                           SONSTIGE ANLAGEN
                 ALLGEMEINES
6 567           ANALYSE DER TECHNOLOG.GROSSPRODUKTIONSVERFAHREN
6 342           ENTWICKLUNGSRICHTUNGEN FUER ANLAGEN IN DER CSSR
8 245           MECHANISIERUNG DER STALLENTMISTUNG  FACHBUCH
7 503           EINFL.VON ARBEITSKETTEN AUF GEBAEUDEGESTALTUNG
6 565           ARBEITSERSPARNIS UND STALLHYGIENE
7 362           ENTMISTUNGSANLAGEN ERLEICHTERN DIE ARBEIT
8 235           VERFAHREN DER MISTSTAPELUNG
                 RINDERSTAELLE
```

9 578 ENTMISTEN RINDERSTAELLE IN GROSSBRITANNIEN
8 235 RINDERSTALL ENTMISTUNGSVERFAHREN
6 358 BETRIEBS-,ARBEITSWIRTSCH.TECHNOLOGIE IN ANBINDE-U.LAUFSTALL
5 395 BEI LAUFSTALLHALTUNG AUFWAND VON VERFAHREN
8 246 TIEFSTAELLE FUER RINDER MECHANISIERUNG
9 571 ANBINDESTAELLE FESTMIST-UND FLUESSIGMISTVERFAHREN
5 676 OFFENSTALL IN REPY
SCHWEINESTAELLE
9 581 VON SCHWEINESTAELLEN
6 588 VERFAHREN FUER SCHWEINESTAELLE
6 585 SCHWEINESTAELLE MIT UMGEBAUTEN GEBIRGSGRASMAEHER
SCHWEMMENTMISTUNG
7 599 SCHWEMMENTMISTUNG ANLAGEN UND ARBEITSMETHODEN
8 236 SCHWEMMENTMISTUNG ANFORDERUNGEN DES TIERZUECHTERS
9 361 GUELLEWIRTSCHAFT UND SCHWEMMENTMISTUNG LIT.
8 237 ERFAHRUNGEN MIT SCHWEMMENTMISTUNG OHNE WASSER
6 573 SCHWEMMENTMISTUNG IM KUHSTALL
6 341 MECHANISIERUNGSMOEGLICHKEITEN FLUESSIGMISTVERFAHREN
9 562 SCHWEMMENTMISTUNG UNTER GITTERROST HINTER KURZSTAND
9 562 SCHWEMMENTMISTUNG IM SCHWEINEMASTSTALL
8 432 SCHWEMMENTMISTUNG MIT VAKUUMGUELLEFAESSERN
SCHLEPPSCHAUFEL
5 398 AUTOMAT.SCHLEPPSCHAUFELANLAGE FUER SCHWEINESTALL
7 580 HALBAUTOMAT.SCHLEPPSCHAUFELENTMISTUNG DER SCHWEINESTAELLE
5 399 PRUEFUNG EINES KAPRONZUGSEILES FUER SCHLEPPSCHAUFELANLAGEN
SCHUBSTANGEN
8 432 SCHUBSTANGENENTMISTUNGEN
5 378 GEFLUEGELSTAELLE SCHUBSTANGEN-UND SCHLEPPSCHAUFELN
7 361 MECHANISCHE ANTRIEBE DER SCHUBSTANGENTRANSPORTANLAGEN
TRAKTORENEINSATZ
9 351 FRONTLADER SCHUBSTANGE SCHWEMMEN SEILZUG VERGLEICH
5 368 VON ANBINDE-UND LAUFSTAELLEN MIT FRONTLADER
SONSTIGE ANLAGEN
5 396 RIND GITTERROSTAUFSTALLG.U.STAUKANALGEFAELLENTMISTUNG
5 397 RIND GITTERROSTAUFSTALLG.U.STAUKANALGEFAELLENTMISTUNG
5 373 DES FRESSRAUMES V.MAESTEREI MIT SCHRAPPERANLAGE
8 432 SEILZUGENTMISTUNGEN MIT MECH.RUECKZUG
6 598 VON KAEFIGANLAGEN FUER LEGEHENNEN
7 589 SPUELENTMISTUNG EINER KAEFIGINTENSIVHALTUNG
5 381 V.BATTERIEN MIT KOTSCHIEBER-RAEUMUNG
ENTNEHMEN VON SILAGE
9 357 LIT.UEBER MECH.FUELLUNG U.ENTLEERUNG
8 244 UNTERSUCHUNGEN VON ENTNAHME-UND VERTEILEINRICHTUNGEN
8 233 MASCHINEN FUER ENTNAHME AUS FLACHSILOS
6 341 AUS FLACHSILOS FRONTLADER SILOFRAESEN U.VERTEILWAGEN
9 344 BESCHICKUNG UND ENTNAHME BEI HOCHSILOS
5 239 ENTLEEREN VON HOCHSILOS VERFAHREN
6 341 AUS HOCHSILOS MIT UNTENFRAESEN
ENTRINDEN S.UNTER HOLZAUFBEREITUNG
8 286 ENTSAFTER HAUSRAT-UND EISENWARENMESSE KOELN

ENTWAESSERUNG S.DRAINAGE
7 14 ENZYKLOPAEDIE LAND FORST GARTEN
6 179 ERBSEN ANBAU IN RUMAENIEN MECHANISIERUNG
5 468 ENTWICKLUNG DES ANBAUES IN GROSSBRITANNIEN
6 313 ERNTE BEI REGENWETTER
7 305 ERNTE DURCH ABREISSEN VERSUCHSMASCHINE
9 433 GRUENERBSEN AUFSAMMELDRESCHER DE MATHER AND PLATT
9 433 GRUENERBSEN MAEHDRESCHER MITCHEL MC BAIN
7 307 LADEN VON GRUENERBSEN
7 306 MESSUNGEN AN SCHWADEN WAEHREND DER TROCKNUNG
5 251 SCHNELLAUFENDER LADEFOERDERER
8 318 KRAUTEINZUGSVORRICHTUNG FUER DRESCHMASCHINEN
6 333 TROCKNUNG AUF BELUEFTUNGSANLAGEN MIT VORGEWAERMTER LUFT
8 211 FEUCHTEAUSTAUSCH ZWISCHEN DEN KOERNERN
6 179 ELEKTRISCHE SICHTUNG NACH DER FARBE
5 328 OPS 2 STEIGSICHTER FUER REINIGUNG UND SORTIERUNG
5 327 SSP 5 PNEUMATISCHER SORTIERTISCH
6 179 ERBSENKAEFER BEKAEMPFUNG
5 458 ERDAUFBEREITUNG BEDARF AN ELEKTRISCHER ENERGIE
5 466 B 904 MOTORISIERTES ERDSIEB
S.AUCH KOMPOST
9 436 ERDBEEREN ERNTE IM SITZEN
7 195 ERDBOHRER WASSERSTRAHLERDBOHRER ZUM BEWAESSERN U.DUENGEN V.BAUMWOLLE
7 410 ERDE MOTORISIERTES SIEB B NEUNHUNDERTVIER PRUEFBERICHT BORNIM
S.AUCH BODEN...
8 312 ERDGAS ERFAHRUNGEN BEIM HEIZEN
9 457 ERDLOCHBOHRER ARBEITSPHYSIOLOGISCHE UNTERSUCHUNG
9 468 ARBEITSPHYSIOL.ANALYSE DER ARBEITSPRODUKTIVITAET
5 527 DOLMAR CFEB LEISTUNG
5 531 DER FIRMEN DOLMAR UND STIHL
S.AUCH PFLANZLOCHBOHRER
7 346 ERDNUESSE ERFAHRUNGEN MIT KUENSTL.TROCKNUNG LIT.UEBERSICHT
7 345 VERFAHREN ZUM BEIZEN UND TROCKNEN
ERDSIEB S.UNTER ERDAUFBEREITUNG
5 458 ERDSTERILISATION BEDARF AN ELEKTRISCHER ENERGIE
5 499 DAEMPFEGGE FASS ROST HAUBE PFLUG
7 442 DAEMPFEN VON BANKBEETEN
8 327 COFFIN DAEMPFUNG VON GEWAECHSHAUSBEETEN
5 499 DAEMPFEN MITTELS DRAINROHREN
6 13 ERNTE JAHRESBERICHT DES NIAE
7 311 WISSENSCH.ARBEITEN UEBER VOLLMECH.ERNTE
ERNTEAUFBEREITUNG S.DIE EINZELNEN ERNTEGUETER
9 31 ERNTEMASCHINEN STAND DER NORMUNG
8 158 BENENNUNGEN NORMENENTWURF
7 348 ERNTESCHUTZ WISSENSCHAFTLICHE GRUNDLAGEN
7 405 EROSION MASSNAHMEN ZUR VERHINDERUNG IN HANGLAGEN

8 120 EROSION MASCHINENSYSTEM ZUR BEKAEMPFUNG DER BODENEROSION
7 172 MUTTERBODENVERLUST AUF TERRASSEN DURCH WASSEREROSION
5 208 PFLUG VORRICHTG.ZUR BEKAEMPFG.V.WASSEREROSION AUF HAENGEN
6 37 ERSATZTEILVERSORGUNG IN DER DDR
8 292 ETAGENKARREN FUER TRANSPORTE IM GEWAECHSHAUS PRUEFBER.WIESELBURG

6 359 FAEKALIEN-ANHAENGER CPF 3
FAHRERHAEUSER S.UNTER TRAKTOREN.- ZUBEHOER
FAHRSILO S.UNTER SILO
8 347 FAHRZEUGE VERSCHLUSSSICHERUNGEN BEI FLACHFELGEN
6 31 SPEZIALKLEBER FUER FAHRZEUG-UND KAROSSERIEBAU
S.AUCH DIE EINZELNEN FAHRZEUGARTEN
7 390 FALLOUT KONTAMINIERUNG VON LEBENSMITTELN
6 386 GEFAEHRDUNG DER LEBENSMITTEL DURCH RADIOAKTIVE SUBSTANZEN
8 71 FANGKUPPLUNG FUER DREIPUNKTGERAETE
6 516 FAO-KONFERENZ PLANUNG VON FORSTLICHEN TRANSPORTSTRASSENNETZEN
8 195 FASERPFLANZEN MECHANISIERUNG DER ERNTE
S.AUCH DIE EINZELNEN PFLANZEN
FELDHAECKSLER GLIEDERUNG HINWEISE
ALLGEMEINES
EINSATZ
BAUARTEN TYPEN
HINWEISE
HAECKSELWAGEN S.DORT
SCHLEGELERNTER S.DORT
ALLGEMEINES
9 519 WERK BMG IN UNGARN
8 98 KOMPLEXE INVESTITIONEN FUER FUTTERPFLANZENERNTE
5 310 FLUGSCHRIFT DES KURATORIUM FUER TECHNIK IN DER LANDW.
7 45 NUTZUNGSDAUER UND REPARATURKOSTEN
EINSATZ
9 246 EINSATZ ZUR FUTTERPFLANZENERNTE
5 240 HEUBERGUNG
9 165 MAISERNTE
5 243 ERNTE VON MAIS UND WINTERZWISCHENFRUECHTEN
7 255 VERGLEICH MIT SCHLEGELERNTER IN DICHTEM MAISBESTAND
7 257 VERLUSTE BEIM EINSATZ DER SILOKOMBINE ORKAN
7 276 VERLUSTE BEI DER GETREIDEERNTE
9 282 UNTERSUCHUNGSERGEBNISSE DER DREIPHASENGETREIDEERNTE
5 312 STROHHAECKSELBERGUNG FELDHAECKSELDRUSCH
7 26 LEISTUNGSBEDARF
8 162 BEDIENUNG DES MAEHHAECKSLERS DURCH SCHLEPPERFUEHRER
BAUARTEN TYPEN
8 430 1964 LANDMASCHINENAUSSTELLUNG IN AMSTERDAM
9 258 ARBEITSWEISE V.SCHEIBENRAD-ODER EXAKTFELDHAECKSLER
5 239 MESSERRADHAECKSLER HAECKSELKETTE FUER SILIERUNG
7 265 SCHNEID-U.WURFVORGAENGE IN TROMMELHAECKSLERN
9 258 SELBSTFAHREND ARBEITSWEISE

7 258 FELDHAECKSLER VORRICHTUNG FUER AUTOMAT.BEIGABE VON ZUSATZSTOFFEN
7 267 CARAVELLE SCHEIBENRADPRINZIP
5 245 CARAVELLE EIN ANHAENGEHAECKSLER
9 515 DS 69 MIT TROMMELHAECKSELWERK
5 270 E 065 U.E 066 KOERNERVERL.BEI EINSATZ IN GETREIDEERNTE
6 270 E 066 PRUEFBERICHT POTSDAM—BORNIM
7 251 FELLA SCHEIBENRAD PASSAT
7 252 VON FELLA SCHEIBENRAD
6 268 HERKULES SILOFUTTERERNTE
5 245 KOELA REX EIN SELBSTFAHRER
7 284 KSZ I 8 FUER DIE GETREIDEERNTE
5 237 VON NEW HOLLAND AUFNEHMEN VON ANGEWELKTEM GRAS
7 250 ORKAN ERNTE VON SILOPFLANZEN
6 268 PICCOLO SUPER SILOFUTTERERNTE
9 259 PSK I 8 LEISTUNGSBEDARF
8 432 REX VON KOEDEL UND BOEHM
6 269 SCAMPOLO H NEUE ANHAENGEVORRICHTUNG
9 259 SK 2 6 LEISTUNGSBEDARF
9 263 SK 2 6 SELBSTSCHLEIFENDE TROMMELMESSER
5 246 SK 2 6 ZUSATZVORRICHTUNG FUER BEIMISCHUNG V.KARBAMID
5 608 SK JQI FUER SILOMAIS
6 122 SKN I 8 S FUER MASCHINENTRAEGER
6 269 SPEISER SUPER MIT PICK—UP MAISGEBISS ODER MAEHBALKEN
9 259 USKS 2 6 LEISTUNGSBEDARF
8 94 FELDWIRTSCHAFT MECHANISIERUNG IN BULGARIEN
7 26 SAMMLUNG UND ERMITTLUNG VON ARBEITSBEDARFSZAHLEN
8 28 BESTIMMUNG DES GRADES DER TECHNISIERUNG
6 40 ERHOEHUNG DER ARBEITSPRODUKTIVITAET WEGE
7 44 KOSTEN VON MASCHINENEINSATZ
9 172 KOSTEN DES MASCHINENEINSATZES
5 183 VEREINHEITLICHUNG DER ZWISCHENREIHEN
7 51 ZEITSPANNEN FUER FELDARBEITEN IM RAUM GOETTINGEN
5 633 FENSTER WAERMEDURCHGANGSZAHL BEI VERBUND—U.DREIGLASFENSTERN
9 552 AUS HOLZ
7 516 WAERMESCHUTZ VON FENSTERN
FERKELAUFZUCHT FUETTERUNG S.UNTER SCHWEINEFUETTERUNG
STAELLE S.UNTER SCHWEINESTAELLE
6 369 FERNSEHEN ANGABEN UEBER NUTZUNGSDAUER VON GERAETEN
8 13 MOEGLICHKEITEN FUER AGRARSEKTOR
FERNSTEUERUNG VON TRAKTOREN S.UNTER TRAKTOREN.. LENKUNG
6 3 FERTIGUNG AUFGABEN DER LANDTECHNIK IN DIESEM JAHRZEHNT
FERTIGTEILE FUER BAUTEN S.UNTER BAUKONSTRUKTIONEN
FESSELBALLON S.UNTER BALLON
6 64 FEUCHTEMESSER AUF KAPAZITIVER BASIS

9 537 FEUCHTIGKEIT SCHUTZ DER KELLER
FEUCHTIGKEITSBESTIMMUNG BODEN S.DORT
S.AUCH DIE EINZELNEN ERNTEGUETER
6 64 ENTWURF EINES KAPAZITIVEN FEUCHTEMESSERS
5 522 FICHTEN WINKELPFLANZVERFAHREN FUER AELTERES PFLANZMATERIAL
6 469 PFLANZPFLUG PAULUS
5 560 MASCHINELLE UND MANUELLE ENTRINDUNG ARBEITSPRODUKTIVITAET
7 467 RINDE ALS ROHSTOFF DER CHEMISCHEN INDUSTRIE
8 406 VERFAHREN ZUR ABWENDUNG VON SCHAELSCHAEDEN
7 528 FILTER REINIGUNG DER WASSERBECKEN VON SCHWIMMBAEDERN
S.AUCH UNTER MOTOREN
6 6 FINNLAND STAND U.ENTWICKLUNGSTENDENZEN IN DER LANDWIRTSCHAFT
5 610 TEHO FUER FINNISCHE RATIONALISIERUNG
7 52 AUSWIRKUNGEN DER TECHNISIERUNG AUF ARBEITSAUFWAND
5 505 ARBEITSTECHN.PROBLEME DER FORSTWIRTSCHAFT
9 467 RESULTATE DER WALDENTWAESSERUNG
5 611 UEBERBLICK UEBER DIE HAUSFORSCHUNG
5 617 GRUENDUNG BEI LANDWIRTSCAFTLICHEN GEBAEUDEN
6 12 FISCHER GUSTAV NACHRUF
FISCHGRAETENMELKSTAENDE S.UNTER MELKSTAENDE
9 221 FLACHS VEREINHEITLICHUNG VON SAEMASCHINEN
9 11 ERNTE HANDBUCH
7 289 RAUFMASCHINEN MIT BINDEVORRICHTUNG
5 280 LKV 4M VOLLERNTEMASCHINE PRUEFUNG
5 281 ML 2 8 DRESCHMASCH.BETRIEBS- U.LEISTUNGSKENNWERTE
7 328 NEUE MASCHINEN FUER REINIGEN UND SORTIEREN
FLACHSILO S.UNTER SILO
FLAECHENABRAEUMEN RODEN S.DORT
5 525 KOMPLEXE MECHANISIER.AUF UNGERODET.SCHLAGFLAECHEN
9 460 BUSCHBRECHER ZERTRUEMMERUNGSWALZEN
9 462 MASCH.MARK XA ZUM NIEDERBRECHEN VON BUSCHWERK
5 537 ABRAEUMEN VON BUSCHWERK MIT AXT U.MOTORSAEGE
6 467 BUSCHSCHNEIDEGERAET
5 537 GERAET JO BU MIT KREISSAEGE EIN WALDWIESEL
5 528 VERBESSERTER RAEUMER FUER SCHLAGABRAUM
8 362 FINNISCHES BODENBEARBEITUNGSGERAET TUME TAPIA
8 362 IMSET KULTIVATOR
8 362 SFI KULTIVATOR
5 511 ABBRENNEN VON HIEBSFLAECHEN
5 601 FLAMMENWERFER EINSATZ IN BAUMWOLLKULTUREN
6 6 FLEISCH ERZEUGUNG IN FINNLAND
8 276 VERPACKUNGSMOEGLICHKEITEN FUER FLEISCHPRODUKTE
FLOESSEN VON HOLZ S.UNTER HOLZTRANSPORT.- WASSERTRANSPORT V.HOLZ
9 542 FLUATIEREN VON BETON
FLUESSIGDUENGUNG S.UNTER DUENGEN
7 530 FLUESSIGGAS INFRAROTSTRAHLER AUF PROPANGASBASIS

5 61 FLUESSIGKEITSABTRENNUNG MECHANISCHE, JAHRESUEBERSICHT
FLUESSIGMIST S.GUELLE
7 148 FLUGZEUGE TECHNISCHE FORDERUNGEN AN EIN LANDWIRTSCHAFTSFLUGZEUG
7 147 LEISTUNGEN DES WIRTSCHAFTSFLUGES IN DER DDR
8 371 AUFNAHMEN ZUR PROJEKTIERUNG DER DRAINAGE
5 157 LIT.UEBER HUBSCHRAUBER FUER BAU V.FREILEITUNGEN
9 473 VERWENDBARKEIT V.HUBSCHRAUBERN ZUM SCHNEESCHUETTELN
5 158 ENGLISCH-RUSSISCHES AERODYNAMISCHES WOERTERBUCH
EINSATZ
8 86 EINSATZ GESETZGEBUNG UND VORSCHRIFTEN
8 419 1960 EINSATZ FAA-UEBERSICHT
7 150 WIRTSCHAFTLICHER EINSATZ FAKTOREN
5 156 EINSATZ 1960 IN USA
5 215 EINSATZ BEI DER REISAUSSAAT
7 482 EINSATZ ZUR WALDBRANDBEKAEMPFUNG LITERATURUEBERSICHT
DUENGEN
7 146 EINSATZ FUER PFLANZENSCHUTZ UND DUENGUNG
5 231 AUSBRINGEN GRANULIERTER DUENGER IN REISKULTUREN
5 529 EINSATZ ZUM DUENGEN IM FORST
5 529 AUSSTREUUNG VON DUENGEMITTELN IN WALDBESTAENDEN
SCHAEDLINGSBEKAEMPFUNG
5 603 BEKAEMPFUNG EPIDEMISCH AUFTRETENDER SCHAEDLINGE
9 512 HUBSCHRAUBER PFLANZENSCHUTZEINSATZ IN DER BRD
8 425 UNFALLSCHUTZ BEI DER SCHAEDLINGSBEKAEMPFUNG
9 235 AVIOCHEMISCHE UNKRAUTBEKAEMPFUNG IM GETREIDE
6 180 SCHAEDLINGSBEKAEMPFUNG IN RUEBENKULTUREN
7 488 KARTOFFELKRAUTFAEULE BEKAEMPFUNG MIT HUBSCHRAUBERN
7 489 BEKAEMPFUNG VON HEUSCHRECKENLARVEN AUS DER LUFT
7 494 FANSPREAD GRANULES ZUR MOSKITOBEKAEMPFUNG
8 325 ZUR KRANKHEITSBEKAEMPFUNG IM WEINBAU
6 410 BESTAEUBUNG VON WEINSTOECKEN MIT HUBSCHRAUBER
9 500 BEKAEMPFUNG VON FORSTSCHAEDLINGEN IN PORTUGAL
8 420 PFLANZENSCHUTZAUSRUESTUNG UND ARBEITSVERFAHREN
7 149 STREU-, SPRUEH-UND SPRITZANLAGE
5 606 AUSBRINGUNG VON AEROSOLEN
6 514 AUSBRINGUNG VON OELSPRUEHMITTELN TECHNISCHE NORMEN
7 494 SWATHMASTER ZUR AUSBRINGUNG FESTER U.FLUESSIGER MITTEL
5 700 NGARS EIGNUNG FUER DIE TIERISCHE PRODUKTION
6 4 FLURBEREINIGUNG STRUKTURAENDERUNG DER LANDWIRTSCHAFT
9 181 PLANUNG KULTURTECHNISCHER ARBEITEN
6 211 HOCHRAINE UND HOHLWEGE
8 90 FOERDERBAENDER NAEHERUNGSLOESUNGEN V.FRAGEN DER DYNAMIK
5 162 EINSATZ BEIM LOSETRANSPORT VON GUETERN
9 156 FUER FUTTERTRANSPORT
7 340 FUER TRANSPORT VON GETREIDE IM SPEICHER
7 158 LEICHTFOERDERBAND OSTERRIEDER PRUEFBER.IMA-BRUGG
8 92 R 507 JABELMANN PRUEFBERICHT IMA-BRUGG

9 153 FOERDERGEBLAESE EINSATZ IM INNERBETRIEBLICHEN TRANSPORT
5 162 EINSATZ BEIM LOSETRANSPORT VON GUETERN
7 321 TOKONGEBLAESE FUER SCHROT UND HAECKSEL
5 159 FOERDERN MASCHINEN UND GERAETE
5 605 II. LANDWIRTSCHAFTSAUSSTELLUNG MARKKLEEBERG
7 157 OBLIGATORISCHE PRUEFUNG V.FOERDERERN IN NIEDERLANDEN
9 156 ANLAGEN FUER DEN FUTTERMITTELTRANSPORT
5 606 PNEUMATISCHE EINRICHTUNGEN
5 165 BERECHNUNG VON BESCHICKUNGSVORRICHTUNGEN MIT KRATZERN
5 167 SCHUETTELRINNEN DER FA. SEGLER IN LEICHTBAUWEISE
6 165 VOLLAUTOMAT.KOMB.FAHRLADEGERAET
5 166 BENZINBANDROLLE FUER ANTRIEB V.UNIVERSALFOERDERER PRUEFBER.
8 93 BENZINBANDROLLE FUER ANTRIEB V.FOERDERER PRUEFBER.BORNIM
9 37 BAUTEILE AUS KAPRON
S.AUCH DIE EINZELNEN ERNTEGUETER
S.AUCH DIE EINZELNEN FOERDERMITTEL
FOERDERSCHNECKEN S.SCHNECKENFOERDERER
FUER GETREIDE S.UNTER GETREIDE-- TRANSPORT
FOLIEN S.UNTER KUNSTSTOFFE
5 498 FOLIENZELTE TUNNEL FUER ZIERPFLANZEN
9 425 VORRICHTUNG ZUM MECH.ERRICHTEN
6 422 ZUSATZGERAET ZUM RS 09 FUER DAS MECH.ERRICHTEN
6 433 RS 09 EINSATZ ZUM ERRICHTEN
6 3 FORSCHUNG AUFGABEN DER LANDTECHNIK IN DIESEM JAHRZEHNT
7 22 SCHWERPUNKTAUFGABEN DES HOCHSCHULWESENS
5 21 PROGRESS WITH SCIENCE
7 25 1962/63 JAHRESBERICHT INST.FUER LANDTECHNIK
7 26 1963 TAETIGKEITSBERICHT PRUEFUNGSANSTALT WIESELBURG
5 503 AUFBAU DES VISCHOM IN DER SU
8 12 INST.MECHANISIERUNG DER LANDWIRTSCHAFT BUKAREST
6 13 1961 U.62 JAHRESBERICHT DES NIAE
5 19 76. JAHRESBERICHT DER VERSUCHSSTATION NEBRASKA
5 511 FORSTSAMEN ARBEITSTECHNIK ZUR GEWINNUNG V.STEHENDEN BAEUMEN
5 511 KLENGUNG VORRICHTUNGEN MIT ROTIERENDEN TROMMELN
5 539 ELEKTR.LABORTROCKEN- UND KLENGGERAET
9 500 FORSTSCHAEDLINGE BEKAEMPFUNG MIT FLUGZEUGEN IN PORTUGAL
5 508 FORSTSCHUTZ STAATSNORMEN IN DER CSSR
S.AUCH UNTER DEM ARBEITSVORGANG
5 587 FORSTSTRASSEN GESTALTUNG UND KLASSIFZIERUNG DER WALDAUTOSTRASSEN
6 516 FAO-KONFERENZ PLANUNG V.FORSTL.TRANSPORTSTRASSENNETZEN
5 588 PLANUNG DES WALDAUTOSTRASSENNETZES
8 407 STABILISIERUNG VON HOLZABFUHRSTRASSEN
8 409 BAU MIT FERTIGBETON

9 501 FORSTSTRASSEN ERFAHRUNGEN BEIM BAU MIT EISENBETONPLATTEN
9 502 PLATTENLEGER FUER EISENBETONPLATTEN
6 508 ANWENDUNG AMER.MASCHINEN IN WESTEUROPA
8 412 EUCLID GELENKFRONTLADER
S.AUCH FORSTWEGE ; WEGEBAU
9 451 FORSTTECHNIK ERHOEHRUNG DES TECHNISCHEN NIVEAUS
6 448 STEIGERUNG DER ARBEITSPRODUKTION DURCH TECHNISIERUNG
9 452 RATIONALISIERUNG DER ARBEITSABLAEUFE
9 490 MECHANISIERUNG DES TRANSPORTS
5 521 BESTANDESAUFSCHLIESSG.WEG ZUR MECHANISIER.DES WALDBAUES
8 335 MECHANISIERUNG DER DEUTSCHEN WALDARBEIT
9 453 MECH.DER ARBEITEN IN DER BRD
6 452 REFORMENTWURF V.FORSTL.FAKULTAET FUER FORSTWIRTSCHAFT
8 336 EINSATZ VON SPRECHFUNKGERAETEN IN OESTERREICH
5 510 RATIONALISIERUNGSTECHNISCHE FORSCHUNG IN SCHWEDEN
5 512 RATIONALISIERUNG IN SCHWEDEN
5 592 FORSTLICHE MECHANISIERUNG IN NORWEGEN
S.AUCH FORSTWIRTSCHAFT
FORSTWEGE BAU BAUWEISEN
8 408 IN DEN TROPEN MASCHINENEINSATZ
5 513 BAU ENERGETISCHER AUFWAND DER AK
5 505 SOMMER-UND WINTERWEGE MIT MODERNEN VERFAHREN
7 462 STABILISIERUNG MIT ZEMENT UND KALK
7 483 DAUERTRAGKONSTRUKTIONEN FUER BRUECKEN
9 454 AUTOGRADER FUER INSTANDHALTUNG
PLANUNG
5 589 VERKEHRSANALYSE FUER ERSCHLIESSUNGSPLANUNG
5 522 PLANUNG SICHERUNG DER FORSTKULTUREN MIT WENIGEN AK
9 472 ERWEITERUNG DES NETZES IN BULGARIEN
8 411 PLANUNG IN DER TUERKEI
6 515 IN DEN TROPEN PLANUNG UND BAUWEISEN
8 410 WEGENETZLEGUNG IN STEILEM GEBIRGSGELAENDE
5 586 KOMBINATION VON WEGEBAU UND ENTWAESSERUNG
S.AUCH.. FORSTSTRASSEN ; WEGEBAU
7 445 FORSTWIRTSCHAFT SOZ.METHODEN ZUR VERBESSERG.DER ARBEITSORGANISATION
5 567 DER CSSR UEBERBLICK
5 507 ORG.U.ARBEITSW.DER TSCHECH.WISSENSCH.GESELLSCH.LFKG
7 446 SIEBENJAHRPLAN DER SU
5 505 ARBEITSTECHN.PROBLEME IN FINNLAND
6 510 IN GABUN
7 30 SCHLAGWORTREG.V.SACHKATALOG.DTSCH.BUECHEREI LEIPZIG
7 14 KLEINE ENZYKLOPAEDIE LAND FORST GARTEN
S.AUCH DIE EINZELNEN MASCHINEN U.GERAETE
S.AUCH UNTER DEM ARBEITSVORGANG
S.AUCH FORSTTECHNIK
FRAESEN FUER DIE SILAGEENTNAHME S.ENTNEHMEN VON SILAGE
9 447 1964 AUSSTELLUNG AMSTERDAM

6	227	FRAESEN	FAHRANBAUFRAESE SE I B PRUEFBERICHT VOLLEBEKK
6	228		RKB 250 EBERHARDT ANBAUFRAESE PRUEFBERICHT VOLLEBEKK
7	209		KUHN FRERES 0 140 DS PRUEFBERICHT VOLLEBEKK
7	497		GGZ I
7	498		GGZ I
7	436		GROSSFLAECHENFRAESE FUER BAUMSCHULEN
8	430		VON HOWARD
8	355		SIO ZUGRADFRAESE
9	179		FUER DAS VERMISCHEN DER HERBIZIDE IM BODEN
7	4[illegible]3		SCHLEPPERGETRIEBENE FRAESSCHWAENZE
5	518		UNFAELLE IN DER BRD
5	518		BODENFRAESEN AN EINACHSSCHLEPPERN UNFALLQUELLEN
		FRANKREICH	AUSSTELLUNGEN S.DORT
8	1		GRUNDKENNZIFFERN DER LANDWIRTSCH.PRODUKTION
6	46		BETRIEBSGROESSENKLASSEN IN DER LANDWIRTSCHAFT
6	67		FERMES PILOTES PROGRAMM
9	86		ENTWICKLUNG DES TRAKTORENBESTANDES
6	315		STAND DER GRUENFUTTERTROCKNUNG
6	568		MILCHPRODUKTION UND IHRE ORGANISATION
		FRONTLADER	S.UNTER TRAKTOREN.. TRAKTORENLADER
6	442	FROSTSCHUTZ	VERFAHREN DER TEMPERATURUEBERWACHUNG
9	444		NACHTFROSTMELDER
9	514		VERFAHREN DEREN WIRKUNGSGRAD U.EINSATZBEDINGUNGEN
9	445		BEREGNUNG HINWEISE FUER BEGINN DICHTE U. HOEHE
5	498		IM GARTEN DURCH PLASTIKFOLIEN
7	466		BAUMRINDE ALS MITTEL ZUR FROSTDAEMMUNG IM BODEN
8	287	FRUEHBEETE	TECHNOL.UNTERSUCHUNGEN DES GEMUESEBAUES
8	303		MECHANISIERUNG DER ZEITAUFWENDIGEN ARBEITEN
8	289		GERAET ZUR MESSUNG DER KOHLENDIOXYDKONZENTRATION
			FOLIENZELTE S.DORT
9	265	FUDERLADER	LADEN VON LANGGUT
		FUETTERN	HUEHNERFUETTERUNG S.DORT; GEFLUEGELFUETTERUNG S.DORT
			RINDERFUETTERUNG; SCHWEINEFUETTERUNG S.DORT
7	12		AUTOMATION DER ARBEITSPROZESSE
7	358		RENTABILITAET DER MECHANISIERTEN FUETTERUNG
6	265		MECHANISIERUNG DER STALLFUTTERKETTE
7	503		EINFL.VON ARBEITSKETTEN AUF GEBAEUDEGESTALTUNG
9	10		FUTTERZUFUHR AUTOMATION
9	358		MECH.AND AUTOMAT.FEEDING SYSTEM
9	350		ELEKTRISCHE KONTROLLE FUER AUTOMATISCHE ANLAGEN
9	156		VIBRATIONS- SCHWERKRAFT-U.PNEUMATISCHE FOERDERER
9	156		KETTEN-UND SCHNECKENFOERDERER
9	156		FOERDERBAENDER BECHERELEVATOREN
9	156		TECHNIK DER SILAGEFUETTERUNG
9	156		VERFAHREN ZUR VERFUETTERUNG VON MELASSE
8	429		KPSK 1000 AUFBEREITG.U.VERTEILG.V.NASSFUTTER
7	361		KINEMATIK DER SCHUBSTANGEN-FUTTERVERTEILUNGSANLAGEN
5	368		EINSATZ DES FRONTLADERS
7	155		EINACHSANHAENGER MIT SELBSTTAETIGER ENTLADUNG
9	515		GROSSRAUMWAGEN MIT AUTOMAT.FUTTERAUSBRINGUNG DER CSSR

7 14 FUETTERN KLEINE ENZYKLOPAEDIE LAND FORST GARTEN
FUNDAMENTE S.UNTER BAUKONSTRUKTIONEN
8 336 FUNKGERAETE EINSATZ VON SPRECHFUNKGERAETEN IM FORST
8 361 FURCHENZIEHER FUER PFLANZBEETE
9 382 FUSSBODENLEISTE ALS ELEMENT DER ELEKTR.INSTALLATIONSTECHN.
FUSSBOEDEN STALLFUSSBOEDEN S.DORT
PFLEGE S.UNTER RAUMPFLEGE
9 556 AUS HOLZ
FUSSLEISTENHEIZUNG S.UNTER HEIZUNG VON WOHNRAEUMEN
FUTTERAUFBEREITUNG S.FUTTERZUBEREITUNG
6 265 FUTTERBAU ARBEITSKETTEN
9 222 SCHWED.STANDARD FUER REIHENABSTAENDE
6 3 ERNTE AUFGABEN DER LANDTECHNIK IN DIESEM JAHRZEHNT
9 246 ERNTE STAND UND ENTWICKLUNG IN DER CSSR
S.AUCH.. GRUENFUTTER HEU
S.AUCH DIE EINZELNEN FUTTERPFLANZEN
6 601 FUTTERBERGERAEUME U.LAUFSTALLHALTUNG IM FUTTERBAUBETRIEB
FUTTERHAEUSER S.UNTER FUTTERZUBEREITUNG
FUTTERKONSERVIERUNG SILIEREN S.DORT
FUTTERKUECHE S.UNTER FUTTERZUBEREITUNG
8 FUTTERMISCHBETRIEB S.UNTER FUTTERZUEREITUNG
9 333 FUTTERMITTEL TROCKNEN FACHBUCH
5 358 LANDW.TROCKNUNGSTECHNIK VERLAG TECHNIK BERLIN
9 156 VERLADE—UND TRANSPORTMETHODEN
5 162 MOEGLICHKEITEN DES LOSETRANSPORTES
6 336 SCHROTSILO FUER SCHWERFLIESSENDE PRODUKTE
9 155 TRANSPORT AUS FUTTERAUFBEREITUNGSANLAGEN
S.AUCH DIE EINZELNEN ERNTEGUETER
FUTTERMUSER S.UNTER FUTTERZUBEREITUNG
FUTTERTRANSPORT S.UNTER FUETTERN FUTTERMITTEL
FUTTERVERTEILUNG S.UNTER FUETTERN
FUTTERWAGEN S.UNTER FUETTERN
FUTTERZUBEREITUNG GLIEDERUNG ALLGEMEINES
KOMBINIERTE ANLAGEN
ZERKLEINERN
MISCHEN
DAEMPFEN
PRESSEN

ALLGEMEINES

7 12 AUTOMATION DER ARBEITSPROZESSE
7 527 NEUE TECHNOLOGIEN
8 29 MECHANISIERUNG IN STAELLEN TECHNOL.SCHEMA
6 583 RINDER BEREITUNG VON KRAFTFUTTER
9 343 GRANULIEREN DER GETROCKNETEN GRUENMASSE
5 378 MECHANISIERUNG FUER GEFLUEGEL IN DER CSSR

KOMBINIERTE ANLAGEN

7 581 TECHNISCHE EINRICHTUNGEN IN FUTTERHAEUSERN
6 576 ANLAGEN FUER RINDERMAST
8 481 FUTTERHAUS FUER RINDVIEHFARMEN
6 590 FUTTERKUECHE DES SOWCHOS TSCHERWONY PEREKOP
5 373 ANLAGEN EINER GROSSMAESTEREI
7 582 MECH.FUTTERKUECHE FUER SCHWEINEMASTSTAELLE
8 501 FUTTERHAEUSER FUER SCHWEINEFARMEN TYPENPROJEKT
8 429 KPSK 1000 AUFBEREITG.U.VERTEILG.V.NASSFUTTER
8 234 VOLLAUTOMATISCH FUER HUEHNER IN DEN USA
6 355 ANLAGE FUER HUEHNERGROSSSTALL

ZERKLEINERN

7 498 ZERKLEINERUNGSMASCHINE RU DREI M
9 342 KDU 2 0 FUTTERZERKLEINERER
6 346 WALZENMUEHLEN FUER LANDW.BETRIEB
6 347 HAMMERMUEHLEN MOEGLICHKEITEN DER ENERGIEEINSPARUNG
5 388 GETREIDE ZERKLEINERN IN HAMMERMUEHLEN ENERGIEMESSG.
6 348 HAMMERMUEHLEN SCHROT- U.QUETSCHEINRICHTUNGEN MISCHER
7 353 UNGAR.UNTERSUCHUNGEN V.HAMMERSCHROTMASCHINEN
7 321 D 24 HAMMERMUEHLE NEUE SAUGVORRICHTUNG
8 231 B.M. MINOR SCHROTMUEHLE NIAE-TEST
5 411 STATIONAERE SAFTFUTTERZERKLEINERUNGSMASCH.UNTERSUCH.
8 232 UNTERSUCHG.AN STAT.SAFTFUTTERZERKLEINERUNGSMASCH.
7 352 MASCH.FUER ZUBEREITUNG V.SILAGEFUTTER FUER SCHWEINE
5 389 SILAGESCHNEIDER SILO AID MASCHINENPRUEF.ULTUNA
8 230 FUTTERHAECKSLER FUER SILAGE HACKFRUECHTE U.A.
8 229 HAECKSLER RUEBENREINIGER U.ZERKLEINERER
7 497 RU 3 UNIVERSALMUSER
8 429 MPZ 140 FUTTERQUETSCHER

MISCHEN

7 595 ENTWURF V.FUTTERMITTELMISCHBETRIEB FUER LPG
8 514 MISCHFUTTERBETRIEB ALS LPG-GEMEINSCHAFTSEINRICHTG.
6 585 SCHROT- UND FUTTERMISCHANLAGE
5 377 MISCHANLAGE FUER LEGEHENNEN
9 348 KDSK 5000 GEFLUEGELFUTTERMISCHMASCHINE

DAEMPFEN

5 412 DAEMPFMASCHINE STAT.HAUPTKENNWERTE TECHN.NORMEN
5 413 DAEMPFMASCH.FAHRB.HAUPTKENNWERTE TECHN.NORMEN
7 45 KARTOFFELDAEMPFANLAGEN NUTZUNGSDAUER U.REPARAT.KOST.
7 354 ELEKTRISCHE DAEMPFER PGE 100
9 381 DAEMPFER TYP PGE 100
6 349 KUEHLUNG GEDAEMPFTER KARTOFFELN

7 341 FUTTERZUBEREITUNG KUEHLUNG GEDAEMPFTER KARTOFFELN
9 322 LUFTKUEHLUNG GEDAEMPFTER KARTOFFELN
PRESSEN
8 168 STABILITAET VON FUTTERPELLETS
8 169 MESSEN DER ABRIEBFESTIGKEIT AN PRESSLINGEN
HERSTELLUNG VON HEUPRESSLINGEN S.UNTER HEUPRESSLINGE

9 597 GABELSTAPLER EINSATZ FUER INNEBETRIEBLICHEN KARTOFFELTRANSPORT
6 125 UND TRAKTOR IN EINEM GERAET.. OVERLANDER
9 516 AUSGERUESTETER RUECKWAERTSFAHRENDER TRAKTOR
7 596 EGG 601 FUER STAPELUNG VON OBST
6 510 GABUN ENTWICKLUNG DER FORSTWIRTSCHAFT
GAERFUTTERBEHAELTER S.UNTER SILO
5 56 GAMMARUECKSTREUSONDE ZUR DICHTEMESSUNG VON SILAGE
9 532 GARAGEN ANWENDG.VORGEFERTIGTER DUENNWANDIG.STAHLBETONELEMENTE
9 529 FERTIGTEILE AUS BETOLIT
S.AUCH EINSTELLRAEUME
9 401 GARTENBAU PROBLEME DER ARBEITSWIRTSCHAFT
5 7 LISTE EMPFOHLENER TERMINE
5 605 II. LANDWIRTSCHAFTSAUSSTELLUNG MARKKLEEBERG
9 450 TECHNIK IM DAENISCHEN GARTENBAU
5 502 VEITSHOECHHEIMER MASCHINENTAG
5 459 ANFORDERUNGEN AN TRAKTOREN UND MASCHINEN
8 334 GERAETE UND GERAETEZUSAMMENSTELLUNG
7 399 ZENTRUM FUER GARTENBAUTECHN.ALS UNTERRICHTSMITTEL
7 14 KLEINE ENZYKLOPAEDIE LAND FORST GARTEN
5 9 WOERTERBUCH DER LANDW.ERGAENZUNGSBAND ITALIENISCH
8 271 GAS ENTWICKLUNG DER GASHEIZUNG
9 383 GROSSSIEDLUNGEN MIT GASVOLLVERSORGUNG
8 312 GARTENBAU ERFAHRUNGEN BEIM HEIZEN MIT ERDGAS
6 372 GASDURCHLAUFERHITZER ODER ELEKTR.BOILER
7 530 FLUESSIGKEITSINFRAROTSTRAHLER AUF PROPANGASBASIS
6 384 ABSORPTIONSKUEHLSCHRANK MIT GASBEHEIZUNG
5 502 GASABBRENNGERAET AN EINEM GERAETETRAEGER
5 614 GASBETON LEICHTER PORIGER SILIKATBAUSTOFF
7 509 STALLPROJEKT AUS BEWEHRTEN GASBETONPLATTEN

		GEMUESEBAU	HINWEISE
			BOHNEN S.DORT
8			BLUMENKOHL S.DORT
8			CHICOREE S.DORT
			ERBSEN S.DORT
			KOHL S.DORT
8			KOHLRABI S.DORT
			MOEHREN S.DORT
6			PETERSILIE S.DORT
8			RADIES S.DORT
			SALAT S.DORT
8			SCHNITTLAUCH S.DORT
8			TOMATEN S.DORT
			ZWIEBELN S.DORT
			FOLIENZELTE S.DORT
			FROSTSCHUTZ S.DORT
			JUNGPFLANZENANZUCHT S.DORT
			TREIBGEMUESEBAU S.UNTER GEWAECHSHAEUSER
			S.AUCH DIE EINZELNEN MASCHINEN U.GERAETE
			S.AUCH UNTER DEM ARBEITSVORGANG
			ALLGEMEINES
8	323		TAGUNGEN UEBER HYDROPONIKKULTUREN
9	441		NEUER BEHAELTER DBGM
8	287		UNTER GLAS TECHNOLOG.UNTERSUCHUNGEN
5	660		VERWERTUNG IN KOLCHOSEN DER UKRAINE
9	407		ANFORDERUNGEN AN ZWEIACHSTRAKTOREN
8	94		MECHANISIERUNG DES ANBAUES IN BULGARIEN
7	26		MECHANISIERUNG UND AUTOMATISIERUNG
			BESTELLUNG PFLEGE UND PFLANZENSCHUTZ
5	502		SAEMASCHINE MIT ZWEI METER ARBEITSBREITE
9	418		HANDARBEITSPARENDE VERFAHREN BEI DER PFLEGE
8	302		BERIESELUNG FACHBUCH
9	413		FRAGEN DER NAEHRSTOFFVERREGNUNG
8	417		GERAETEEINSATZ ZUR SCHAEDLINGSBEKAEMPFUNG
8	325		NEUES ANGIESSGERAET FUER SCHAEDLINGSBEKAEMPFUNG
9	443		WURZEL- U.TRIEBSCHAEDLINGSBEKAEMPFUNG
6	405		GESAGARDE EIN NEUES UNKRAUTBEKAEMPFUNGSMITTEL
			ERNTE
9	5		ERNTE STAND UND ENTWICKLUNG DER TECHNIK
9	438		ERNTEKETTE ERNTE TRANSPORT SORTIERUNG
9	438		ERNTEWAGEN TYP GOLZOW
			LAGERUNG
5	492		LAGER KONSTRUKTION U.WIRKUNG V.AUTOMAT.BELUEFTUNG
7	506		LAGERRAEUME MODERNE BAUGESTALTUNG
5	491		ENTWICKLUNG UND AUFBAU TECHNISCHER MIETEN
7	389		EINFL.OXYDATIONSFERMENTE BEI GEFRIERKONSERVIERUNG
5	9	GENETIK	WOERTERBUCH DER LANDW.ERGAENZUNGSBAND ITALIENISCH

GERAETEKOMBINATIONEN
9 230 1964 VIELFACHGERAETE
7 238 ANBAUVIELFACHGERAETE DER FA. SCHMOTZER MIT GERAETEREIHE
9 231 P 433 HECKANBAUVIELFACHGERAET
7 498 VIELFACHGERAETE WUN VIER
8 122 SAATBETTBEREITUNG AUF KLEIBODEN
9 179 FUER PFLUEGEN DUENGEN SAEEN U.UNKRAUTBEKAEMPFUNG
5 230 AUFSATTELGRUBBER MIT STERNWAELZEGGEN
6 524 SPRITZGERAET U.EGGE AUSBRINGEN FLUECHTIG.BODENHERBIZIDE
S.AUCH UNTER DEM ARBEITSVORGANG
S.AUCH DIE EINZELNEN MASCHINEN UND GERAETE
S.AUCH MASCHINENSYSTEME
9 89 GERAETETRAEGER ANFORDERUNGEN DER EINMANNARBEIT
7 88 EINSATZGRENZEN AM HANG
5 84 TAB.DER TECHNISCHEN DATEN VON GRUNDTYPEN
5 605 II. LANDWIRTSCHAFTSAUSSTELLUNG MARKKLEEBERG
6 136 DVSS 16 MIT HYDROSTAT.LEISTUNGSUEBERTRAGUNG
8 54 GT 124 AUFBAU UND KONSTRUKTIONSMERKMALE
5 221 RS 09 EINSATZ MIT MAISHACKGERAET
7 540 RS 09 ALS STALLARBEITSMASCHINE
9 425 RS 09 VORRICHTUNG ZUM MECH.ERRICHTEN V.FOLIENZELTE
7 413 RS 09 EINSATZ IN BAUMSCHULEN
6 470 RS 09 DOPPELTROMMELSEILWINDE ZUM LANGHOLZRUECKEN
8 53 SH 102 MIT HYDROSTATISCHEM ANTRIEB
5 108 SS 22 ZUGKENNZIFFERN
8 17 GERAEUSCHE LAERMSCHUTZ UND SCHALLDAEMMUNG
7 89 LAERMBEKAEMPFUNG AN LANDMASCHINEN
8 56 VERRINGERUNG DES TRAKTORLAERMS
9 330 LITERATUR UEBER LAERMMINDERUNG AN LUEFTERN
9 469 ARBEITSUNTERSUCH.MIT TRAGBAREN MOTORGERAETEN
5 514 AUSWIRKUNGEN V.LAERM U.VIBRATION AUF WALDARBEITER
6 482 MOTORKETTENSAEGEN MESSUNG DES LAERMS
5 515 LAERMBELASTUNG DER AK BEIM ARBEITEN, MOTORKETTENSAEGEN
9 274 GERSTE EINFL.V.ERNTEMETHODEN AUF BRAUGERSTENQUALITAET IM HANA-GEBIET
5 276 LADEN AUS SCHWAD MIT SCHUBSTANGENSEITENLADER
7 277 METHODEN ZUR VERMEIDUNG VON AUSWUCHSSCHAEDEN
6 57 TROCKNUNG GERAET FUER UNTERSUCHUNG.V.KEIMSCHAEDIGUNGEN
5 337 LAGERUNG IN BODENSPEICHERN BETONSILOZELLEN U.SILOZELLEN
8 274 GESCHIRRSPUELEN TECHNIK DES MASCHINELLEN GESCHIRRSPUELENS
6 380 ARBEITSEINSPARUNG BEI MASCHINENEINSATZ
7 386 ARBEITSWEISE UND KOSTEN VON MASCHINEN
6 381 TECHN.DATEN VON ZWOELF MASCHINENTYPEN
7 398 MASCH.1964 INTERNAT.HAUSHALTSMESSE IN KOELN
8 283 MASCH. HAUSRAT- UND EISENWARENMESSE IN KOELN
8 286 HAUSRAT- UND EISENWARENMESSE KOELN
9 394 GESCHIRRSPUELARMATUR V.DISHMANN AB HAELSINGBORG
6 382 GESCHIRRSPUELER VON GENERAL ELECTRIC
7 387 TIMESAVER MASCHINE VON G.E.C.

6 382 GESCHIRRSPUEIFN FAHRBARER WESTINGHOUSE GESCHIRRSPUELER MIT THERMOSTAT

9 393 HERD KUEHLSCHRANK UND SPUELE KOMBINIERT

5 454 MASCH. BAUELEMENTE AUS KUNSTSTOFF

5 653 GESELLSCHAFTSBAUTEN VEREINIGUNG VERSCHIED.EINRICHTG.IN EINEM GEBAEUDE

5 652 NEUE TYPEN FUER SOWCHOSSIEDLUNGEN

8 467 KOMPLEXSERIE VON SOWJ.TYPENPROJEKTEN

7 511 KOMPLEXTYPENREIHE FUER SUEDLICHE SU

7 531 EXPERIMENTALBAUTEN MIT GROSSPLATTEN

GETREIDE GLIEDERUNG HINWEISE

ALLGEMEINES

BESTELLUNG PFLEGE

ERNTE

ERNTEVERFAHREN

ERNTEMASCHINEN

REIÑIGEN SORTIEREN

TROCKNUNG

ANLAGEN

BELUEFTUNGSTROCKNUNG

LAGERUNG

TRANSPORT

HINWEISE

DRESCHEN S.DORT

FUTTERZUBEREITUNG S.DORT

MAEHDRESCHER S.DORT ; MAEHEN S.DORT . SAEEN S.DORT

SCHWADMAEHER S.DORT

S.AUCH.. KOERNERFRUECHTE ; DIE EINZELNEN ARTEN

ALLGEMEINES

6 8 SORTEN FORDERUNGEN DER MASCHINENBAUER AN LANDW.WISSENSCHAFT

6 6 ZUECHTUNG VON WIDERSTANDSFAEHIGEN SORTEN IN FINNLAND

6 6 ERZEUGUNG IN FINNLAND

5 175 SACHGEMAESSER ANBAU EINSATZ DER TECHNIK U.OEKONOMIK

6 171 KOMPLEXMECHANISIERUNG DES ANBAUES

9 174 LITERATUR UEBER DEN ANBAU

5 174 NEUZEITLICHER GETREIDEBAU ZWEITE AUFLAGE

8 94 MECHANISIERUNG DES ANBAUES IN BULGARIEN

7 167 OEKONOM.FRAGEN DES ANBAUS IN BULGARIEN

6 5 ARBEITSVERFAHREN MASCHINEN UND GERAETE IN ENGLAND

6 13 JAHRESBERICHT DES NIAE

9 166 BILLIGE MECHANISIERUNG DER FUTTERGETREIDEDEKETTE

6 319 VERBESSERUNG V.KLEBEREIGENSCHAFTEN DURCH ELEKTR.FELD

8 201 AUTOMATISCHE ABFUELLWAAGE PRESIDETTE P SECHS

BESTELLUNG PFLEGE

9 222 SCHWED.STANDARD FUER REIHENABSTAENDE

8 148 VORGANG DER AUSSAAT ROENTGENU TERSUCHUNG

9 221 VEREINHEITLICHUNG VON SAEMASCHINEN

8 133 GETREIDE SAEEN UND N-DUENGUNG IN EINEM ARBEITSGANG
9 214 KOMBINIERTE MASCHINEN ZUM SAEEN UND DUENGEN
9 213 KOMBINIERTES DRILL-DUENGEN MIT FLUESSIGEM DUENGER
9 235 AVIOCHEMISCHE UNKRAUTBEKAEMPFUNG

ERNTE

9 5 ERNTE STAND UND ENTWICKLUNG DER TECHNIK
9 9 MECHANISIERUNG DER ERNTE
5 253 KOMPLEXMECHANISIERUNG DER ERNTE PFLANZENBAUL.PROBL.
7 25 ERNTE TROCKNUNG UND LAGERUNG

ERNTEVERFAHREN

5 252 UEBERSICHT UEBER VERFAHREN DER ERNTE
9 273 BEURTEILUNG DER WICHTIGSTEN ERNTEVERFAHREN
9 274 EINFL.V.ERNTEMETHODEN AUF BRAUGERSTENQUALITAET IM HANA-GEBIET
9 515 TENDENZ ZUR MEHRPHASENERNTE
9 282 UNTERSUCHUNGSERGEBNISSE DER DREIPHASENERNTE
5 271 ERNTE IN DREI PHASEN IN DER CSSR
7 277 SCWADMAEHEN U.WALZEN VERHIND.WINDSCHAEDEN BEI GERSTE
8 173 SCHWADMAEHEN MIT ANSCHLIESSENDEM STAT.DRESCHEN
5 272 FELDHAECKSELDRUSCH IN DER CSSR
5 304 SCHNITTLAENGE VON HALMGUTHAECKSEL
5 270 RIESEL- UND SPRITZVERLUSTE BEIM MAEHHAECKSELN
5 270 SCHNITT-UND AUFNAHMEVERLUSTE BEIM MAEHHAECKSELN

ERNTEMASCHINEN

9 11 VOLLERNTEMASCHINEN HANDBUCH
7 278 MASCHINENKETTE FUER ERNTE NACH FLIESSVERFAHREN
8 428 MASCHINEN FUER DIE ZWEIPHASENERNTE
5 257 GESCHWINDIGKEITSERHOEHUNG VON MAEHAGGREGATEN
5 258 MAEHWERKE MIT GROSSER ARBEITSBREITE KENNZIFFERN
5 256 EINSATZ VON MAEHWERKEN FUER DIE ERNTE V.LAGERGETREIDE
7 276 MAEHBINDER MAEHDRESCHER ZWEI U.DREIPHASENERNTE VERLUSTE
8 172 ARBEIT DER MAEHMASCHINENHASPEL
7 498 KOMBINES KZB DREI B UND KZB DREI R
7 257 VERLUSTE BEIM EINSATZ DER SILOKOMBINE ORKAN
7 284 FRONTANBAUFELDHAECKSLER FUER DIE ERNTE
8 173 ERNTE MIT MAEHLADER MIT ANSCHLIESSENDEN STAT.DRESCHEN
5 276 LADEN V.GERSTE AUS SCHWAD MIT SCHUBSTANGENSEITENLADER

REINIGEN SORTIEREN

7 527 NEUE TECHNOLOGIEN FUER AUFBEREITUNG UND LAGERUNG
7 325 NEUE VERFAHREN ZUR AUFBEREITUNG
7 323 AUTOMATISIERUNG DER AUFBEREITUNG
7 324 AUTOMATISCHE AUFBEREITUNGSANLAGE
9 311 AUFBEREITUNG NACH DER MAEHDRUSCHERNTE
8 203 PROJEKTIER.U.BERECHNG.V.FLIESSBANDREINIGUNGSANLAGEN
7 326 FLIESSSTRECKE FUER REINIGUNG TROCKNUNG U.LAGERUNG
5 325 AUTOMAT.SAATGUTBEREITUNG NACH DEM FLIESSVERFAHREN
5 326 EINHEITSPROJEKTE FUER SAATGUTBEREITUNG U.TROCKNUNGSANLAGEN
7 330 REINIGUNGSSTELLE AUFBAU UND ORGANISATION
7 327 REINIGUNG BZW.VORREINIGUNG MASCHINENWAHL

6	320	GETREIDE	TECHN.STAND IN DER SU BEI REINIGUNGSANLAGEN
6	322		INTERNAT.VERGLEICHSPRUEFUNG V.SAATGUTREINIGUNGSMASCH.
8	205		STAERKE DES LUFTSTROMS BEI KOERNERREINIGUNG
7	333		ELEKTRONISCHE REINIGUNGS- UND SORTIERMASCHINEN
9	312		UNTERSUCHUNG DER TRENNEINRICHTUNG FUER HAECKSEL
5	328		PNEUMATISCHER REINIGER
7	497		CZ 2 REINIGUNGSMASCHINE
7	498		CZ 2 REINIGUNGSMASCHINE
5	327		OVP 20 SELBSTFAHRENDE REINIGUNGSMASCHINE
7	331		REKORD PM 12 VORREINIGER
6	325		REINIGER DER FA. ROTHERY NIAE-TEST
7	329		WW 5 VIBRATIONSREINIGUNGSMASCHINE
5	327		VS 10 FAHRBARE REINIGUNGSMASCHINE
6	324		ZMB 20 REINIGUNGSMASCHINE AUFBAU UND ARBEITSWEISE
9	122		SORTIERMASCHINEN MIT HYDROSTATISCHEM GETRIEBE
5	327		OS 4 5 SAATGUTBEREITER
9	313		SICHTUNG AUF DEM SIEB IM ELEKTRISCHEN FELDE
6	326		VERGLEICHSUNTERSUCH.AN SCHWERKRAFTWINDSICHTERN
5	330		WINDSICHTUNG IN EINEM SENKRECHTEN KANAL
8	206		ERMITTLUNG DER ABMESSUNGEN EINES PRUEFSTEIGSICHTERS
7	332		STEIGSICHTER TRENNUNG VON KORN-STROHHAECKSEL - GEMISCHEN
7	500		STEIGSICHTER TPS I
5	327		SSP 5 PNEUMATISCHER SORTIERTISCH
6	323		PNEUMATISCHER ASPIRATEUR
8	204		ABHAENGIGKEIT DER TRIEURLEISTUNG V.SEINEM DURCHMESSER
5	327		SCHNECKENTRIEUR ZMEJKA
			TROCKNUNG
5	333		TROCKNUNGSTECHNIK UEBERSICHT UEBER DAS GESAMTGEBIET
6	327		TECHNISCHE TROCKNUNG
5	335		VERFAHREN ZUR TECHN.TROCKNUNG
5	358		LANDW.TROCKNUNGSTECHNIK VERLAG TECHNIK BERLIN
5	359		TROCKNUNG IM LANDW.BETRIEB MARKKLEEBERGER SCHRIFTENREIHE
7	322		TROCKNUNG UND LAGERUNG IM BETRIEB
7	323		AUTOMATISIERUNG DER TROCKNUNG
9	9		NACHTROCKNUNG
5	343		TROCKNEN DURCH DIREKTE WAERMELEITUNG KONTAKTTROCKNUNG
5	344		KOERNERTROCKNUNGSVERSUCH MIT INFRAROTSTRAHLEN
8	211		FEUCHTEAUSTAUSCH ZWISCHEN DEN KOERNERN
6	57		TROCKNUNG GERAET FUER UNTERSUCH.V.KEIMSCHAEDIGUNGEN
5	345		LAGERN U.TROCKNEN SCHAEDIGUNG DES EINZELKORNS
			ANLAGEN
7	338		ERFAHRUNGEN MIT HOFEIGENEN TROCKNERN
7	337		SINNVOLLER EINSATZ DER TROCKENANLAGE
5	363		TROCKNUNGSANLAGEN IM AUSLAND
8	209		EINRICHTUNGEN ZUR TROCKNUNG IN NORDAMERIKA
6	328		TROCKNUNGSANLAGEN DER FA. RIETBERGWERKE
6	330		VERGLEICH V.LEISTUNG U.KOSTEN V.TROMMEL-SCHNELLUMLAUFTROCKNER
5	333		TROCKNUNGSGESCHWINDIGKEIT VERSUCHSANLAGE
9	262		LUFTKANALSYSTEM AUS METALL FUER BODENTROCKNUNG

6	329	GETREIDE	STEIGERUNG DER PRODUKTIVITAET V.SCHACHTTROCKNER
5	340		AUTOMATISIERUNG VON SCHACHTTROCKNERN
5	339		SCHACHTTROCKNUNGSANLAGE FUER UNGEREINIGTES ERNTEGUT
5	327		SZS 8 0 SCHACHTTROCKNER
6	316		EINSATZ VON SCHRAEGROSTTROCKNER
9	320		UMGEBAUTE UNGAR.TROCKNUNGSANLAGE LKB
5	695		BAU EINER ANLAGE ZUR LAGERUNG UND TROCKNUNG
7	336		AUFBAU UND ARBEITSWEISE EINES FAHRBAREN TROCKNERS
9	314		F 62 FAHRBARE TROCKNUNGSEINRICHTUNG
8	208		TROCKNER SF SVAEVTORK PRUEFBERICHT ULTUNA
5	332		KT 1500 GOLDSAAD TROCKNUNGSANLAGE
6	331		STATIONAERER MEHRZWECK-TROMMELTROCKNER
5	341		AUTOMATISCHER FEUCHTIGKEITSREGLER FUER TROCKNER
			BELUEFTUNGSTROCKNUNG
7	592		BELUEFTUNGSTROCKNG.U.LAGERUNG BAUL.U.TECHN.PROBLEME
5	337		BEDINGUNGEN DER LAGERUNG MIT ZUSAETZLICHER BELUEFTUNG
8	513		BELUEFTUNG KALKULATION
8	216		BELUEFTUNGSTROCKNUNG IM KLEINEREN BETRIEB KOSTENSENKUNG
9	316		BELUEFTUNGSTROCKNER KTL-ARBEITSBLATT FUER LANDTECHNIK
5	336		RICHTIGER ELEKTROENERGIEEINSATZ BEI DER KALTBELUEFTUNG
5	338		FLACHBEHAELTER BELUEFTUNGSTROCKNUNG
7	500		CSZ I 5 KLEINSILO ZUR WARM-UND KALTBELUEFTUNG
			LAGERUNG
7	595		TECHNOLOGIE UND BAULICHE GESTALTUNG VON SILOS
7	506		LAGERRAEUME MODERNE BAUGESTALTUNG
7	593		AESTHETIK UND ARCHITEKTUR VON SILOS
6	328		LAGERSILOS SPEICHEREINRICHTUNGEN DER FA. RIETBERGWERKE
5	696		SILOBATTERIE MIT FOERDERERN UND REINIGUNGSANLAGEN
9	560		SPEICHER MIT SORTIERUNG UND TROCKNUNG
7	594		SILOANLAGE AUS STAHLBETON
5	697		SILO WAERME-UND FEUCHTIGKEITSISOLIERUNG
6	335		ELEKTRISCHE TEMPERATURMESSUNG IN SILOS
6	321		ENTSTAUBUNG IN LAGEREINRICHTUNGEN
6	529		BEKAEMPFUNG DER LAGERSCHAEDLINGE IN SILOS
			TRANSPORT
6	320		TECHN.STAND IN DER SU BEI BE-UND ENTLADEARBEITEN

```
5 162 GETREIDE MOEGLICHKEITEN DES LOSETRANSPORTES
9 262          AUFBAUKOERNERTANK FUER PRITSCHENANHAENGER
9 162          ENTLADEWAGEN FLOWMASTER MARK II
7  39          ELEVATOREN UND SILOS AUS KUNSTSTOFFEN
8  87          ELEVATOREN  FOERDERSCHNECKEN ODER KOERNERGEBLAESE
7 340          FOERDERBAENDER FUER TRANSPORT IM SPEICHER
7 497          UMLADER DREI PS 100 S
6 337          UMSETZBARES KOERNERAUFNAHMEGERAET SWIFT MARK II
5 346          BEWEG.IN FOERDERROHREN MIT ROTIER.SCHNECKEN
6  18 GETRIEBE MODELLE ZUR DARSTELLUNG SCHWIERIGER BEWEGUNGSGESETZE
9 150          LIT.UEBER AUTOMATISCHE U.HALBAUTOMATISCHE GETRIEBE
6 137          ENTWICKLUNGEN VON HYDROSTATISCHEN GETRIEBEN
9 122          MASCHINEN MIT HYDROSTATISCHEM GETRIEBE
7 110          STUFENLOS VERSTELLBARE SCHALTWERKSGETRIEBE
6 138          LEISTUNGSVERHALTEN VON GETRIEBE KOMBINATIONEN
               S.AUCH UNTER TRAKTOREN.. KRAFTUEBERTRAGUNG
      GEWAECHSHAEUSER GLIEDERUNG BAUWEISEN  BAU
                                 BETRIEB
                                 BELUEFTUNG
                                 KUEHLUNG
                                 BELICHTUNG
                                 BEHEIZUNG
                                 BEWAESSERUNG
                      BAUWEISEN  BAU
5 477                 AKTUELLE TENDENZEN BEIM BAU
6 415                 ENTWICKLUNG DES BAUES IN DER DDR
7 421                 ENTWICKLG.U.STAND DES BAUES IN BULGARIEN
7 418                 MAENGEL IM GEWAECHSHAUSBAU IN POLEN
9 450                 BAU UND BETRIEB IN DAENEMARK
7 417                 KOMPLEXE PROJEKTIERUNG V.GEWAECHSHAUSWIRTSCHAFTEN
6  13                 JAHRESBERICHT DES NIAE
6 427                 FUER ANZUCHT VON NELKENJUNGPFLANZEN
6 423                 ZUR ROSEN UND NELKENKULTUR
9 424                 STATISCHE PROBLEME
7 420                 KENNZIFFERN ALS BERECHNUNGSGRUNDLAGE FUER KONSTRUKT.
6 425                 FORDERUNGEN AN DIE INDUSTRIE
9 423                 PRUEFG.VERSCHIED.HOLZARTEN U.KONSTRUKTIONEN
6 424                 IN STABNETZWERKBAUWEISE
8 306                 IN FERTIGBAUWEISE
6 416                 SCHUTZ FUER FEUERVERZINKTE STAHLKONSTR.DURCH ANSTRICH
5 478                 BEDEUTUNG DER BEDECKUNG VON GERUESTEN
8 442                 VERWENDUNG VON GLAS MIT GROESSERER DICKE
8 311                 INNENVERKLEIDUNG
7 423                 GROSSRAUMHAUS FUER DEN GEMUESEBAU
8 304                 BAU VON TURMGEWAECHSHAEUSERN NACH RUTHNER
9 426                 TURMGEWAECHSHAEUSER IN LANGENLOIS
8 305                 TRAGLUFTGEWAECHSHAUS DER FA. BRUEGGE
7 422                 BRUEGGE TRAGLUFTGEWAECHSHAUS
9 525                 GLASVERSTAERKTER POLYESTER ALS KONSTRUKTIONSELEMENT
9 422                 FREITRAGEND AUS KUNSTSTOFF
```

6	417	GEWAECHSHAEUSER	BAU MIT DOMBO K KUNSTSTOFFPLATTEN
6	421		BAU UND EINSATZ VON FOLIENGEWAECHSHAEUSERN
6	420		EINSATZ VON KUNSTSTOFFOLIEN
5	524		AUS PLASTE ZUR AUFZUCHT VON FORSTPFLANZEN
6	468		AUS PLASTE ZUR AUFZUCHT VON FORSTPFLANZEN
			BETRIEB
6	431		MOEGLICHKEITEN DER REGELUNG
6	432		ELEKTRONISCHES STEUERGERAET
8	289		GERAET ZUR MESSUNG DER KOHLENDIOXYDKONZ.
8	287		TECHNOL.UNTERSUCHUNGEN DES GEMUESEBAUES
8	307		VIELZWECKGERAET KULIMAT
8	292		ETAGENKARREN FUER TRANSPORTE PRUEFBER.WIESELBURG
7	419		VERHUETUNG VON GLASBRUCH DURCH KAELTE
6	418		VERSCHMUTZUNG UND REINIGUNG VON GLASFLAECHEN
			BELUEFTUNG
5	480		LUEFTUNG UND KLIMA
6	426		MZG O 55 ANWENDUNG DER VENTILATORLUEFTUNG
8	308		VENTILATORLUEFTUNG INVESTITIONSAUFWAND U.LAUF.KOSTEN
8	309		DRUCKLUFTBETAETIGTE DREISTUFENLUEFTUNG
			KUEHLUNG
8	310		FUELLSTOFFE FUER KUEHLMATTEN
			BELICHTUNG
6	419		LICHTDURCHLAESSIGKEIT VON POLYESTERPLATTEN
6	11		PROGRAMMIERUNG DER ZUSATZBELICHTUNG
			BEHEIZUNG
5	467		WAERMEBEDARFSDIAGRAMM
5	458		ENERGIEAUFWAND FUER HEIZUNG UND LUEFTUNG
9	428		KOSTEN FUER HEIZUNGSANLAGEN
6	428		EINFL.V.BRENNSTOFF AUF HEIZUNGSKOSTEN
6	429		ERMITTLUNG VON BRENNSTOFFERSPARNISSEN
5	482		BRENNSTOFFKOST.BEI VERWENDG.GUSSEIS.GLIEDERKESSEL
5	481		STROMVERBRAUCH BEI DER BODENHEIZUNG
7	73		KREIS-U.L NEARDIAGR.FUER ELEKTROWAERMEANLAGEN
8	312		ERFAHRUNGEN BEIM HEIZEN MIT ERDGAS
7	425		HEIZUNG DURCH THERMALQUELLEN
6	430		AUTOMAT.KOHLEBEFEUERTE WARMWASSERPUMPENHEIZUNG
7	424		ZENTRALE HEIZUNGSANLAGE FUER MEHRERE GEMUESEBAUBETR.
9	427		ANFORDERUNGEN AN DEN BAU VON KESSELHAEUSERN
9	538		LEISTUNGSANGABEN U.PRUEFRICHTLINIEN FUER KESSEL
9	538		LEISTUNGSANGABEN U.PRUEFRICHTLINIEN FUER HEIZKOERPER
5	479		TEMPERATURREGELUNG LICHTBEEINFLUSSUNG
7	12		AUTOMAT.TEMP.UND FEUCHTEREGELUNG
7	426		AUTOMATISCH ARBEITENDE TEMPERATURREGELUNG
8	313		REGULIERUNG DER WAERMEZUFUHR
5	483		WAERMESTEUERUNG BEI HEIZUNGSANLAGEN
			BEWAESSERUNG
5	458		ENERGIEAUFWAND FUER BEREGNUNGSANLAGEN
5	479		WASSERVERSORGUNG UND REGELUNG DER LUFTFEUCHTIGKEIT
8	315		TROEPFCHENBEWAESSERUNG IN DAENEMARK
5	484		AUTOMAT.ANLAGE ZUM BEWAESSERN V.KLEINEN BEETEN

8 288 GEWAECHSHAEUSER AUTOMAT.STECKLINGSBEWAESSERUNG MIT SPRUEHNEBEL

8 288 BEWAESSERUNGS-UND SPRUHANLAGE MIT FOTOZELLENREG.

8 314 STEUERORGAN FUER AUTOMATISCHE WASSERZERSTAEUBUNG

9 429 STEUERGERAET FUER SPRUEHNEBELSTECKLINGSVERMEHRG.

6 28 GEWEBE BERECHNUNG DES GEWICHTES V.BAUMWOLLE-U.STYLONNETZGEWEBEN

8 326 GIESSEN NEUES ANGIESSGERAET FUER SCHAEDLINGSBEKAEMPFUNG

6 10 GIESSEREI IN MANNHEIM VON JOHN DEERE CO.

8 441 GLAS VERWENDUNG IM BAUWESEN

9 549 ALS MATERIAL FUER WASSERLEITUNGEN

7 182 GLASFASER FILTER FUER ROHRDRAINE

5 615 GLASFASERVERSTAERKTE KUNSTSTOFFE IM BAUWESEN

5 420 GLASROHRSCHNEIDER FUER MONTAGE VON ROHRMELKANLAGEN

6 185 GLASWOLLE ALS ABDECKUNGSMATERIAL FUER DRAINROHRE

6 190 UMMANTELUNG VON KUNSTSTOFFDRAINROHREN

7 179 UMHUELLEN.DER DRAINAGEROHRE

8 136 GLEISKETTENWAGEN MVS 3 SELBSTFAHREND

8 20 GLEITLAGER DAUERFESTIGKEIT VON WERSTOFFEN

5 482 GLIEDERKESSEL BRENNSTOFFEINSATZKOST.BEI VERSCHIED.BRENNSTOFFARTEN

GRABENBAGGER S.UNTER.. BAGGER ; DRAINAGE ; GRABENRAEUMUNG

7 175 GRABENBAU 25JAEHRIGE NUTZUNG V.ASBESTZEMENTROHRLEITUNGEN

9 72 ANBAUVIBRATIONSGRABENZIEHER

8 117 NEUES BETONIERVERFAHREN

S.AUCH UNTER DRAINAGE

GRABENFRAESEN S.UNTER DRAINAGE

GRABENHERSTELLUNG S.AUCH UNTER DRAINAGE

S.GRABENBAU

6 195 GRABENRAEUMUNG STAND DER MECHANISIERTEN REINIGUNG IN DER DDR

7 184 STAND DER MECH.GRABENREINIGUNG IN DER DDR

7 171 MELIORATIONSGENOSSENSCHAFTEN IM KREIS GRANSEE

6 199 BEURTEILUNG VON GRABENRAEUMMASCHINEN

8 111 BACHRAEUMGERAETE FUER KULTURTECHN.IN NIEDERLANDEN

6 196 NEUE MASCHINEN BEI VORFUEHRUNG IM GRIENDTSVEEN

6 463 NEUE V SERIE VON GRABENZIEH-UND RAEUMGERAETEN

6 197 UNTERSUCHG.V.SCHAUFELARBEITSTEIL V.GRABENREINIG.MASCH.

9 184 GERAET MINI DIGGER

8 192 KOM 55 GRABENREINIGER

7 185 PRC 52 GRABENREINIGER

7 186 PSR 251 GRABENREINIGER

6 203 PRUEF-UND REINIGUNGSGERAET FUER DRAINANLAGEN

6 202 ROSTOCKER DRAINSPUEL-UND ORTUNGSGERAET RSO II

5 227 GREIFSWALDER GRABENUNKRAUTBEKAEMPFUNGSGERAET

6 201 TECHN.DURCHFUEHRUNG DER CHEMISCHEN ENTKRAUTUNG

8 115 CHEMISCHE BOESCHUNGSPFLEGE

GRABENZIEHER S.UNTER.. DRAINAGE ; GRABENBAU

```
9 221 GRAESER VEREINHEITLICHUNG VON SAEMASCHINEN
9   9         MECHANISIERUNG DER ERNTE
7  25         ERNTE  TROCKNUNG UND LAGERUNG
5 329         GRASSAMENREINIGER PETKUS SELEKTRA
5 328         OPS 2 STEIGSICHTER FUER REINIGUNG UND SORTIERUNG
9 506 GRANULATE AUSBRINGUNG DURCH DRILLMASCHINEN MIT HOCHGEZOGENEN SCHAREN
7 493           AUSBRINGG.INSEKTIZIDER U.HERBIZIDER GRANULATE  MASCH.
9 506           RUECKENTRAGBARE MOTORSTAEUBEGERAETE ZUR GRANULATAUSBRINGG.
9 343 GRANULIEREN DER GETROCKNETEN GRUENMASSE
      GRASSILAGE S.UNTER SILIEREN
8  87 GREIFER ALS HAENGEKRANFAHRKATZE UND SELBSTGREIFER
9 265         ZUFUEHR-FRAESBAND FUER HAECKSELGUT
      GREIFERANLAGEN S.AUCH UNTER DEM ARBEITSVORGANG
7  45 GREIFERBINDER NUTZUNGSDAUER UND REPARATURKOSTEN
9 491 GREIFLADER HYDRAULISCH  VERLADEN VON RUNDHOLZ AUF LKW
6 210 GRIECHENLAND LANDGRADUIERUNG VON BEWAESSERTEN GEBIETEN
      GROSSBETRIEBE GEHOEFTPLANUNG S.DORT
6  38               PLANUNGSGRUNDSAETZE FUER DEN MASCHINENHOF
9 609               ENTWICKLUNG DES BAUES VON BETRIEBSWERKSTAETTEN
6   5 GROSSBRITANNIEN MECHANISIERUNG DER LANDWIRTSCHAFT
6  53                 MASCHINENPRUEFUNG DURCH STAATLICHE DIENSTSTELLEN
7   5                 1964 GRUENES BUCH
6  82                 ENTWICKLUNG V.DIESEL- U.OTTOMOTOREN
9  86                 ENTWICKLUNG DES TRAKTORENBESTANDES
8  45                 DURCHSCHNITTLICHE TRAKTORENSTAERKE
5 468                 ENTWICKLUNG DES ERBSENANBAUES
5 375                 ENTWICKLUNG DER GEFLUEGELZUCHT
5 611                 UEBERBLICK UEBER DIE HAUSFORSCHUNG
9 577                 SPALTENBODENSTAELLE UND BOXENLAUFSTAELLE IN ENGLAND
6  22                 ERZEUGUNG VON PLASTSTOFFEN
      GROSSBUCHTENHALTUNG S.UNTER SCHWEINESTAELLE
      GROSSTIERHALTUNG S.DIE EINZELNEN TIERARTEN
      GRUBBERN ROTIERENDE BODENBEARBEITUNG S.DORT
6 229          VERGLEICH VON GRUBBERN UND SCHEIBENEGGEN
3 129          ANALYSE DES VERSCHLEISSES VON GRUBBERZINKEN
9 210          ARBEITSWEISE AKTIVER SCHARE BEI ERHOEHTEN GESCHWINDIGKEITEN
5 241          KOMB.V.GRUBBER UND DRILLMASCHINE FUER GRUENLAND
5 230          AUFSATTELGRUBBER MIT STERNWAELZEGGEN
9 212          ANBAUTIEFGRUBBER MIT LOCKERUNGSFUESSEN
8 192          RP 2  TIEFGRUBBER
9 211          LH 35 23 FEDERZINKENGRUBBER MIT ACKERBUERSTE
8 120          ZIEHEN V.BODENRILLEN ZUM TAUWASSERRUECKHALTEN
                GARTENBAU
```

8 293 GRUBBERN MECHANISIERUNG DER BODENPFLEGE IN OBSTANLAGEN AM HANG
5 501 KRAPP KLEINRAUPE MIT ANGEBAUTEM KULTIVATOR
8 432 FEDERZAHNKULTIVATOR UND KOMBI—KRUEMLER
7 210 PANBUSTER KULTIVATOR NIAE-TEST
FORSTWIRTSCHAFT
8 362 FUER BODENVORARBEITEN
7 453 PRUEFUNG VON KULTURPFLEGEGERAETEN
5 518 UNFAELLE IN DER BRD
7 498 KLZ 4 ANBAUKULTIVATOR
5 538 KLT 4 5B KULTIVATOR VERBESSERUNG
7 498 ANBAUDREHGRUBBER SOZ I
6 443 GRUENANLAGEN RASENSAEMASCHINE SAEMEISTER
6 443 LITTERLIFT SAMMELT VERUNREINIGUNGEN AUF RASENFLAECHEN
5 617 GRUENDUNG BEI LANDWIRTSCHAFTLICHEN GEBAEUDEN IN FINNLAND
GRUENE BOHNEN S.UNTER BOHNEN
8 406 GRUENEINBAND VON FICHTE NACH DEM SEGEBERGER VERFAHREN
8 4 GRUENER BERICHT LAGE DER LANDWIRTSCHAFT IN DER BRD
GRUENERBSEN S.UNTER ERBSEN
GRUENFUTTER HINWEISE
FUTTER FELDHAECKSLER S.DORT SCHLEGELERNTER S.DORT
FUTTER HEUBELUEFTUNG S.DORT SILIEREN S.DORT
FUTTER MAEHEN S.DORT
FUTTER S.AUCH SILO
FUTTER ERNTE
7 313 FUTTER MECHANISIERUNG DER ERNTE
9 9 FUTTER MECHANISIERUNG DER ERNTE
8 194 FUTTER MASCHINEN FUER DIE ERNTE
8 98 FUTTER KOMPLEXE INVESTITIONEN FUER FUTTERPFLANZENERNTE
8 428 FUTTER ERNTE IV. INTERNATIONALE MESSE I BRNO
5 309 FUTTER FUTTERERNTE LEICHTER UND BESSER
9 11 FUTTER ERNTE HANDBUCH
8 159 FUTTER MASCHINENSYSTEME FUER DIE BEHANDLUNG VON GRUENGUT
5 241 FUTTER HAECKSEL LANGGUT U.PRESSGUTKETTE MASCH.AKH U.PS-BEDARF
FUTTER TRANSPORT
7 275 FUTTER MECHANISCHES LADEN
9 265 FUTTER LADEN VON LANGGUT MASCHINEN FUER ARBEITSKETTE
7 266 FUTTER LADEWAGEN EINGLIEDERUNG IN ARBEITSKETTE
8 170 FUTTER AUFLADEWAGEN
9 270 FUTTER EINSATZ VON SELBSTLADEWAGEN
5 237 FUTTER OGELA LADER AUFNEHMEN VON ANGEWELKTEM GRAS
5 237 FUTTER HAGEDORN WAGEN MIT PICKUPVORRICHT.AUFN.V.ANGEWELKT.GRAS
5 324 FUTTER ABLADE- UND FOERDEREINRICHTUNGEN
6 274 FUTTER VERWENDUNG DES SILO UND HEUSCHWANZES
6 318 FUTTER HAECKSELSCHLEUSE ZUM ABLADEKOMBIGEBLAESE

6 317 GRUENFUTTER VOLLMECH.GRUENGUTBESCHICKUNGSEINRICHTUNG
TROCKNUNG
6 327 TECHNISCHE TROCKNUNG
7 317 TROCKNUNG WIRTSCHAFTLICHKEIT
6 315 STAND DER TROCKNUNG IN FRANKREICH
9 328 TROCKNUNG LITERATURZUSAMMENSTELLUNG
9 9 UND GRAESER TROCKNUNG
5 358 LANDW.TROCKNUNGSTECHNIK VERLAG TECHNIK BERLIN
9 164 ORGANISATION DES FUTTERBAUES FUER TROCKNUNGSANLAGEN
5 320 AUSLAST.V.TROCKNUNGSANLAGEN UEBER TROCKNUNGSGEMEINSCHAFT
5 362 BELUEFTUNGSTROCKNUNG IM LANDW.BETRIEB
8 198 TROCKNUNG IN DER ZUCKERFABRIK ANKLAM
7 595 TROCKNUNGSANLAGE
9 319 OEKON.VERGLEICH V.TROMMEL— U.SCHNELLUMLAUFTROCKNER
6 331 STATIONAERER MEHRZWECK—TROMMELTROCKNER
5 318 ENTWICKLUNG U.EINBAU VON TROMMELTROCKNERN IN UNGARN
9 318 SCHNELLUMLAUFTROCKNER SANDAU MESSERGEBNISSE
6 316 EINSATZ VON SCHRAEGROSTTROCKNER
9 317 BETRIEBSERFAHRUNGEN MIT SCHRAEGROSTTROCKNER GROSS—STOVE
9 318 SCHRAEGROSTTROCKNER GROSS—STOVE MESSERGEBNISSE
9 320 UMGEBAUTE UNGAR.TROCKNUNGSANLAGE LKB
6 345 SPIRALZYKLONTROCKNUNGSAGGREGAT ZUR HERSTELL.V.GRUENMEHL
9 320 MEHRZWECKTROCKNER DER FIRMEN BRÖERE U. KUNZ
9 306 FLIESSTROCKNUNGSANLAGEN FUER ERZEUGUNG VON HEUMEHL
6 67 TROCKNUNGSANLAGE FUER LUZERNE
5 319 TROCKNUNGSANLAGEN UMSTELLUNG VON KOHLE AUF OEL ODER GAS
GRUENLAND GRAESER S.DORT
S.AUCH WEIDEN
5 170 BEWIRTSCHAFTUNG
9 163 LANDTECHNIK IM GRUENLANDBETRIEB
6 5 ARBEITSVERFAHREN MASCHINEN UND GERAETE IN ENGLAND
5 237 VORFUEHRUNG V.MASCHINEN U.ARBEITSMETHODEN IN OLDEBERKOOP
6 241 KOMB.V.GRUBBER UND DRILLMASCHINE
7 216 TECHNIK DER DÜENGERAUSBRINGUNG
6 259 CHEMISCHE UNKRAUTBEKAEMPFUNG
5 643 GRUENPLANUNG LANDWIRTSCHAFT U.LANDSCHAFTSGESTALTUNG IN DER DDR
5 644 PROJEKTIERUNG V.FELDSCHUETZENDEN GEHOELZSTREIFEN
6 536 GUELLE TRANSPORT UND VERTEILEN
8 119 AUFBEREITEN UND TRANSPORT DURCH PUMPEN
9 361 GUELLEWIRTSCHAFT UND SCHWEMMENTMISTUNG LIT.
7 216 AUSBRINGUNG IN GRUENLANDBETRIEBEN
8 219 GRUENLANDHOF MIT LIEGEBOXEN UND LAUFHOF
6 206 BEWAESSERUNG AUF ACKER U.GRUENLAND IN ABHAENGIGK.V.HOEHENLAGE
5 606 VERREGNUNG IM BERGLAND
6 240 TANKWAGEN FUER DIE AUSBRINGUNG
8 145 TANKWAGEN FUER DIE AUSBRINGUNG
6 359 CPF 3 FAEKALIENANHAENGER
7 363 RUEHRMIXER MALM PRUEFBERICHT IMA-BRUGG

5 402 GUELLE DICKSTOFFPUMPE DER GEBR. BOETTNER
7 492 GUMMIBAEUME AUSBRINGUNG VON SPRITZ-UND STAEUBEMITTELN
5 465 GURKEN EINFLUSS VON UMSETZGERAETEN AUF STRUKTUR VON ERDE

5 453 HAARTROCKNER ELEKTRISCH
8 157 HACKEN ZWISCHEN DEN REIHEN BEI BAUMWOLLE
5 460 SEILZUG FUER HACKARBEITEN IN WEINPFLANZUNGEN AUF HAENGEN
5 506 ELEKTRONISCH GESTEUERTE HACKGERAETE
5 221 RS 09 MIT MAISHACKGERAET P 153 I
9 232 FRONTHACKGERAET VON STOLL
5 232 HACKWERKZEUGE FUER HOHE ARBEITSGESCHWINDIGKEITEN LIT.
8 355 SCHWEDISCHE BOHRHACKE
5 85 MOTORHACKEN ERLAEUTERUNG VON TYPENTAFELN DER BRD
8 329 MOTORHACKEN PARISER LANDMASCHINENSALON
7 408 LANDMASTER MOTORHACKE PRUEFBERICHT VOLLEBEKK
7 226 HACKMASCHINEN VORFUEHRUNG VON MASCHINEN
7 409 MASCHINE KPUN SIEBZIG MIT ZWEI PFLUGKOERPERN
8 192 ANBAUHACK- UND KOPFDUENGEMASCHINEN
5 502 MEHRREIHIGE HACKMASCHINE MIT BANDSPRITZEINRICHTUNG
9 403 AUTOMAT.STEUERN DER HACKMASCHINENMESSER
7 25 HACKFRUECHTE REIHENABSTAENDE
9 222 SCHWED.STANDARD FUER REIHENABSTAENDE
9 11 ERNTE HANDBUCH
5 605 ERNTE II. LANDWIRTSCHAFTSAUSSTELLUNG MARKKLEEBERG
9 9 MECHANISIERUNG DER ERNTE
8 432 EINZWECKERNTESELBSTFAHRER HAGEDORN STILLE
7 527 NEUE TECHNOLOGIEN FUER AUFBEREITUNG UND LAGERUNG
9 319 OEKON.VERGLEICH V.TROMMEL- U.SCHNELLUMLAUFTROCKNER
S.AUCH.. KARTOFFELN ; RUEBEN
S.AUCH DIE EINZELNEN ERNTEMASCHINEN
HACKMASCHINEN FUER HOLZ S.UNTER HOLZAUFBEREITUNG
5 308 HAECKSEL SCHNITTVORGANG BEIM SCHNEIDEN ORGAN.STOFFE LIT.
5 304 SCHNITTLAENGE VON HALMGUTHAECKSEL
7 248 SCHNITTLAENGE VON HALMGUTHAECKSEL
7 251 KOMPLETTE HAECKSELKETTE DER FELLAWERKE
5 277 VORRATSFOERDERER ZUM ABLADEN VON LEICHTHAECKSEL
6 318 HAECKSELSCHLEUSE ZUM ABLADEKOMBIGEBLAESE
7 321 TOKON GEBLAESE ZUR FOERDERUNG
5 321 VERSUCHE MIT LAGERUNG VON HAECKSELHEU
5 312 STROHHAECKSELBERGUNG FELDHAECKSELDRUSCH
HAECKSELAUFBAUTEN S.UNTER HAECKSELWAGEN
6 HAECKSELGEBLAESE S.GEBLAESEHAECKSLER
8 200 HAECKSELN MASCHINEN VEREINHEITLICHUNG UND MODERNISIERUNG
5 311 TROMMEL UND WURFTROMMELHAECKSLER LITERATUR
8 230 FUTTERHAECKSLER FUER SILAGE HACKFRUECHTE U.A.

7 352 HAECKSELN FUER ZUBEREITUNG VON SILAGEFUTTER FUER SCHWEINE
8 229 HAECKSLER RUEBENREINIGER UND ZERKLEINERER
S.AUCH UNTER STROH
6 263 HAECKSELWAGEN EINSATZ IN DER HEUERNTE
5 239 TYPEN UND AUFBAUTEN
7 267 MIT HYDRAULISCHER AUFNAHMEVORRICHTUNG
9 562 MIT AUFSAETZEN
8 432 SPEISERMATIC MIT GETEILTEM KRATZBODEN
7 155 EINACHSANHAENGER MIT SELBSTTAETIGER ENTLADUNG
7 251 FELLA MEHRZWECKWAGEN FARMER KOMBI
5 243 HAECKSELWIRTSCHAFT BEDEUTG.FUER MECH.DER ERNTE VON HALMFRUECHTEN
FELDHAECKSLER S.DORT
SCHLEGELERNTER S.DORT
9 503 HAENGEZAUN IM FORSTAMT RHODEN
HAEUFELN GERAETE FUER KARTOFFELN S.UNTER KARTOFFELN
5 232 WERKZEUGE FUER HOHE ARBEITSGESCHWINDIGKEITEN EIT.
5 222 SCHNELLHAEUFLER HAEUFELKOERPER MIT VERSTELLBAREN FLUEGELN
9 313 HAFER GETREIDESICHTUNG AUF DEM SIEB IM ELEKTRISCHEN FELDE
5 243 HALMFRUECHTE BEDEUTG.DER HAECKSELWIRTSCHAFT FUER MECH.DER ERNTE
HAMMERMUEHLE S.UNTER FUTTERZUBEREITUNG.. ZERKLEINERN
HANAGEBIET S.UNTER CSSR
9 597 HANDKARREN EINSATZ FUER INNERBETRIEBLICHEN KARTOFFELTRANSPORT
8 292 FUER TRANSPORTE IM GEWAECHSHAUS PRUEFBER.WIESELBURG
9 288 HANF ERNTEKOMBINE DER FRANZ. FA. BOURGOIN
6 399 HANGELWINDE AUF KLEINMOTORGERAETEN IN STEILLAGEN EINSATZ
5 168 HANGLAGEN KDT-FACHTAGUNG MECHANISIERUNG LANDW.ARBEITEN AM HANG
8 9 OEKONOMIK DER MECH.AUF ABSCHUESSIGEN FLAECHEN
5 48 BETRIEBSORGANISATION U.MECH.IN HANGBETRIEBEN
7 7 TECHN.GRENZEN FUER ARBEITSGAENGE
9 154 TRANSPORT IN BERGGEBIETEN
7 88 EINMANNARBEIT MIT SCHLEPPER GRENZEN
6 123 KOMBINATIONSFAHRZEUG PULLAX
7 166 MECHANISIERUNG DER FELDARBEITEN
5 228 ARBEIT DER BODENBEARBEITSGERAETE
8 293 MECH.DER BODENPFLEGE IN OBSTANLAGEN AM HANG
8 120 PFLUEGEN QUER ZUM HANG GEGEN WASSERERROSION
7 405 WEINBAU MASSNAHMEN ZUR EROSIONSVERHINDERUNG
6 183 UNTERSUCHG.DER ANLAGE VON TERRASSEN
6 182 TERRASSIERUNG MIT.DER PLANIERMASCHINE
5 246 HARNSTOFF VORRICHTUNG ZUR BEIMISCHUNG AN GRUENFUTTER FUER FELDHAECKS.
HARVESTORE-SILO S.UNTER SILO
8 401 HARZ SCHOEPFWAGEN KONSTRUIERT AUS DEM MOTOROBOT M SECHS
9 399 HAUSHALTSGERAETE 1964 HANNOVER MESSE ELEKTRISCHE GERAETE
5 451 EUROPAEISCHE ELEKTROGERAETE
7 373 HAUSWIRTSCHAFT RATIONALISIERUNG AUCH IM BAUERNHAUSHALT
8 263 BERATUNG IN OESTERREICH
8 264 ARBEITSVERHAELTNISSE DER BAEUERIN BADEN-WUERTTEMBERGS
6 373 AMER.ZUKUNFTSGEDANKEN UEBER HAUSHALTELEKTRIFIZIERUNG

5 455 HAUSWIRTSCHAFT CONTINUITY OF HOUSEHOLD WORK
7 376 LANDHAUSHALT LEHR-UND HANDBUCH
7 377 KLEINE HAUSWIRTSCHAFTLICHE ARBEITSLEHRE FACHBUCH
HAUSWIRTSCHAFTSRAEUME KUECHEN S.DORT
7 375 EINRICHTUNG
9 122 HECKENSCHNEIDER MIT HYDROSTATISCHEM GETRIEBE
5 317 HEBEGERAET FUER LUEFTER SK 8
8 320 HEIDELBEEREN ERNTE MIT MI DOX CURRANT PICKER
6 103 HEISSLUFTMOTOREN VON PHILIPS THEORETISCHE GRUNDLAGEN
HEISSWASSERBEREITER S.UNTER WARMWASSERVERSORGUNG
HEIZUNG EINRICHTUNGEN FUER STAELLE S.UNTER STALLBAUTEN
EINRICHTUNGEN FUER STAELLE S.UNTER GEFLUEGELSTAELLE
EINRICHTUNGEN FUER STAELLE S.UNTER SCHWEINESTAELLE
EINRICHTUNGEN FUER GEWAECHSHAEUSER S.DORT
VON WOHNRAEUMEN
GLIEDERUNG HINWEISE
ALLGEMEINES
ANLAGEN
ELEKTRISCHE HEIZUNG
OELFEUERUNG
GASFEUERUNG
HINWEISE
S.AUCH KLIMAANLAGEN
ALLGEMEINES
5 434 FESTLEGUNG WICHTIGER RAUMHEIZUNGSBEGRIFFE
6 373 STAND U.ENTWICKLUNG DER VERSCHIEDENEN ENERGIEARTEN
9 538 XVIII. KONGRESS FUER HEIZUNG LUEFTUNG KLIMATECHNIK
5 433 WAERMEWIRTSCHAFT UND WAERMEHAUSHALT
6 556 WAERMEWIRTSCHAFT IM HOCH-UND WOHNUNGSBAU
6 377 LUFTFEUCHTIGKEIT EINFL.AUF BEHAGLICHKEIT
5 435 WITTERUNGSABHAENGIGE REGELUNG
ANLAGEN
9 386 MIT KOHLE OEL ELEKTR.U.GAS AUSSTELLUNGSBER.
8 273 ELEKTR. HAUSRAT-UND EISENWARENMESSE IN KOELN
7 379 NEUENTWICKLUNGEN AUF DER EARL-COURT-SCHAU
5 648 ANLAGEN IN DEN LAENDERN DER BRD
9 384 ZENTRALE RAUMHEIZUNG IM LAENDL.HAUSHALT
9 385 WARMLUFTHEIZANLAGEN KACHELOFENLUFTHEIZUNG
9 533 VORFERTIGUNG VON ANLAGEN
9 538 LEISTUNGSANGABEN U.PRUEFRICHTLINIEN FUER HEIZKOERPER U.KESSEL
8 267 EINZELFEUERSTAETTEN FUER FESTE BRENNSTOFFE
7 380 HEIZPLATTEN MIT STAHLROHREN
5 626 MESS-UND REGELTECHNISCHE AUSSTATTUNG VON ANLAGEN
8 272 ELEKTRISCHE SCHALT-UND REGELEINRICHTUNGEN
ELEKTRISCHE HEIZUNG
9 388 ELEKTRISCHE RAUMHEIZGERAETE
9 389 ELEKTR.RAUMHEIZGERAETE
7 73 KREIS-U.L NEARDIAGR.FUER ELEKTROWAERMEANLAGEN

6 375 HEIZUNG ELEKTR.RAUMHEIZUNG ALS BERATUNGSSCHWERPUNKT
5 436 ENTWICKLUNGSSTAND DER FUSSLEISTENHEIZUNG
9 387 WAERMEABGABE VON HOCHANGEBRACHTEN STRAHLPLATTEN
9 399 TREND VOM HEIZLUEFTER ZUM GERAEUSCHLOSEN HEIZSTRAHLER
5 453 LUFTHEIZGERAET ELEKTR.MIT THERMOSTATENREGULIERUNG
5 453 SPEICHERGERAET ELEKTR.AUS THERMAIR.
9 390 VOLLRAUMHEIZER ELEKTR.CONEX
OELFEUERUNG
8 268 MODERNE OELFEUERSTAETTEN
8 269 SYSTEME DER OELBEFEUERTEN ZENTRALHEIZUNG
8 270 UNFALLSICHERE AUTOMATISCHE OELFEUERUNGEN
7 381 OELBRENNERPATENTE FUER EINZEL- UND SAMMELHEIZUNGEN
6 376 OELOFEN IM LANDHAUSHALT
GASFEUERUNG
8 271 ENTWICKLUNG DER GASHEIZUNG
HERBIZIDE S.UNTER UNKRAUTBEKAEMPFUNG
6 369 HERDE ANGABEN UEBER NUTZUNGSDAUER
5 438 ELEKTRISCHES KOCHEN IM HAUSHALT REGELUNG
5 439 PLANUNG UND WIRTSCHAFTLICHKEIT V.ELEKTROGROSSKUECHEN
8 286 HAUSRAT-UND EISENWARENMESSE KOELN
8 273 ELEKTROHERDE HAUSRAT-UND EISENWARENMESSE IN KOELN
7 383 ELEKTROHERDE OHNE SERVICEPROBLEME
7 398 ALS EINBAU-MODELLE
7 398 MIT GRILLEINRICHTUNGEN
9 393 HERD KUEHLSCHRANK UND SPUELE KOMBINIERT
5 450 ZUSATZTEIL FUER LUECKE ZWISCH.GAS KOHLE U.ELEKTROHERDEN
5 440 ELEKTROKOCHGESCHIRRE AUS EMAILLIERTEM STAHL
6 379 BACK BAR AUSRUESTUNG UND KOCHEN MIT MIKROWELLEN
8 267 EINZELFEUERSTAETTEN FUER FESTE BRENNSTOFFE
7 315 HEUBELUEFTUNG WIRTSCHAFTLICHKEIT
8 214 ANWEISUNG
9 301 VORTRAG 10 JAHRE IN DER DDR
9 246 STAND UND ENTWICKLUNG IN DER CSSR
9 306 MIT KALTLUFT IN UNGARN
9 302 ARBEITSORGANISATION U.KOSTEN BEI KALTBELUEFTUNG
9 305 MIT VORGEWAERMTER UND KALTLUFT
5 316 LUZERNEHEUGEWINNUNG DURCH KALTBELUEFTUNG
3 197 KALTBELUEFTUNG VERHINDERT BRANDGEFAHREN
5 362 IM LANDW.BETRIEB ZWEITE AUFLAGE WARSZAWA
7 316 IN SCHEUNEN IN AUCHINCRUIVE
ANLAGEN
7 598 EINFL.V.GEBAEUDEFORM AUF GESTALTUNG V.ANLAGEN
9 303 AUFBAU EINER ROSTFLAECHE FUER KALTBELUEFTUNGSANLAGEN
6 601 HEUTURM LAGER-UND BELUEFTUNGSKOSTEN
6 602 HEUTURM FUER SELBSTFUETTERUNG
9 329 LITERATUR UEBER RADIALLUEFTER
5 317 HEBEGERAET FUER DEN LUEFTER SK ACHT
9 330 LITERATUR UEBER LAERMMINDERUNG AN LUEFTERN
HEUBRIKETTIERUNG S.HEUPRESSLINGE

7 318 HEUTURM EINSATZ
6 601 RM LAGER UND BELUEFTUNGSKOSTEN
6 602 RM FUER SELBSTFUETTERUNG
8 219 RM GBS TYP TT 10
HEUWENDER S.UNTER HEUERNTE
5 506 HILF HUBERT HUGO BEGRUENDER DER FORSTL.ARBEITSWISSENSCHAFT
HITCHKUPPLUNG S.UNTER TRAKTOREN.- ZWEIACHSTRAKTOREN
HOCHDRUCK-SAMMELPRESSEN S.UNTER SAMMELPRESSEN
HOCHSCHULWESEN S.UNTER BERUFSAUSBILDUNG
HOCHSILO S.UNTER SILO
6 449 HOEHENZUWACHSMESSUNG INDIREKTE AN EINZELSTAEMMEN OPTISCHE GERAETE
6 555 HOFPLATZ BEFESTIGUNG
5 649 VERFAHREN ZUR BEFESTIGUNG
9 454 HOLZ KLASSIFIZIERUNG DER HOELZER
6 453 GRUNDLAGEN DER MESSKUNDE
9 458 NEUE METHODE DES EINMESSENS V.FASERHOLZ
6 447 GESICHTSPUNKTE BETREFFS ANNAHME IN ZELLULOSEFABRIKEN
9 455 VERKAUF VON LAUBFASERHOLZ NACH GEWICHT
9 454 EXPORT V.AFRIKA NACH EUROPA
8 439 IM SKANDINAVISCHEN LANDWIRTSCH.BAUWESEN
5 478 ALS BAUSTOFF FUER GEWAECHSHAEUSER
5 698 HOCH- UND FLACHSILOS
9 552 FENSTER
9 566 TUEREN MIT HOLZRAHMEN U.ALS FUELLUNG HOLZFASERPLATTEN
9 553 AUSSENTUEREN
9 554 INNENTUEREN
9 555 TREPPEN
9 556 FUSSBOEDEN
9 534 VORGEFERTIGTES AUSSENWANDELEMENT AUS SPERRHOLZ
HOLZAUFBEREITUNG GLIEDERUNG ALLGEMEINES
ENTASTEN
ENTRINDEN
AUSFORMEN
ZERKLEINERN
TROCKNEN
ALLGEMEINES
5 569 NEUERE AUFARBEITUNGS- UND TRANSPORTMETHODEN
5 567 TECHNIK IN DER CSSR
5 570 IN SCHWEDEN
8 414 STUDIENREISE DURCH EINEN TEIL KANADAS UND DER USA
6 444 ZEITSTUDIEN MIT SEKTIONSWEISER MESSG.V.TEILZEITEN
8 341 ZEITSTUDIEN AUF RUNDHOLZPLAETZEN V.SAEGEWERKEN
9 476 PRUEFUNG MECH.VERFAHREN MIT JUNGWUCHSSCHONUNG
9 475 MECH.IN BESTAENDEN MIT REICHEM JUNGWUCHS

7	461	HOLZAUFBEREITUNG	MASCHINENEINSATZ STEIGERUNG DER ARBEITSPRODUKTIVITAET
6	488		EINRICHTUNG ZENTRALER AUFARBEITUNGSPLAETZE
8	337		TECHNOLOGISCHE TYPISIERUNG DER ARBEITSPLAETZE
8	338		ERRECHNUNG TECHNOL.KENNZIFFERN FUER MASCH.SYSTEM
5	541		SCHWEDISCHES KORSNAES—SYSTEM FUER FASERHOLZ
5	505		GEWINNUNG U.AUFBEREITG.V.DUENNHOLZ
7	471		MECHANISIERUNG DER MANIPULATION V.SCHWACHEM RUNDHOLZ
5	557		VORRICHT.ABSONDERN EINZEL.STAEMME V.LANGHOLZHAUFEN
9	481		SELBSTTAETIGE STAMMWASCHANLAGE
8	393		GEDANKEN ZUR TRANSPORTRATIONALISIERUNG IM SAEGEWERK
7	465		TRANSPORT VON NICHT ENTRINDETEM HOLZ IN NORWEGEN
5	520		TRAKTORENEINSATZ IN DER LETTISCHEN SSR
5	574		BEVORRATUNG DER HOLZLAGERPLAETZE
			ENTASTEN
6	490		EINSATZ VON ENTAESTUNGSMASCHINEN IN SCHWEDEN
6	489		ENTAESTUNGSSTATION AUS MEHREREN MASCH.EINHEITEN
9	483		ENTASTUNGSMASCHINEN MSG GNIIME
9	483		OK 35 ENTASTUNGSMASCHINEN
8	378		ENTASTUNGSMASCHINE DER SVENSKA CELLULOSA AB
9	484		EINGEBEN DER STAEMME IN DIE ENTASTUNGSMASCHINE
			ENTRINDEN
8	386		STAND DER MASCHINELLEN ENTRINDUNG
5	505		MASCHINELLE ENTRINDUNG AUF HOLZPLAETZEN
8	384		KOMB.ANWENDUNG CHEM.U.MECH.ENTRINDUNG
5	560		MANUELLES U.MASCH.ENTRINDEN V.FICHTENHOLZ KENNZIFF.
5	561		KOSTEN MANUELLER UND MASCHINELLER ENRINDG.IM WALDE
5	561		ENTRINDUNGSKOSTEN IN SCHWEDISCH.ZELLULOSEFABRIKEN
6	491		MANUELLE SCHICHTHOLZENTRINDUNG AUCH BEI FROST
5	561		ENTRINDUNG EINE TRANSPORTFRAGE IN SCHWEDEN
6	497		NEUES ENTRINDUNGSAGGREGAT
5	559		TRANSPORTABLE ENTRINDUNGSMASCHINE
5	562		ROTORENTRINDUNGSMASCH.ZUR FASERHOLZENTRINDUNG
6	494		VERSUCHE MIT SCHWED.ENTRINDUNGSMASCHINE BARK LASSE
6	495		EINSATZ DER ENTRINDUNGSMASCHINE BARK LASSE
5	540		CAMBIO 35 ZUM ENTRINDEN
5	541		CAMBIO ENTRINDUNGSMASCHINE
8	387		JAETKAE 4 FINNISCHE ENTRINDUNGSMASCHINE
6	496		FINNISCHE ENTRINDUNGSMASCHINE PINO TEHO I
5	563		HANDENTRINDUNGSMASCH.ROEMER MIT EIGENANTRIEB
6	493		VK 16 FINNISCHE ENTRINDUNGSMASCHINE
8	385		VK 16 FINNISCHE ENTRINDUNGSMASCHINE
			AUSFORMEN
9	483		REKONSTRUKTIONSPLAN FUER HAUPTLAGERPLATZ BISERT
7	470		HALBAUTOMATISCHE AUSFORMTAKTSTRASSEN
5	542		PRUEFUNG VON HALBAUTOMATISCHEN AUSFORMLINIEN
7	464		TRANSPORTABLE AUSFORMUNGSANLAGE MIT FERNSTEUERUNG
8	394		MASCHINENARBEITSFLIESSSTRASSE AUS EINZELTEILEN
8	373		RATIONELLE AUFARBEITUNG U.TRANSPORT V.SCHICHTHOLZ
9	482		SELBSTGESTEUERTER RUNDHOLZABWERFER

5 558 HOLZAUFBEREITUNG MANIPULATOR FUER HALBAUTOMATISCHE LINIEN
5 555 SPAN- UND GERAEUSCHLOSES HOLZTRENNEN MIT LICHSTRAHL.
6 473 VERGL.DER AUFARBEITG.V.ZWEI U.DREI M'LANGEM FASERHOLZ
5 556 KREISSAEGE FLIESSARBEITSLINIE
5 554 AUTOMATISCHER VORSCHUB FUER UNIVERSALKREISSAEGEN
ZERKLEINERN
8 372 INDUSTRIEMAESSIGE VERARBEITUNG DER HOLZABFAELLE
5 505 EINSATZ VON HACKSCHNITZELVERFAHREN
8 389 VERARBEITUNG ZU HACKSPAENEN IM WALDE
9 483 AC 12 HACKMASCHINEN
9 485 DR 04 TROMMELHACKMASCHINE MIT VERBESSERT.SCHNEIDK.
9 483 DU 2 HACKMASCHINEN
8 388 BUSCHHOLZ- UND REISIGHACKMASCHINE HOLZKNECHT
7 45 BUSCHHOLZHACKMASCHINEN NUTZUNGSDAUER U.REPARATURKOST.
TROCKNEN
6 492 TROMMELTROCKENENTRINDUNG VON DUENNHOLZ
HOLZBRINGUNG S.UNTER HOLZRUECKEN UND BRINGEN
HOLZEINSCHLAG S.UNTER HOLZFAELLEN
MOTORSAEGEN S.DORT
HOLZFAELLEN MOTORSAEGEN S.DORT
SAEGEN S.DORT
S.AUCH DURCHFORSTUNG
ALLGEMEINES
8 414 STUDIENREISE DURCH EINEN TEI. KANADAS UND DER USA
8 391 BETRIEBSPLANUNG FUER EINEN BAUERNWALD
8 349 IM GEBIRGE UNFALLVERHUETUNG
6 478 GEFAHREN IN DER NAEHE VON STARKSTROMLEITUNGEN
VERFAHREN
7 448 ZEITBEDARF IM HOLZEINSCHLAG
8 345 ERMITTLUNG DES ZEITBEDARFS
6 444 ZEITSTUDIEN MIT SEKTIONSWEISER MESSUNG V.TEILZEITEN
5 513 ENERGETISCHER AUFWAND DER AK
5 543 ERMITTLUNG VON DURCHSCHNITTL.MODELLSTAMM IM BESTAND
8 339 PLANUNG UND AUSFUEHRUNG EINES DICKUNGSAUFSCHLUSSES
6 476 MODERNISIERG.DES EINSCHLAGES DURCH SCHLAGRAUMERSCHLIESSG.
8 337 TECHNOLOGISCHE TYPISIERUNG DER ARBEITSPLAETZE
8 379 NEUE METHODIK BEI DURCHFORSTUNG
5 545 NEUE FAELLTECHNIK IN DER CSSR
8 398 ARBEIT EINER FAELLERBRIGADE IN NORWEGEN
6 499 ARBEITSTECHNOLOGIE ZWEIER KOMPLEXBRIGADEN
5 541 SCHWEDISCHES KORSNAES-SYSTEM FUER FASERHOLZ
5 540 ARBEITSVERFAHREN IN BUCHENSCHWACHHOLZ
6 475 STREIFENWEISE AUFARBEITUNG VON SCHLAGFLAECHEN
6 377 FAELLEN VON QUERHAENGERN
6 477 KOMBINATIONSHIEB IN VERWAHRLOSTEN BESTAENDEN
MASCHINEN GERAETE
8 338 ERRECHNUNG TECHNOL.KENNZIFFERN FUER MASCH.SYSTEM
5 550 HYDRAULISCHES BAUMFAELLRICHTUNGSGERAET
9 477 WALDKOMBINE VOM VEB VIT FELLER BRANCHER
6 508 KANADISCHE WALDCOMBINE VFB

8 376 HOLZFAEILEN ATE IO SCHULTERGURTTRAGBARES GERAET FUER DUENNHOLZFAELLG.
7 461 VERWENDUNG HYDRAULISCHER KEILE
5 544 HOLZGEWINNUNG PLANUNG V.NUTZUNGSOPERAT.KANADISCH.FORSTINDUSTRIE
S.AUCH DIE EINZELNEN ARBEITSVERFAHREN
9 488 HOLZLAGERUNG BEKAEMPFUNG DER INSEKTENSCHAEDLINGE
HOLZRUECKEN UND BRINGEN GLIEDERUNG ALLGEMEINES
VERFAHREN
RUECKEGERAETE
SEILANLAGEN WINDEN
TRAKTOREN

ALLGEMEINES
5 570 IN SCHWEDEN
8 414 STUDIENREISE DURCH EINEN TEIL KANADAS UND DER USA
9 493 IN DEN TROPEN NAH-ODER UNTERTRANSPORT
6 509 PLANUNG DES MASCHINENEINSATZES
8 338 ERRECHNUNG TECHNOL.KENNZIFFERN FUER MASCH.SYSTEM
8 391 BETRIEBSPLANUNG FUER EINEN BAUERNWALD
8 337 TECHNOLOGISCHE TYPISIERUNG DER ARBEITSPLAETZE
6 476 MODERNISIERG.DES EINSCHLAGES DURCH SCHLAGRAUMERSCHLIESSG.
8 349 IM GEBIRGE UNFALLVERHUETUNG

VERFAHREN
6 445 MECHANISIERUNGSMOEGLICHKEITEN IN DER SCHWED.FORSTWIRTSCH.
6 446 MECHANISIERUNG IN NORRBOTTEN SCHWEDEN
8 396 WAHL EINER MASCHINELLEN RUECKE-UND TRANSPORTMETHODE
6 499 ARBEITSTECHNOLOGIE ZWEIER KOMPLEXBRIGADEN
8 379 NEUE METHODIK BEI DURCHFORSTUNG
5 564 FEINERSCHLIESSUNG DER BESTAENDE DURCH RUECKEGASSEN
6 475 STREIFENWEISE AUFARBEITUNG VON SCHLAGFLAECHEN
6 501 STAMMRUECKEN IN DER NORWEGISCHEN FORSTWIRTSCHAFT
9 486 SCHICHT-UND SCHWACHE LANGHOELZER NEUE VERFAHREN
7 460 MECH.BEI AUFARBEITUNG U.TRANSPORT V.SCHWACHHOLZ
6 473 VERGL.DER AUFARBEITG.V.ZWEI U.DREI M LANGEM FASERHOLZ
8 403 MIT PFERDEN UND ANDERE VERFAHREN

RUECKEGERAETE
7 447 TERMINOLOGIE DES MECH.KURZSTRECKENTRANSPORTES
8 400 EINSATZ V.LUFTSCHIFFEN U.FESSELBALLONS IN DER SU
9 493 EINSCHIENENBAHN ZUM HOLZRUECKEN IN DEN TROPEN
9 477 WALDKOMBINE VOM VEB VIT FELLER BRANCHER
5 541 SCHWEDISCHES KORSNAES-SYSTEM FUER FASERHOLZ
6 474 STAMMHOLZSAMMEL-UND RUECKEMASCHINE
9 493 RUECKEBOGEN-UND RUECKEWAGENEINSATZ IN DEN TROPEN
8 355 RADOLFZELLER RUECKEWAGEN
9 486 EINSATZ DES RADOLFZELLER RUECKEWAGENS
5 540 BUCHENSCHWACHHOLZ MIT RADOLFZELLER RUECKEWAGEN
6 509 SELBSTLADENDE RUECKEBOGEN
6 500 KETTEN ALS KRAFTUEBERTRAGUNGSMITTEL DIN-VORSCHRIFTEN

TRAKTOREN
9 454 BEDARF AN KETTENTRAKTOREN
9 472 MIT RADTRAKTOREN UND SELBSTFAHRWINDEN
5 520 TRAKTORENEINSATZ IN DER LETTISCHEN SSR

8 398 HOLZRUECKEN MIT TRAKTOR IN NORWEGEN
9 493 EINSATZ VON KETTEN- UND RADTRAKTOREN IN DEN TROPEN
7 473 MIT TRAKTOR KRAFTSTOFFVERBRAUCHSNORM
7 474 MIT SOWJ.KETTENTRAKTOREN ARBEIT MIT WINDE
9 489 GELAENDETRAKTOR VALMET ALS KONKURRENT FUER TIMBER JACK
7 449 EINSATZ DES UNIMOG
9 487 UNIMOG MIT ZELOP EINACHSANHAENGER
5 566 TRAKTOR BELARUS MIT RUECKEVORRICHTUNG
8 355 HOLDER CULTITRAC A ZWANZIG
9 459 VON DUENNHOLZ MIT KLEINTRAKTOR
6 509 ALICE HOLT RUECKEEINRICHTUNG AN RADSCHLEPPERN
SEILANLAGEN WINDEN
9 493 SEILANLAGEN IN DEN TROPEN
6 505 MONTAGE VON SEILRUECK- UND BELADESYSTEMEN
6 504 MIT SEILBAHNEN
8 405 SEILBAHNEN
5 581 ZWEIWAGEN-HOLZBRINGUNGSSEILBAHNEN
7 477 DPL 2 200 ZWEIKARRENSEILBAHN
7 477 JPL 2 600 EINKARRENSEILBAHN
7 476 UNIVERSALSEILBAHN VON FRYDLANT
8 404 VLU 4 SEILBAHN
7 461 MIT SEILRIESEN UND KETTENTRAKTOREN
9 493 FELDBAHNGLEISANLAGEN DRAHT- ODER SEILRIESEN IN DEN TROPEN
6 508 SEILRIESE DER FA. KUEPFER
7 475 TRASSENTYPEN V.BEFOERDERUNGSSEILBAHNEN MIT UMLAUFSEIL
6 470 606 RW DOPPELTROMMELSEILWINDE PRUEFBERICHT BORNIM
6 503 WINDE MIT AUSLEGER INTEGRAL YOUNG
7 472 MIT NORWEGISCHER VINJE TRAKTORWINDE
6 502 VERBESSERUNG DER VISEN MOTORWINDE
5 571 TRAGBARE MONTAGEWINDE PML
5 565 EINSATZ VON LADEKRAENEN

HOLZTRANSPORT GLIEDERUNG HINWEISE
ALLGEMEINES
TRAKTOREN
LKW
SEILANLAGEN
WASSERTRANSPORT
SCHIENENTRANSPORT

HINWEISE
S.AUCH HOLZRUECKEN UND BRINGEN
ALLGEMEINES
6 508 IN WESTEUROPAEISCHEN LAENDERN
7 478 IN DEN NORDEUROPAEISCHEN LAENDERN
5 568 IN SCHWEDEN ARBEITSMETHODEN UND GERAETE
5 580 WAHL DER TRANSPORTART FAKTOREN IN SCHWEDEN
8 414 STUDIENREISE DURCH EINEN TEIL KANADAS UND DER USA
9 494 IN DEN TROPEN
7 447 TERMINOLOGIE DES MECH.KURZSTRECKENTRANSPORTES
8 338 ERRECHNUNG TECHNOL.KENNZIFFERN FUER MASCH.SYSTEM
5 513 ENERGETISCHER AUFWAND DER AK

8 337 HOLZTRANSPORT TECHNOLOGISCHE TYPISIERUNG DER ARBEITSPLAETZE
6 509 PLANUNG DES MASCHINENEINSATZES
8 391 BETRIEBSPLANUNG FUER EINEN BAUERNWALD
8 396 WAHL EINER MASCHINELLEN RUECKE–U.TRANSPORTMETHODE
7 460 MECH.BEI AUFARBEITUNG U.TRANSPORT V.SCHWACHHOLZ
7 481 KONTINUIERLICHE HOLZLIEFERUNG AN ABNEHMERBETRIEBE

TRAKTOREN

5 520 TRAKTORENEINSATZ IN DER LETTISCHEN SSR
6 507 SATTELTRAKTOREN MIT HAENGER
8 392 AUSRUESTUNGEN FUER TRAKTOREN

LKW

8 397 ORGANISATION DER HOLZABFUHR MITTELS LASTKRAFTWAGEN
5 572 RUNDHOLZTRANSPORT MITTELS LKW UND SCHLEPPERZUG
6 512 AUTOMOBILLASTZUEGE FUER GEBIRGSREVIERE
9 492 BEFESTIGUNGSKETTEN FUER HOLZFUHREN AUF LKW

SEILANLAGEN

5 581 ZWEIWAGEN–HOLZBRINGUNGSSEILBAHNEN
9 496 ANWENDUNGSMOEGLICHKEITEN DER ZWEIWAGENSEILBAHNEN
6 513 ERSTE SERIENSEILBAHN IN DER CSSR
5 583 DOPPELSEIL–GRAVITATIONSHAENGEBAHN
8 399 LEICHTE HALBSTABILE HAENGEBAHN
5 585 EINSATZ EINER LEICHTEN DRAHTSEILBAHN IN SCHOTTLAND
5 582 SENKRECHTE DREHUNGEN BEI SEILBAHNEN VOM TYP VISEN
9 495 BESTIMMG.V.DURCHHAENGEN DER TRAGSEILE V.HAENGESEILBAHNEN

WASSERTRANSPORT

8 395 IN TROPEN WASSER–UND LUFTTRANSPORT
9 494 AUF BAECHEN UND FLUESSEN IN TROPEN
9 494 ZU WASSER IN MANGROVENWAELDERN U.SUEMPFEN
5 570 FLOESSEN AUF DEN HAUPTGEWAESSERN IN SCHWEDEN
5 505 BUENDELUNG FUER LAND–UND WASSERTRANSPORTE
8 390 BINDEAGGREGAT FUER FLOESSHOLZ
9 494 FLOSSBAU AUF FLUESSEN UND SEEN IN DEN TROPEN
6 511 KUTTER PS 5 UEBERWACHEN, ETAPPENWEISE TRIFT

SCHIENENTRANSPORT

5 584 MITTELS EISENBAHN IN SCHWEDEN
9 494 MIT SCHMALSPURBAHNEN AUF JAVA
6 498 LANGHOLZSTAEMME MIT BAHN ZUR HOLZVERARBEIT.INDUSTRIE
8 395 HOLZVERLADEN IN DEN TROPEN
7 479 VERFAHREN DES GROSSBUENDELWEISEN VERLADENS
5 576 SELBSTLADEVORRICHTG.FUER GROSSE STAMMPAKETE
5 577 VORRICHTG.FUER SELBSTTAETIGES BELADEN VON LKW
7 460 MECH.BEI AUFARBEITUNG U.TRANSPORT V.SCHWACHHOLZ
6 505 MONTAGE VON SEILRUECKE–UND BELADESYSTEMEN

KRAENE

5 578 LADEKRAENE IN DER FORSTWIRTSCHAFT
7 462 LADEMASTEN BOCK–UND TURMKRAENE
8 375 HYDRAULISCHE HEBEKRAENE
5 574 DURCH SEILKRAENE
5 565 EINSATZ VON LADEKRAENEN BEIM HOLZRUECKEN
5 540 LKW–LADEKRAN MIT HYDRAULISCHEM LÖSEHOLZGREIFER

6	493	HOLZVERLADEN	ZWEISEILKABELKRAN
5	579		SEILKRAN MIT BEWEGLICHEM TRAGSEIL ZUM STAPELN V.RUNDHOLZ
5	573		KABEL-KRAN ZUR LANGHOLZUMLADUNG
5	592		BAMSE MIT UEBER FUNK GESTEUERTEN HYDR.BELADEKRAN
5	575		DERRICKKRAN EINSATZ IN DER BRD
6	509		LKW MONTIERTE HIAB UND TICO LADEKRAENE
5	541		HIAB LADEKRAN TOPGRIP
8	375		KRAN POCLAIN
6	508		SEILKRAN DER FA. RIEGERT
8	375		HYDRAUL.HEBEKRAENE VON SOEDERLUND UND LINDSTROEM GREIFER
9	491		RUNDHOLZ AUF LKW MITTELS HYDRAULISCHER GREIFLADER
7	462		HYDRAULISCH ANGETRIEBENER ZANGENLADER
8	375		GABELGREIFER VON AB.HYDROPELL UND KEWACO
		HOLZZERKLEINERN S.UNTER HOLZAUFBEREITUNG	
9	169	HOPFEN	NEUE ARBEITSORGANISATION U.LEITUNG DER ERZEUGUNG
7	170		ORGANISATION UND TECHNOLOGIE DER GROSSPRODUKTION
6	176		MECHANISIERUNG IM ANBAU
5	459		ANFORDERUNGEN AN TRAKTOREN UND MASCHINEN
9	296		ENTWICKLUNG DES MECHANISIERTEN SCHNITTES
7	303		GERUESTSYSTEME
6	522		BLATTLAUSBEKAEMPFUNG VERGLEICH V.SPRITZEN UND SPRUEHEN
		HOLLAND S.NIEDERLANDE	
		HUBSCHRAUBER S.UNTER FLUGZEUGE	
9	448	HUBSTAPLER FUER DREIPUNKTANBAU	
5	376	HUEHNERFUETTERUNG IN DEN USA	
6	600		INTERNAT.PRUEFUNG VON ANLAGEN FUER BROILERAUFZUCHT
5	394		AUTOMATISCHE FUTTERANLAGEN VORTEILE
9	347		UEBERBLICK UEBER AUTOMATISCHE ANLAGEN
8	234		AUTOMAT.ANLAGEN FUER ZUBEREITG.U.FUETTERN IN USA
6	357		MECH.AUTOMAT.ANLAGEN IN DER BRD
6	353		ANLAGEN FUER DIE LEGEHENNENINTENSIVHALTUNG
5	378		FUTTERAUTOMATEN FUER TROCKEN-UND FEUCHTFUTTER
8	227		KETTENBAND-UND ROHRFUETTERUNGSANLAGEN
6	354		VIBRATIONSFUTTERVERTEILER FUER TROCKEN-U.WEICHFUTTER
6	355		UNIVERSALSELBSTFUETTERER MIT PROGRAMMSTEUERUNG
6	599		FUTTERSILO FUER GEFLUEGELFUTTER
9	348		KDSK 5000 GEFLUEGELFUTTERMISCHMASCHINE
5	375	HUEHNERHALTUNG	ARBEITSMECHANISIERUNG IN DER GEFLUEGELZUCHT
8	223		INDUSTRIEMAESSIGE PRODUKTIONSMETHODEN IN DER SU
9	355		MECHANIZATION OF POULTRY KEEPING
5	410		AUF NEUEN WEGEN DRITTE AUFL. FRANKFURT/MAIN
5	379		ARBEITSAUFWAND IN INTENSIVHALTUNGEN
5	409		LEGEHENNEN AUF TIEFSTREU UND IN KAEFIGEN OEKONOMIK
9	340		KAEFIG-U.TIEFSTREUHALTUNG V.LEGEHENNEN OEKON.VERGL.
5	378		IN DER CSSR AUF TIEFSTREU UND IN KAEFIGEN
5	380		HALTUNG VON HENNEN IN BATTERIEN
7	587		BETRIEBS-U.ARBEITSWIRTSCH.VORTEILE V.KAEFIGHALTUNG
9	339		KAEFIGHALTUNG VON LEGEHENNEN ARBEITSAUFWAND

HUEHNERSTAELLE

KUEKENSTAELLE S.DORT

5 403 REISEBERICHT AUS DEN USA
9 589 PLANUNGSFAKTOREN FUER BAU UND EINRICHTUNG
5 376 KOSTEN FÜER DIE ERRICHTUNG
7 588 KOSTEN FUER BAU VON STAELLEN FUER LEGEHENNEN
8 477 EXPERIMENTALPROJ.EINER AUTOMATISIERT.LEGEHENNENFARM
9 590 LEGEHENNENSTAELLE FUER SECHS-BIS ZEHNTAUSEND TIERE
9 562 FUER 3000 TIERE MIT EIERFOERDERBAÑD
5 377 MIT ZWEI LEGEHALLEN
9 560 ZWEIGESCHOSSIGER JUNG-UND LEGEHENNENSTALL
6 595 KOTGRUBENSTALL ARBEISAUFWAND RICHTZAHLEN
7 583 AUS WELLALUMINIUM

AUFZUCHTSTAELLE UND MASTSTAELLE

9 588 FUER ZUCHT-UND LEGEHERDEN IN NEUSEELAND
6 593 ZUCHTSTAELLE MIT STALLGANG
7 543 SERIENMAESSIG VORGEFERTIGTE JUNGHENNENHUETTEN
5 692 MEHRZWECKSTALL IN BARACKENBAUWEISE JUNGHENNENAUFZUCHT
6 600 INTERNAT.PRUEFUNG V.ANLAGEN FUER BROILERAUFZUCHT
6 594 VERSUCHSBAU EINER GEFLUEGELFABRIK AUF DER KRIM
9 590 MASTSTAELLE FUER FUENFUNDDREISSIGTAUSEND TIERE
8 504 AUTOMATISIERTE BROILERMASTANLAGE
8 505 BROILERKOMBINAT XAVEROV CSSR

FUER BODENINTENSIVHALTUNG

5 693 BAUTEN U.VORRICHTG.FUER LEGEHENNENINTENSIVHALTUNG
6 564 FUER INTENSIVHALTUNG U.FUER JUNGHENNEN
8 507 GRUNDPRODUKTIONSFLIESSSTRASSEN BEI TIEFSTREUHALTUNG

FUER KAEFIGHALTUNG

7 586 KAEFIG-ODER TIEFSTREUHALTUNG
8 223 KAEFIG-UND BODENINTENSIVSTAELLE FUER LEGEHENNEN IN SU
5 376 BATTERIE-U.BODENHALTUNG IN DEN USA
8 506 BATTERIEHALTUNG FUER LEGEHENNEN
8 226 GRUENDE FUER UND GEGEN DIE LEGEBATTERIEN
5 381 EINRICHTÜNG EINER BATTERIEHALTUNG
5 382 BATTERIEHALTUNG MEHRERE TIERE JE KAEFIG TECHN.PROBLEME
8 225 BATTERIEN UND BATTERIESTAELLE IN SUEDAFRIKA
6 598 EIN-U.MEHRSTOECKIGE BATTERIEN OHNE AUTOMAT.KOTRAEUMG.
9 341 BATTERIEN AUS HOLZ

STALLEINRICHTUNG

5 633 EINBAU VON FENSTERN
6 79 KUENSTLICHE BELEUCHTUNG
7 584 AUTOMATISCHE STEUERUNG DER BELEUCHTUNG
8 228 AUTOMATISCHE REGULIERUNG DER BELEUCHTUNG
6 596 INNENEINRICHTUNG FUER LEGEHENNENINTENSIVHALTUNGEN
9 591 ANLAGE DER KOTGRUBE
5 384 ANORDNUNG UND GESTALTUNG DER KOTGRUBE
6 597 LATTEN-ODER DRAHTROST IM LEGESTALL
7 589 SPUELENTMISTUNG
8 227 ABROLL-, SAMMEL-, FAMILIEN UND ZELLENNESTER
6 364 BERECHNUNG, EINES FLIESSBANDES FUER DAS EIEREINSAMMELN

HUEHNERSTAELLE STALLKLIMA
9 595 UNTERBRINGUNG V.LEGEHENNEN KONTROLLE DER UMGEBUNG
8 503 OBERFLAECHENTEMP.AN BAUTEILEN BERECHNG.V.WAERMEABSTR.
8 502 LUEFTUNG
6 592 GRUNDLAGEN FUER DIE LUEFTUNG
5 377 MIT GETRENNTER WINTER- UND SOMMERBELUEFTUNG
5 383 LUEFTUNG IN BATTERIESTAELLEN
8 224 JUNGHENNENAUFZUCHT MIT WARMLUFTWERFERN
9 221 HUELSENFRUECHTE VEREINHEITLICHUNG VON SAEMASCHINEN
9 214 KOMBINIERTE MASCHINEN ZUM SAEEN UND DUENGEN
9 9 MECHANISIERUNG DER ERNTE
6 171 MECHANISIERUNG DER ERNTE IN DER CSSR
5 301 VERBESSERTE VORRICHTUNG FUER DIE ERNTE
9 297 ZTBN 183 2 MAEHMASCHINE
9 250 ZUL 152 MAEHWERK
9 297 ZUL 152 MAEHBALKEN
7 328 SORTEX SORTIERT NACH FARBEN
9 305 BELUEFTUNG MIT VORGEWAERMTER UND KALTLUFT
8 210 WARMLUFTTROCKNUNGSEINRICHTUNG FUER SAATGUT
5 330 WINDSICHTUNG IN EINEM SENKRECHTEN KANAL
7 335 ELEKTROMAGNETISCHE AUSSORTIERUNG VON KLEESEIDE
S.AUCH DIE EINZELNEN ARTEN
6 472 HUELSENHEBEL DOPPELTWIRKENDER SELBSTSPERRENDER HUELSENHEBEL
5 691 HUETTEN VERBESSERTE SCHUTZHUETTE FUER SCHAFE
7 41 HYDRAULIK IN DER LANDWIRTSCHAFT
5 155 LITERATUR UEBER HYDRAULIKVORRICHTG.AN LANDMASCHINEN
7 160 HYDRAULISCHE MASCHINEN UNGARISCHES FACHBUCH
5 142 BERECH.DER NUTZUNGSDAUER V.HYDRAULIKPUMPEN BEI LADEGERAETEN
S.AUCH UNTER TRAKTOREN
5 224 HYDROGEOLOGIE AUFGABENGEBIET
HYDROKULTUR S.UNTER HYDROPONIK
6 105 HYDROMOTOREN SCHLEICHDREHZAHLEN
S.AUCH UNTER TRAKTOREN
8 333 HYDROPONIK TAGUNGEN UEBER HYDROPONIKKULTUREN
8 294 HYDROKULTUR VON WEIN
5 224 HYDROTECHNIK UND MELIORATION
8 30 HYGIENE IN LEG
5 639 SCHUTZGUERTEL ZWISCHEN WOHN- UND STALLKOMPLEXEN
TIERHYGIENE S.UNTER TIERPFLEGE; S.AUCH UNTER MELKEN

8 2 INDIEN MECHANISIERUNG DER LANDWIRTSCHAFT
7 10 INDUSTRIE UND LANDWIRTSCHAFT

```
        INDUSTRIALISIERUNG S.UNTER LANDTECHNIK
9   4   INDUSTRIEMAESSIGE PRODUKTION EINFUEHRUNG IN SOZIALIST.LANDW.
9   3                                MASCHINENSYSTEME
9  20                                BERUFSAUSBILDUNG
7  28   INFORMATION VERARBEITUNG  UEBERTRAGUNG UND AUFNAHME
5  23               INFORMATIONSWESEN AUF GEBIET DER LANDWIRTSCHAFT
6   3               AUFGABEN DER LANDTECHNIK IN DIESEM JAHRZEHNT
6  13               JAHRESBERICHT DES NIAE
6  37               AUFBAU EINES INFORMATIONSWESENS FUER ERSATZTEILVERSORGG.
5 510               KURSE U.INFORMATIONSBESPRECHG.FUER FORSTWIRTE SCHWEDEN
7  27               IN DER WASSERWIRTSCHAFT
                    S.AUCH DOKUMENTATION
5  72   INFRAROTSTRAHLEN INSTALLATION VON ANLAGEN
9 381                    GERAET FUER AUFZUCHT V.FERKELN U.KUEKEN
9 315                    EINSATZ ZUR TROCKNUNG VON FELDFRUECHTEN
5 344                    KOERNERTROCKNUNGSVERSUCH IN GROSSBRITANNIEN
5 344                    KOERNERTROCKNUNGSVERSUCH
7 530   INFRAROTSTRAHLER AUF PROPANGASBASIS
8  11   INGENIEUR-SCHULEN DER LANDWIRTSCHAFT
6   3   INNENWIRTSCHAFT AUFGABEN DER LANDTECHNIK IN DIESEM JAHRZEHNT
7 527                   MECHANISIERUNG  WIRTSCHAFTLICHE ENERGIEANWENDUNG
6 341                   NEUE WEGE ZUR MECHANISIERUNG
7 350                   AUFGABEN DER MTS RTS BEI MECHANISIERUNG
7 349                   AUFGABEN UND ARBEITSWEISE DER RTS
7 590                   ARBEITSVERFAHREN UND GEBAEUDEPLANUNG
9 335                   BEDEUTUNG V.STEUERUNGEN IN DER MECHANISIERUNG
9 523                   VERBESSERUNGEN AN WIRTSCHAFTSGEBAEUDEN U.STALLUNGEN
9 519                   64. LANDWIRTSCHAFTSAUSSTELLUNG IN BUDAPEST
5 368                   FRONTLADEREINSATZ
                        S.AUCH TIERHALTUNG
5 604   INSEKTARIUM METHYLBROMID-BEGASUNGSANLAGE
9 488   INSEKTEN BEKAEMPFUNG AUF HOLZLAGERPLAETZEN
5  32   INSTANDHALTUNG DER MASCH.U.GERAETE IN LPG EINHEIT ELSTER
8  29                  KOSTEN JE PRODUKTIONSEINHEIT
5  34                  KAMPAGNEFESTUEBERHOLUNG ODER GENERALREPARATUR
6  38                  DER LANDMASCHINEN  DTSCH.LANDWIRTSCHAFTSVERL.
        INSTANDSETZUNG TRAKTOREN S.DORT
6  32                  ZWEITES INTERNATIONALES RGW-SEMINAR
9  40                  V.MASCHINEN U.TRAKTOREN  PROBLEME
5  28                  NEUE AUFGABEN IN DER DDR
7  48                  ORGANISATION IN LANDW.BETRIEBEN
7  47                  BERECHNUNG U.PLANUNG IN LANDW.BETRIEBEN
5  31                  FESTPREISE FUER DIE KAMPAGNEFESTE UEBERHOLUNG
7  45                  DATEN UEBER NUTZUNGSDAUER UND REPARATURKOSTEN
6  33                  LANDMASCH.PLANUNG  RECHENVERFAHREN
5  33                  ANWENDUNG DER PROGRESSIVEN PFLEGEORDNUNG
5  30                  SPEZIALISIERTE INSTANDSETZUNG VON BAUGRUPPEN
```

8 23 INSTANDSETZUNG DAUER DES PRODUKTIONSZYKLUS
5 38 ORGANISATION DER MASCHINENPFLEGE
5 40 ORGANISATION VON WERKSTAETTEN
9 609 HALLE FUER LANDMASCHINEN UND TRAKTOREN
8 26 ABRISS DER TECHNOLOGIE
5 35 DIE MODERNE TECHNIK EINSETZEN
9 37 ANWENDUNG V.PLASTEN
9 43 MASCH.TEILE AUFSCHWEISSUNG IN KOHLENDIOXYDATM.
8 22 ERNEUERUNG V.TEILEN DURCH AUFSCHWEISSUNG
7 69 PRUEFUNG U.INSTANDHALTUNG DER ELEKTR.ANLAGEN
7 44 KOSTEN V.MASCH.EINSATZ IN DER FELDWIRTSCHAFT
6 34 ORGANISATION IM VEG SAATZUCHT SALZMUENDE
7 49 V.MASCHINEN U.GERAETE IN DER LEG
5 39 VERBESSERUNG DER ERSATZTEILVERSORGUNG DER LPG
6 35 MASSNAHM.ZUR VERBESS.DER MASCH.PFLEGE IM GEB.ANDISHAN
6 43 ARBEITSZEITVERTEILG.IN LANDW.LOHNBETRIEBEN
8 346 PROBLEME DES FORSTLICHEN INSTANDHALTUNGSWESENS
6 454 REPARATURKARTE FORSTL.MASCHINEN TGL—ENTWURF
9 45 LITERATUR UEBER MTS
9 47 LIT.UEBER KRAFTFAHRZEUGE
5 41 ANTEIL DER ARBEITSUNFAELLE BEI ARBEITEN
5 192 ISRAEL PROBLEME DER BEWAESSERUNG
5 353 ISOPROPYLPHENYLCARBAMAT ALS KEIMHEMMUNGSMITTEL
8 37 ISOTOPE VIELSEITIGE FORSCHUNG
5 56 GAMMARUECKSTREUSONDE ZUR DICHTEMESSUNG
9 66 RADIOMETR.METH.IN DER BODENPHYSIK
9 70 BODEN RADIOMETR.FEUCHTE—U.DICHTEMESSER
9 67 ANWENDUNG ZUR WASSERGEHALTSBESTIMG.IM BODEN
5 155 VERSCHLEISSMESSG.AN REIFEN MIT RADIOAKTIVEN ISOTOPEN
6 451 FORSCHUNG IN DER UNGARISCHEN FORSTWIRTSCHAFT
ITALIEN AUSSTELLUNGEN S.DORT
6 46 BETRIEBSGROESSENKLASSEN IN DER LANDWIRTSCHAFT
9 86 ENTWICKLUNG DES TRAKTORENBESTANDES
5 375 ENTWICKLUNG DER GEFLUEGELZUCHT

JAHRESBERICHTE S.UNTER FORSCHUNG
6 4 JAPAN MECHANISIERUNG DER LANDWIRTSCHAFT
6 22 ERZEUGUNG VON PLASTSTOFFEN
8 518 JAUCHE AUFBEWAHRUNG IN RINDERANLAGEN BAUTEN
8 119 BETONIERTE SAMMELGRUBEN
6 586 KANALISATION FUER FUENF SCHWEINESTAELLE
7 542 REINIGUNG VON KANAELEN MIT EINER KETTE
6 535 TRANSPORT UND VERTEILEN
9 193 NEUE PUMPENAGGREGATE
5 401 VAKUUM—U.DRUCKFASS EINSATZ
5 400 WAGEN MIT SAUG—DRUCKFASS
7 364 ERFAHRUNGEN MIT EINEM KUNSTSTOFFJAUCHEFASS
6 359 CPF 3 FAEKALIENANHAENGER
6 203 BEWAESSERUNG AUF ACKER—U.GRUENLAND IN ABHAENGIGK.V.HOEHENLAGE

8 320 JOHANNISBEEREN ERNTE MIT MI DOX CURRANT PICKER
9 435 PFLUECKKRAFTAUFWAND IN ABHAENGIGK.V.REIFESTAD.
JUNGPFLANZENANZUCHT SAEEN S.DORT
S.AUCH.. BAUMSCHULEN GEWAECHSHAEUSER
S.AUCH DIE EINZELNEN KULTUREN
8 367 FUER AUFFORSTUNG V.HOCHLAGEN U.LAWINENSTRICHEN
8 288 EIN-UND UMTOPFMASCHINE PLANTAREX
8 297 EIN-UND UMTOPFMASCH.PLANTAREX PRUEFBER.WIESELBURG
8 296 SCHNEIDEPRESSE ZUR FERTIGUNG V.ERDWUERFELN
6 403 ERDWUERFEL ERDPRESSSCHNITTMETH.U.AUFSETZVERFAHREN
9 414 TORFTOPF JACK POT PRUEFBERICHT WIESELBURG
9 417 MULTITOPFPLATTEN PRUEFBERICHT WIESELBURG
9 415 JIFFY TOEPFE PRUEFBERICHT WIESELBURG
JUNGVIEHSTAELLE KAELBERSTAELLE S.DORT
KUEKENSTAELLE S.DORT
8 511 VORLAEUFIGE TECHNOLOGISCHE NORMEN
5 679 SPEZIALISIERTE AUFZUCHTANLAGEN
5 370 FUER 120 TIERE
5 370 FUER 70 TIERE
9 560 OFFENER JUNGVIEHSTALL
9 580 SPALTENBODENAUFSTALLUNG BEI MASTRINDERN
8 494 ANBINDEVORRICHTUNGEN UND FRESSGITTER

KAEFIGHALTUNG S.UNTER.. HUEHNERHALTUNG; HUEHNERSTAELLE
5 678 KAELBERSTAELLE STALLENTWUERFE FUER SAUGKAELBER
5 677 FUER EINTAUSENDZWEIHUNDERT TIERE
9 575 IM HOLLAENDISCHEN LAUFSTALLBETRIEB
9 579 MIT LATTENROSTEN
7 561 VOLLMECHANISIERTE TRAENKKAELBERANLAGE
9 562 BEHEIZ-U.LUEFTBAR MIT EINZELBOXEN
6 579 LUEFTUNGSINTENSITAET
8 277 KAELTETECHNIK JAHRESUEBERSICHT
5 459 KAFFEE ANFORDERUNGEN AN TRAKTOREN UND MASCHINEN
8 329 KALIBRIERMASCHINEN PARISER LANDMASCHINENSALON
7 462 KALK STABILISIERUNG VON FORSTWEGEN
KALTBELUEFTUNG S.UNTER BELUEFTUNG
S.UNTER.. GETREIDE HEUBELUEFTUNG
KAMPBETRIEB S.UNTER BAUMSCHULEN.. FORSTWIRTSCHAFT
6 53 KANADA MASCHINENPRUEFUNG DURCH STAATLICHE DIENSTSTELLEN
8 414 STUDIENREISE SCHWEDISCHER FORSTLEUTE
5 544 PLANUNG V.NUTZUNGSOPERATIONEN IN KANADISCH.FORSTINDUSTRIE
6 586 KANALISATION FUER FUENF SCHWEINESTAELLE
5 399 KAPRONSEIL FUER SCHLEPPSCHAUFELANLAGEN PRUEFUNG
KARBAMID S.HARNSTOFF
6 31 KAROSSERIEKLEBER FUER BLECHE FILZ HOLZTEILE UND PROFILGUMMI
7 488 KARTOFFELKRAUTFAEULE BEKAEMPFUNG MIT HUBSCHRAUBERN

KARTOFFELN GLIEDERUNG HINWEISE
ANBAU
LEGEN
PFLEGE
ERNTE
KRAUTBESEITIGEN
RODEN VORRATSRODEN
TRANSPORT
ERNTEAUFBEREITUNG
SORTIEREN
WASCHEN
SONSTIGE AUFBEREITUNG
LAGERUNG

HINWEISE
DAEMPFEN S.UNTER FUTTERZUBEREITUNG
SAMMELRODER S.DORT
S.AUCH HAEUFELN

ANBAU

9	5	STAND UND ENTWICKLUNG DER TECHNIK
6	173	VORAUSSETZUNGEN FUER EINE INDUSTRIELLE PRODUKTION
5	177	ANBAU LITERATURSTUDIE WISSENSCHAFTL.TECH.HOECHSTSTAND
9	289	PERSPEKTIVEN DER KOMPLEXMECHANISIERUNG BEI ANBAU U.ERNTE
9	171	MECHANISIERUNG DES ANBAUES
9	176	MECHANISIERUNG VON ANBAU UND ERNTE
9	175	LITERATUR UEBER ANBAU
5	180	STANDORTVERTEILUNG DER PRODUKTION IN DER DDR
6	5	ARBEITSVERFAHREN MASCHINEN UND GERAETE IN ENGLAND
7	314	THE POTATO CROP
7	161	REIHENABSTAND UND MASCHINENEINSATZ
9	222	SCHWED.STANDARD FUER REIHENABSTAENDE
8	102	MUSS REIHENABSTAND GEAENDERT WERDEN
5	179	SPEISEKART.SOLANUM TUBEROSUM L.TECHN.NORMEN U.GUETEVORSCHR.
		LEGEN
5	178	PFLANZTECHNIK ANBAU UND PFLEGE
7	234	MOEGLICHKEITEN DES PFLANZENS
9	11	LEGEN HANDBUCH
9	228	ARBEITSAUFWAND VERSCHIEDENER LEGEVERFAHREN
8	428	BESTELLUNG IV. INTERNATIONALE MESSE IN BRNO
7	235	VERTEILUNG BEI VERSCHIED.GESCHWINDIGKEITEN DER LEGEMASCH.
8	152	LEGEMASCH.STREUBEREICH V.KNOLLEN EINFL.V.ARB.GESCHWINDIG.
8	153	MECHANISIERUNG DES LEGENS VORGEKEIMTER KNOLLEN
7	236	MASCH.LEGEN VORGEKEIMTER KARTOFFELN
7	233	UEBERBLICK UEBER DAS ANGEBOT V.LEGEMASCHINEN
5	226	LEGEMASCHINEN THEORIE KONSTRUKTION UND BERECHNUNG
9	221	REIHENLEGEMASCHINEN
5	226	MASCH.MIT DIE KARTOFFELN AUFSPIESSENDEN AUSTRAGEVORRICHTG.

```
9  37 KARTOFFELN LEGEMASCH.  BAUTEILE AUS KAPRON
7  45            LEGEMASCHINEN  NUTZUNGSDAUER UND REPARATURKOSTEN
5 226            SOWJET.KLEMMLOEFFELRAD-LEGEMASCHINE
5 226            SOWJET.TASCHENRAD-LEGEMASCHINEN
7 497            MF 65  GERAETEREIHE  LEGEMASCHINE
8 433              SAB LEGEMASCHINE FUER VORGEKEIMTE KARTOFFELN
7 497            + SAB 62 5  LEGEMASCH.FUER VORGEKEIMTE KARTOFFELN
9 227            2 SABN 62 5 LEGEMASCHINE  VERGLEICHSPRUEFUNG
9 227            4 SABP 52 5 LEGEMASCHINE  VERGLEICHSPRUEFUNG
9 227            SN 4B LEGEMASCHINE  VERGLEICHSPRUEFUNG
7 237            ANBAUDUENGERFOERDERBAND FUER IRON AGE LEGEMASCHINE

                  PFLEGE
8 101            UNTERSUCHUNGEN UEBER DIE PFLEGE
9 167            PFLEGE  ERNTE UND LAGERUNG
5 222            PFLEGE SCHNELLHAEUFLER UND STRIEGELBUERSTEN
6  40            KOPPLUNG V.HAEUFELN U.STRIEGELN BEI DER PFLEGE
8 147            STOLL HAEUFELKOERPER UND STRIEGELRECHEN

                  ERNTE
5 178            ERNTE  SORTIERUNG UND LAGERUNG
7  25            ERNTE UND LAGERUNG
6 300            ERNTEPROBLEME
9 167            ARBEITSAUFWAND BEI VERSCHIEDENEN ERNTEVERFAHREN
5 283            ERNTEMETHODEN ARBEITS-UND KOSTENAUFWAND
5 285            ERNTE FLIESSVERFAHREN IN DER SU
6 338            VERFAHREN,U.ZEITPUNKT DER BESCHAEDIGUNGSBESTIMMUNGEN
5 286            ERNTE  VERHUETUNG VON KNOLLENBESCHAEDIGUNGEN
5 171            BERICHT UEBER DAS DERZEITIGE ANGEBOT AN MASCHINEN
5 282            CRAWFORD MECHANISCHES HANDLESESYSTEM
                    KRAUTBESEITIGEN
7 293            KRAUTBESEITIGUNG
7 291            RZ 4 KRAUTSCHLAEGER
7 498            RZ 4  KRAUTSCHLAEGER
9 262            SCHLAGEN DES KRAUTES MIT SCHLEGELERNTER
9 291            BAUARTEN U.LEISTUNGEN DER KRAUTRUPFMASCHINEN
9 290            PRUEFUNG NIEDERLAENDISCHER KRAUTRUPFMASCHINEN
                    RODEN  VORRATSRODEN
9 289            ZWEIPHASENERNTE MIT VORRATSRODER U.SAMMELMASCHINEN
7  45            VORRATSRODER  NUTZUNGSDAUER UND REPARATURKOSTEN
8 186            E 655 3 ANBAUSCHLEUDERRADRODER  PRUEFBER.BORNIM
7 497            ANBAUSCHLEUDERRADRODER KGZ IP
7 291            KGZ IP SCHLEUDERRADRODER
7 292            SCHLEUDERRADRODER ZKR  PRUEFBERICHT WIESELBURG
8 187            SIEBKETTENRODER V.JOHN DEERE LANZ EINSATZ BEI FELDVERS.
7 497            KEP 2  SIEBKETTENVORRATSRODER
7 498            KEP 2  TRANSPORTABLER HALBAUFHAENGERODER
7 291            RODER KEP 2
5 286            SCHWINGSIEBRODER ARBEITSQUALITAET U.HANDARBEITSAUFWAND
8 187            SCHWINGSIEBRODER V.KUXMANN  EINSATZ BEI FELDVERSUCHEN
```

KARTOFFELN TRANSPORT

7 296 SAMMELN UND ABFERTIGEN IN KISTEN
7 297 ENTLADEN UND STAPELN IN GROSSKISTEN
9 292 STALLDUNGLADER NH 100 BEI ERNTE ALS LADEMASCHINE
7 251 FELLA MEHRZWECKWAGEN FARMER KOMBI
7 155 EINACHSANHAENGER MIT SELBSTTAETIGER ENTLADUNG

ERNTEAUFBEREITUNG

9 321 FORSCHUNGSZENTRUM FUER AUFBEREITUNG DES PMB
9 289 PERSPEKTIVEN DER KOMPLEXMECHANISIERUNG BEI VERARBEITUNG

SORTIEREN

7 293 SORTIERUNG UND ABSACKUNG
5 347 VORAUSSETZG.FUER LEISTUNGSFAEHIGE U.GUTE SORTIERARBEIT
5 350 UNTERSUCHUNG DER ARBEITSFLAECHEN V.SORTIERVORRICHTUNGEN
8 212 SICHTUNG MIT AUF GAMMASTRAHLEN ANSPRECHENDEM RELAIS
5 349 SORTIEREN IM SOZIALISTISCHEN GROSSBETRIEB
5 351 SORTIERMASCHINEN UEBERBLICK
9 323 GROSSSORTIERANLAGEN TYPENVORSCHLAEGE
9 599 GEMEINSCHAFTLICHE GROSSSORTIERANLAGE BROME
7 597 GROSSSORTIERANLAGE WALSRODE
9 324 SORTIERPLATZ IN BORGSTEDT BEWAEHRUNG
5 285 KSP 15A SORTIERANLAGE
5 282 ERDABSCHEIDER FUER SORTIERMASCHINEN
5 364 LIT.UEBER ABSACKVORRICHTUNGEN AN SORTIERANLAGEN

WASCHEN

9 321 WASCH-,SORTIER-UND VERPACKUNGSANLAGEN
5 351 BUERSTENREINIGUNGSMASCHINEN

SONSTIGE AUFBEREITUNG

5 347 KOSTEN U.VERLUSTE BEIM EINMIET.EINSAEUERN U.FLOCKENHERST.
5 353 CHIPS KARTOFFELFLOCKEN U.PUDER HERSTELLUNG KONSERVIERUNG
5 353 HERSTELLUNG U.KONSERVIERUNG V.GEFRITTETEN KARTOFFELN
5 351 ABSACKWAAGEN. ABTUETUNGSMASCHINEN
5 282 ABFUELLEINRICHTUNGEN MIT PAPIERSAECKEN
5 354 KARTOFFELMISCHSILAGE FUER MASTSCHWEINE

LAGERUNG

9 332 LITERATUR UEBER LAGERUNGSVERLUSTE
5 353 KONSERVIERUNG MIT IONISIERENDEN STRAHLEN
8 275 IONISIERENDE BESTRAHLUNG ZUR KEIMUNGSVERHINDERUNG
5 353 ISOPROPYLPHENYLCARBAMAT ALS KEIMHEMMUNGSMITTEL
5 353 KURZZEITIGE LAGERUNG GESCHAELTER KARTOFFELN
6 339 BELUEFTBARE GROSSMIETEN
6 339 UNTERDACHLAGERUNG IN VERBINDUNG MIT SORTIERPLATZ
7 506 LAGERRAEUME MODERNE BAUGESTALUNG
7 342 VERGLEICH VERSCHIED.TYPEN VON LAGERRAEUMEN
9 597 LAGERRAEUME FUER LOSE UND KISTENLAGERUNG
9 598 BAULICHE ENTWICKLUNG V.UNTERDACHLAGERUNG IN HANNOVER
8 515 LAGERHAUS FUER LANDWIRTSCHAFTSBETRIEBE
9 599 ZWEIGESCHOSSIGES GEBAEUDE FUER LAGERUNG V.GESACKT.WARE

```
5 352 KARTOFFELN LAGERHAEUSER ABTRENNG.DER PARTIEN DURCH BOXPALETTEN
9 596            LAGERHAUS  WAERMEDAEMMUNG
9 321            TEMP.EINFLUSS IM LAGER AUF VERBREITUNG V.KRANKHEITEN
8 513            BELUEFTUNG VON LAGERRAEUMEN
7 343            AUSREICHENDE BE-UND ENTLUEFTUNG DER BOXEN
5 353            LAGERHAEUSER KUEHLUNG MIT AUSSENLUFT IN DEN NIEDERLANDEN
6  79            LEUCHTSTOFFLAMPEN ZUM VORKEIMEN

9 456 KARTOGRAPHIE WALDBESTIMMUNG MIT HILFE VON LUFTBILDERN
      KARUSSELL-MELKSTAENDE S.UNTER MELKSTAENDE
7 515 KATATHERMOMETER ERMITTLG.V.WAERMEEINHALTSDIFF.ELEKTR.KATATHERMOMETER
      KEGELDRESCHMASCHINEN S.UNTER DRESCHEN
8  34 KEIL THEORIE DER BEWEGUNG IN SCHUETTBAREM STOFF
8  21 KEILWELLEN MIT KUGELFUEHRUNG  ANPASSUNG AN ANFORDERUNGEN
9 537 KELLER SCHUTZ VOR FEUCHTIGKEIT
8 441 KERAMIK GROBKERAMIK FUER LANDWIRTSCHAFTLICHE BAUTEN
5 698         KERAMIKZIEGEL ALS WANDVERKLEIDUNG FUER SILOS
9 549         ALS MATERIAL FUER WASSERLEITUNGEN
      KERNOBST S.UNTER OBSTBAU
9  12 KERNTECHNIK UMRECHNUNG ENGL.AMER.MASSEINHEITEN
9 427 KESSELHAEUSER ANFORDERUNGEN AN DEN BAU
6 500 KETTEN IN DER FORSTWIRTSCHAFT
8 355        RUD-FORSTKETTEN NATTER  BOA UND VIPER
9 156 KETTENFOERDERER FUER FUTTERTRANSPORT
      KETTENSAEGEN S.UNTER MOTORSAEGEN
      KETTENTRAKTOREN S.AUCH HOLZTRANSPORT
                      ALLGEMEINES
8  61                 VERGL.V.VIERRAD-U.KETTENANTRIEB BEI LANDW.ARBEITEN
5  82                 TENDENZEN DER ENTWICKLUNG VON INDUSTRIETRAKTOREN
7 132                 SCHWINGUNGEN AM RAHMEN UND FAHRERSITZ
6 126                 BAUREIHE LUFTGEKUEHLTER TRAKORMOTOREN
5 115                 MOTOR D 54
                      EINSATZ
8 329                 FUER DEN WEINBAU
5 106                 ARBEIT MIT ANBAUGERAETEN
9 462                 RODEN VON BUSCHWERK
8 357                 ANLAGE U.BEARBEITEN V.TERRASSEN U.BEWALDUNGSSTREIFEN
                      BAUARTEN  TYPEN
6 146                 ANFORDERUNGEN AN ENTWICKLUNGSSTAND
5 104                 AUSWAHL OPTIMALER KENNWERTE
5  85                 ERLAEUTERUNG VON TYPENTAFELN DER BRD
5  83                 PROJEKT FUER DIE KUENFTIGE TYPENREIHE DER SU
9  85                 1966 BIS 70 TYPENREIHEN DER SU  UEBERSICHTSSCHEMA
5 105                 MASSE-LEISTUNGSVERHAELTNIS SOWJET.U.AUSLAEND.TRAKT.
7   5                 1964 GRUENES BUCH
8 431                 BTD 5
```

7 125 KETTENTRAKTOREN DT 55 ARBEIT IM TORFMOOR
9 472 BOLGAR MECH.V.FORSTKULTURARBEITEN
8 330 KLEINRAUPE ITMA FUER DEN WEINBAU
9 517 JAPANISCHE TYPEN VON KOMATSU
5 500 LOMBARDINI ALS WEINBERGTRAKTOR
6 457 65 MASSEY FERGUSON
7 450 NALLE EINE WEITERENTWICKLUNG DES BAMSE
9 110 ORSI
9 516 PLOUGHMASTER SECHS VON ROADLESS TRACTION LTD.
9 149 S 100
9 517 SAME 360 C UND SAME ARIETE
7 119 T 75 MIT AUTOMAT.LENKUNG ALS GLIED-V.REGELKREIS
7 474 TDT 40M HOLZRUECKEN
7 473 TDT 40 KRAFTSTOFFVERBRAUCHSNORM BEIM HOLZRUECKEN
7 474 TDT 60 HOLZRUECKEN
7 TDT 60 EINSATZ BEIM HOLZRUECKEN
LAUFWERK KUPPLUNG LENKUNG
6 146 ANFORDERUNGEN AN KETTENFAHRWERK UND VERSCHLEISS
7 124 VERGLEICHSWERTE V.METALL-U.LUFTKETTEN
5 124 LEBENSDAUER VON FAHR-UND WENDEKUPPLUNGEN
5 124 WENDEKUPPLUNGSSCHEIBEN AUS KUNSTSTOFFEN
6 149 DRAHTLOSE FERNSTEUERUNG AUF DER STRASSE
9 403 FERNLENKUNG UEBER EIN KABEL
7 467 KIEFER RINDE ALS ROHSTOFF DER CHEMISCHEN INDUSTRIE
8 466 KINDERGAERTEN KOMPLEXSERIE VON SOWJETISCHEN TYPENPROJEKTEN
7 531 EXPERIMENTALBAUTEN MIT GROSSPLATTEN
7 32 KINEMATIK ANWENDUNG AUF LANDTECHN.GEBIET
9 610 KIPPER MOTORKIPPER
7 496 HYDRAULISCHER HOCHKIPPER VON TAARUP
9 502 AUTOKIPPER MAZ 205 MIT HAENGER VERLEGEN V.EISENBETONPLATTEN
5 162 FUER LOSETRANSPORT V.GETREIDE FUTTER-U.DUENGEMITTEL
9 435 KIRSCHEN PFLUECKKRAFTAUFWAND IN ABHAENGIGK.V.REIFESTAD.
8 322 MASCHINELLE ERNTE
5 486 BERICHT UEBER DIE MASCHINELLE ERNTE
7 428 VERSUCHE IN DEN USA ZUR MECH.ERNTE
5 487 MASCHINELLE SAUERKIRSCHENERNTE MIT OBSTBAUMVIBRATOR
8 323 VIBRATOR FUER DIE ABERNTUNG VON BAUMOBST
8 324 WACKER ES 8 TRAGBARER ELEKTROVIBRATOR
7 404 KISTENSTAPLER EINSATZ IM OBSTBAU
7 196 KLAERSCHLAMM BERECHNUNG DES ABSETZENS IN ABSETZBECKEN
7 415 KLAMMERVEREDLUNG RATIONALISIERUNG DER REISVEREDLUNG
7 37 KLEBEN DREHMOMENTUEBERTRAGUNG IN GEKLEBTEN WELLEN NABENVERBINDUNGEN
6 31 SPEZIALKLEBER FUER FAHRZEUG-UND KAROSSERIEBAU
7 40 APPARAT ZUM KLEBEN VON PLASTFOLIEN
6 30 SPANNUNGSVERTEILUNG IN METALLKLEBEVERBINDUNGEN
6 311 KLEE DREIPHASENERNTE VON SAMENROTKLEE
9 281 UMRUESTUNG V.MAEHDRESCHER FUER LUZERNE U.KLEESAATENERNTE
5 328 OPS 2 STEIGSICHTER FUER REINIGUNG UND SORTIERUNG
7 335 KLEESEIDE ELEKTROMAGNETISCHE AUSSORTIERUNG
8 122 KLEIBODEN GERAETEKOMBINATION FUER SAATBETTBEREITUNG

KLENGEN S.UNTER FORSTSAMEN
5 626 KLIMAANLAGEN MESS-UND REGELTECHNISCHE AUSSTATTUNG VON ANLAGEN
9 391 REGELEINRICHTUNGEN
5 143 EINBAU IN DIE FAHRERKABINE
6 292 IM FAHRERSTAND DES MAEHDRESCHERS JOHN DEERE 95RC
8 497 FUER ABFERKELSTAELLE
KLIMATECHNIK STALLKLIMA S.DORT .
9 538 XVIII. KONGRESS FUER HEIZUNG LUEFTUNG KLIMATECHNIK
8 466 KLUBHAEUSER KOMPLEXSERIE VON SOWJETISCHEN TYPENPROJEKTEN
7 531 EXPERIMENTALBAUTEN MIT GROSSPLATTEN
8 266 KOCHEN WANDEL ALTER BEGRIFFE UNTER EINFL.DER VERWENDG.V.ELEKTROENERGIE
9 392 LEISTUNGSMERKMALE V.TRANSPORTABLEN ELEKTR.GERAETEN
S.AUCH HERDE
5 440 KOCHGESCHIRR ELEKTROKOCHGESCHIRRE AUS EMAILLIERTEM STAHL
7 384 BODENDICKE BEIM ELEKTROGESCHIRR
7 385 MEHRZWECKGERAET ZUM DRUCKKOCHEN U.STERILISIEREN PRUEFB.
KOEPFEINRICHTUNGEN S.UNTER RUEBEN.. ERNTE
5 60 KOERNERFRUECHTE UNTERSUCHUNG VON TRIEUREN
5 360 EIGENSCHAFTEN EINFL.DER GLEICHMAESSIGK.AUF DEN ERTRAG
7 334 SICHTEN NACH DER KOERNERFORM
5 360 BEWERTUNG DER MASCHINELLEN SAATGUTSICHTUNG
9 11 REINIGEN U.SORTIEREN HANDBUCH
8 207 SIEBUNGSGUETE BEWERTUNG
7 328 NEUE MASCHINEN FUER REINIGEN UND SORTIEREN
5 325 AUTOMAT.SAATGUTBEREITUNG NACH DEM FLIESSVERFAHREN
5 326 EINHEITSPROJEKTE FUER SAATGUTBEREITUNG U.TROCKN.ANLAG.
5 330 WINDSICHTUNG IN EINEM SENKRECHTEN KANAL
8 205 STAERKE DES LUFTSTROMS BEI KOERNERREINIGUNG
8 206 ERMITTLUNG DER ABMESSUNGEN EINES PRUEFSTEIGSICHTERS
5 328 OPS 2 STEIGSICHTER FUER REINIGUNG UND SORTIERUNG
7 328 SORTIERMASCHINE MIT ENDLOSEM METALLBAND
5 327 OS 4 5 SAATGUTBEREITER
7 333 ELEKTRONISCHE SORTIERMASCHINE ELEXO CO
7 333 SORTIERMASCHINE SORTEX
7 335 ELEKTROMAGNETISCHE AUSSORTIERUNG VON KLEESEIDE
5 327 SCHNECKENTRIEUR ZMEJKA
S.AUCH SAATGUT
S.AUCH UNTER GETREIDE
S.AUCH DIE EINZELNEN KOERNERFRUECHTE
KOERNERGEBLAESE S.UNTER GETREIDE.. TRANSPORT
KOERNERMAIS S.UNTER MAIS
8 326 KOHL NEUES ANGIESSGERAET FUER SCHAEDLINGSBEKAEMPFUNG
9 432 MASCHINEN FUER DIE FLIESSENDE WEISSKOHLERNTE
5 503 ERNTE MASCHINE DIE NACH MASCHENPRINZIP ARBEITET
6 271 ERNTE MIT SCHLEGELERNTER
9 430 KOPFKOHL ELEKTRONISCH-MECH.ARBEITENDE VOLLERNTEMASCHINE
8 289 KOHLENDIOXYD MESSGERAET ZUR FESTSTELLUNG DER KONZENTRATION

8	22	KOHLENDIOXYD	SCHUTZATM.ERNEUERUNG V.TEILEN DURCH AUFSCHWEISSUNG
8	287	KOHLRABI	TECHNOLOGIE DES ANBAUES UNTER GLAS
6	306	KOHLRUEBEN	ERNTE MASCHINENVORFUEHRUNG
6		KOLBENRINGE	S.UNTER MOTOREN
		KOLCHOSEN	DORFPLANUNG S.DORT
5	51		MESSUNG ANALYSE U.PLANUNG DER ARBEITSPRODUKTIVITAET
5	50		ARBEITSNORMUNG METHODISCHE GRUNDSAETZE
5	642		PLANUNG UND BAU IN BELORUSSLAND
7	520		PLANUNG U.BEBAUUNG DES ZENTRUMS V.KOLLEKTIVWIRTSCHAFT
7	456	KOMPOST	KOMPOSTIERUNG VON BAUMRINDE
5	530		MECHANISIERUNG DER AUFBEREITUNG
5	465		EINFLUSS V.UMSETZGERAETEN AUF STRUKTUR
7	497		UMSETZGERAET PN
8	288		AUFBEREITUNGSMASCHINE MIT ZAPFWELLENANTRIEB
5	465		FRAESE DES INST.FUER LANDTECHNIK POTSDAM-BORNIM
5	660	KONSERVENFABRIK	ANLAGE IN DER UKRAINE
		KONSERVIERUNG	GEFRIER-UND KUEHLKONSERVIERUNG S.DORT
			SILIEREN S.DORT ; TROCKNUNG S.DORT
8	332		KONGRESS UEBER ENTWICKLUNG DER KONSERVENINDUSTRIE
8	276		VON FRISCHEM UND GEKOCHTEM FLEISCH
7	394		VERFAHREN FUER DEN LAENDL.HAUSHALT FACHBUCH
7	391		V.LEBENSMITTELN DURCH IONISIERENDE STRAHLEN
8	275		STRAHLENKONSERVIERUNG VON FRUEHSTUECKSPECK IN DEN USA
6	386		WARNUNG VOR ANWENDUNG IONISIERENDER STRAHLEN
7	390		ABLEHNUNG DER ANWENDUNG IONISIERENDER STRAHLEN
7	385		MEHRZWECKGERAET ZUM DRUCKKOCHEN U.STERILISIER.PRUEFB.
		KONTAKTTROCKNUNG	S.UNTER GETREIDE.. TROCKNUNG
7	173	KONTURDAEMME	BAU MIT SCHAR-UND SCHEIBENPFLUEGEN
		KONUSDRESCHMASCHINEN	S.UNTER DRESCHEN
7	77	KORROSION	VON ZYLINDERN UND VENTILSITZEN VERHINDERUNG
9	74		MOT. WERKSTOFFZERSTOERUNG IN KUEHLWASSERRAEUMEN
5	437		U.RUSSBILDUNG BEI VERWENDUNG V.HEIZOELEN
6	26		UND CHEMISCHE MITTEL
6	36		ROSTSCHUTZMITTEL FUER UNGESTRICHENE FLAECHEN
6	416		SCHUTZ FUER FEUERVERZINKTE STAHLKONSTRUKT.DURCH ANSTRICH
5	25		FARBEN ZUM SCHUTZ
6	25		BEDEUTUNG V.SCHICHTDICKE BEI SCHUTZANSTRICHEN
7	46		SERIE V.SCHUTZ-PRAEPARATEN DER FA. PLUS GAS
9		KOTGRUBEN	S.UNTER HUEHNERSTAELLE
7	462	KRAENE	BOCK-UND TURMKRAENE MIT SCHUETTELGREIFERN
9	483		KKU 7 5 BOCKKRAENE
8	375		HYDRAULISCHE HEBEKRAENE
8	375		HYDRAUL.HEBEKRAENE VON SOEDERLUND UND LINDSTROEM
5	240		HEUBERGUNG MIT HYDRAULISCHEM SCHWENKKRAN
5	578		LADEKRAENE IN DER FORSTWIRTSCHAFT
5	575		DERRICKKRAENE ZUM HOLZVERLADEN
5	573		KABEL-KRAN ZUR LANGHOLZUMLADUNG
7	461		KKU 7 ZUM STAPELN VON RUNDHOLZ

8 375 KRAENE KRAN POCLAIN
8 375 GABELGREIFER VON AB.HYDROPELL UND KEWACO
5 579 SEILKRAN MIT BEWEGLICHEM TRAGSEIL ZUM STAPELN VON RUNDHOLZ
6 509 LKW MONTIERTE HIAB UND TICO LADEKRAENE
6 498 ZWEISEILKABELKRAN FUER VERLADEARBEITEN
S.AUCH UNTER.. HOLZVERLADEN
6 3 KRAFTANLAGEN AUFGABEN DER LANDTECHNIK IN DIESEM JAHRZEHNT
KRAFTFAHRZEUGE EINACHSTRAKTOREN S.DORT
KETTENTRAKTOREN S.DORT
LKW S.DORT
TRAKTOREN S.DORT
8 49 RICHTLINIEN ZUR WAHL LANDW.MOTORFAHRZEUGE
7 126 BERECHNUNG DER BREMSLEISTUNG VON BREMSEN
7 127 SCHWUNGMASSENPRUEFSTAND FUER KRAFTFAHRZEUGBREMSAGGREG.
5 136 VERHALTEN DES AUTORADES IN DER KURVE
9 123 TEMPERATUR WAEHREND DES KUPPLUNGSVORGANGES
9 139 ERMUEDUNGSARMER SITZ
9 47 LIT.UEBER INSTANDSETZUNG
9 61 LEBENSDAUERPRUEFUNG V.BAUTEILEN
9 152 FACHBEGRIFFE IN RUSSISCH UND ENGLISCH
9 152 FACHBEGRIFFE IN FRANZOESISCH UND DEUTSCH
KRAFTHEBER S.UNTER TRAKTOREN
6 58 KRAFTMESSER AB 20 ZUR KRAFTBESTIMMUNG IN ANTRIEBSKETTEN
6 133 KRAFTSTOFFE VERSUCHE MIT EINEM MARKENKRAFTSTOFFZUSATZMITTEL
9 11 UND SCHMIEROELE HANDBUCH
6 91 GESCHWINDIGK.DER DRUCKWELLEN IN KRAFTSTOFFLEITUNGEN
6 97 VERHALTEN SCHWERER BRENNSTOFFE IM DIESELMOTOR
6 85 MOTOREN VERSUCHSERGEBNISSE BRENNSTOFFARBEITSDRUCK
6 111 TRAKTORBETRIEB BEI AUSFALL VON KRAFTSTOFFEN
9 84 KRAFTSTOFFZELLEN LITERATUR
5 470 KRAGENFAEULE RAPS ZUR ENTSEUCHUNG DES BODENS IM OBSTBAU
KRAUTRUPFMASCHINEN S.UNTER KARTOFFELN
8 KREISELHEUER S.UNTER HEUERNTE
KREISSAEGEN S.UNTER SAEGEN
KUECHEN LUEFTUNG S.DORT
5 439 PLANUNG U.WIRTSCHAFTLICHKEIT V.ELEKTROGROSSKUECHEN
8 262 BESCHREIBUNG EINER PRAKTISCHEN KUECHENKOMBINATION
6 368 MODERNE EINBAUKUECHE
9 378 LANDW.VERSUCHSKUECHE
5 452 EXTRAKTIONSHAUBE MIT EINGEBAUTEM ZENTRIFUGAL-VENTILATOR
7 374 HEISSWASSERVERSORGUNG
KUECHENHERDE S.UNTER HERDE

8 286 KUECHENMASCHINEN HAUSRAT- UND EISENWARENMESSE KOELN
S.AUCH UNTER MIXEN
8 KUEHLMATTEN S.UNTER GEWAECHSHAEUSER
KUEHLSCHRAENKE S.UNTER GEFRIER- U.KUEHLKONSERVIERUNG
5 378 KUEKENAUFZUCHT PRODUKTION IN SPEZIALBETRIEBEN IN DER CSSR
6 600 INTERNAT.PRUEFUNG V.ANLAGEN FUER BROILERAUFZUCHT
5 376 IN DEN USA
5 403 REISEBERICHT AUS DEN USA
5 387 VON ENTENKUEKEN AUF METALLROSTEN
5 692 KUEKENSTAELLE MEHRZWECKSTALL IN BARACKENBAUWEISE JUNGHENNENAUFZUCHT
8 224 JUNGHENNENAUFZUCHT MIT WARMLUFTWERFERN
KUENSTLICHE TROCKNUNG S.TROCKNUNG
S.AUCH DIE EINZELNEN ERNTEGUETER
KULTIVATOREN S.UNTER GRUBBERN
5 659 KULTURBAUTEN KULTUR- UND BILDUNGSZENTREN IN LANDORTEN
7 534 KULTURHAEUSER BEI WETTBEWERBEN AUSGEZEICHNETE ENTWUERFE
KULTURPFLEGE S.UNTER PFLEGE VON FORSTLICHEN KULTUREN
KUNSTSTOFFE DRAINROHRE S.UNTER DRAINAGE
FOLIENZELTE S.DORT
8 19 TECHNIK
6 22 UEBERSICHT DER ENTWICKLUNG DER PLASTISCHEN STOFFE
7 35 ANWENDUNG THERMOPLASTISCHER KUNSTSTOFFE
5 26 NEUE VERWENDUNGSZWECKE
6 23 IN DER LANDWIRTSCHAFT
7 38 IN DER LANDWIRTSCHAFT
7 42 IN DER LANDWIRTSCHAFT
7 39 BERICHT VON DER INTERNAT.FACHMESSE
7 364 ERFAHRUGEN MIT EINEM KUNSTSTOFFJAUCHEFASS
8 316 IM GARTENBAU FACHBUCH
6 404 BLUMENTOEPFE AUS KUNSTSTOFF
VERWENDUNG IM BAUWESEN
5 615 IM BAUWESEN
9 525 IM LANDWIRTSCHAFTLICHEN BAUWESEN
9 610 ALS BAUSTOFFE
5 377 ALS BAUMATERIAL IN LEGEHALLEN
5 478 ALS BAUSTOFF FUER GEWAECHSHAEUSER
6 417 POLYESTERPLATTEN FUER GEWAECHSHAEUSER
6 419 LICHTDURCHLAESSIGKEIT GLASFASERVERSTAERKT.POLYESTERPLATTEN
9 422 UNGESAETTIGTE POLYESTERHARZE ALS GEWAECHSHAUSBAUSTOFF
VERWENDUNG IM MASCHINENBAU
9 37 PLASTE LANDMASCHINENBAU
9 24 RINGFOERMIG.PLASTELEMENTE ZUR MAGNETSPEICHERG.
9 32 PRUEFSTANDVERSUCHE MIT GLEITLAGERN
5 124 BELAEGE FUER WENDEKUPPLUNGSSCHEIBEN
7 11 FAESSER FUER PFLANZENSCHUTZMITTEL

7 43 KUNSTSTOFFE PRAEPARIEREN V.STYLON-U.KURALON-NETZGEWEBE MIT KABELMASSE
6 31 SPEZIALKLEBER FUER FAHRZEUG-UND KAROSSERIEBAU
FOLIEN
7 40 APPARAT ZUM KLEBEN VON PLASTFOLIEN
8 365 NADELHOLZSAATEN ZWISCHEN PVC-FOLIE
9 463 MULCHIERFOLIEN ODER TORFMULCHE IM PFLANZGARTEN
9 309 FOLIENABDECKUNG VON ERDSILOS
5 498 FROSTSCHUTZ IM GARTEN DURCH PLASTIKFOLIEN
6 421 BAU UND EINSATZ VON FOLIENGEWAECHSHAEUSERN
6 420 ANWENDUNGSMOEGLICHKEITEN V.FOLIEN IM GARTENBAU
5 25 FAHRERKABINEN MIT FOLIEN
ROHRLEITUNGEN
9 549 ALS MATERIAL FUER WASSERLEITUNGEN
5 463 WASSERVERSORGUNG POLYAETHYLENROHRE ECEPOLEN
7 191 ROHRE U.SCHLAEUCHE BEI DER FELDBEREGNUNG
7 407 ROHRE BEREGNUNGSSYSTEME FUER OBSTBAU
9 187 ANWENDUNG BEI DRAINARBEITEN
7 427 ROHRE IM GARTENBAU
7 508 ANWENDUNG VON PLASTROHREN IM LAENDLICHEN BAUWESEN

6 511 KUTTER PS 5 UEBERWACHEN ETAPPENWEISER TRIFT

LADEN VON HEU S.UNTER HEUERNTE
VON STALLMIST S.UNTER STALLMIST
VON STROH S.DORT
FRONTLADER S.UNTER TRAKTOREN
VON HOLZ S.UNTER HOLZVERLADEN
S.AUCH DIE EINZELNEN LADEGERAETE
9 160 VOLUMINOESER GUETER IN DER LANDWIRTSCHAFT
9 159 BE-UND ENTLADUNG LANDWIRTSCHAFTLICHER GUETER LIT.
8 134 VORGAENGE BEIM EINDRINGEN DER SCHAUFEL IN SCHUETTGUT
8 144 GESUNDH.SCHAEDEN BEIM UM-UND VERLADEN VON DUENGEKALK
9 156 VERLADEN U.TRANSPORT V.FUTTERMITTELN
8 87 MASCHINEN FUER LANDW.GUETER
5 606 SPEZ.SELBSTFAHRENDE LADEGERAETE
6 166 T 176 SCHNELL-LADER DES VEB FOERDERBAU FALKENSEE
6 165 VOLLAUTOMAT.KOMB.FAHRLADEGERAET MIT SELBSTTAET.FOERDERGUTAUFN.
5 530 SELBSTFAHRENDER LADER EINSATZ ZUR KOMPOSTAUFBEREITUNG
8 136 4004A SELBSTFAHRENDER ELEKTROLADER
5 251 SCHNELLAUFENDER LADEFOERDERER
9 2 SPEZIALMASCH.MIT LADEEINRICHTUNGEN ABGELOEST
5 142 BERECH.DER NUTZUNGSDAUER V.HYDRAULIKPUMPEN BEI LADEGERAETEN
6 122 GREIFERLADER FUER MASCHINENTRAEGER
8 91 GERAET MP 15 FUER STAUBFOERMIGES MATERIAL
8 136 MASCHINEN FUER MINERALDUENGER
5 162 EIN-UND ABFUELLTRICHTER EINSATZ BEIM LOSETRANSPORT VON GUETERN
7 497 GETREIDEUMLADER DREI PS 100 S
7 275 MECHANISCHES LADEN VON GRUEN-UND DUERRFUTTER

7 307 LADEN VON GRUENERBSEN
5 273 MECHANISIERUNG DER STROHBERGUNG
9 265 VON LANGGUT UEBERSICHT UEBER MASCHINEN
7 497 RAUHFUTTERLADEGERAET NPK EINHUNDERTSECHSIG
6 278 LADEGERAET FUER GRAS UND HEUBALLEN
6 277 HOLL. UND ENGL.BALLENLADEGERAETE
8 88 VORRICHTUNGEN FUER WAGEN
8 89 ZUSAMMENLEGBARE RAMPE AUF RAEDERN
8 170 LADEWAGEN KOMB.VON LADEMASCHINE UND WAGEN
7 266 EINGLIEDERUNG IN ARBEITSKETTE
5 250 BETRIEBSWIRTSCHAFTL.GESICHTSPUNKTE BEIM EINSATZ
5 250 AUFSAMMELLADEWAGEN LADER ODER FELDHAECKSLER
5 249 ABLEHNUNG
9 265 LADEN VON LANGGUT
9 270 TRANSPORTIEREN UND ABLADEN MIT SELBSTLADEWAGEN
7 267 KOELA VIELZWECKSELBSTLADEWAGEN
LAERMBEKAEMPFUNG S.UNTER GERAEUSCHE
8 20 LAGER DAUERFESTIGKEIT VON GLEITLAGERWERKSTOFFEN
9 33 WAELZLAGERTECHNIK IM LANDMASCHINENBAU
5 25 AUS SINTERMETALL.
6 20 AUSTAUSCH VON METALLEN GEGEN PLASTWERKSTOFFE
9 32 PRUEFSTANDVERSUCHE MIT KUNSTSTOFFGLEITLAGERN
9 37 PLASTEGLEITLAGER
5 25 DANAMID WEISSES ODER SCHWARZES POLYAMID
8 513 LAGERBAUTEN LUEFTUNG VON LAGERRAEUMEN
8 450 THERMOSTAT FUER KUEHLUNG VON RAEUMEN BEI ZWANGSBELUEFTUNG
S.AUCH UNTER.. GEMUESEBAU; KARTOFFELN; OBSTBAU
9 9 LAGERUNG TECHNISCHER FORTSCHRITT
7 14 LANDESKULTUR KLEINE ENZYKLOPAEDIE LAND FORST GARTEN
7 25 IN DER LANDWIRTSCHAFT
5 643 IN DER DDR
LANDMASCHINEN GLIEDERUNG HINWEISE
ALLGEMEINES
UEBERSICHTEN
EINSATZ
ENTWICKLUNG GESTALTUNG
FERTIGUNG
BAUTEILE
PRUEFUNG
PFLEGE

HINWEISE
EINSTELLRAEUME, INSTANDSETZUNG, UNFALLSCHUTZ S.DORT
VERSCHLEISS, WERKSTOFFE S.DORT
S.AUCH DIE EINZELNEN MASCHINEN

ALLGEMEINES

7	25	LANDMASCHINEN	STANDARDISIERUNG
7	34		HAUPTRICHTUNGEN FUER DIE MODERNISIERUNG
6	8		FORDERUNGEN DER MASCHINENBAUER AN LANDW.WISSENSCHAFT
6	46		TREND NACH LEISTUNGSFAEHIGEREN MASCHINEN
6	46		TREND NACH GROESSEREN MASCHINEN
5	503		AUFBAU DES VISCHOM IN DER SU
8	85		AUF FAHRER EINWIRKENDE VERTIKALSCHWINGUNGEN
7	89		LAERMBEKAEMPFUNG
7	18		ALLGEMEINE MASCHINENKUNDE
9	15		BESCHREIBUNG THEORIE UND NUTZUNG
5	8		GRUNDLAGEN UND WIRKUNGSWEISE DRITTE AUFLAGE
9	14		VDI HANDBUCH
5	10		FARM MANAG.HANDBOOK INPUT CUTPUT A.EFFICIENCY STANDARDS
7	21		DICTIONARY OF AGRICULTURAL ENGINEERING.HANDBOOK
7	13		MASCHINENKUNDE FUER PRAXIS SCHULE UND BERATUNG
7	24		LABORATORIUMSUEBUNGEN ZUR LANDMASCHINENLEHRE
5	9		WOERTERBUCH DER LANDW.ERGAENZUNGSBAND ITALIENISCH
			UEBERSICHTEN
9	1		BESATZ ZAHLENANG.V.SOZ.U.KAP.LAENDERN
9	8		1964 MASCHINENKATALOG
7	5		1964 GRUENES BUCH
7	5		1964 GRUENES BUCH WINTER
6	535		BUYERS GUIDE
7	497		1963 AUF DER MESSE IN POZNAN
7	498		1963 INTERNATIONALE MESSE IN POZNAN
8	428		AUF DER IV. INTERNATIONALEN MESSE IN BRNO
8	431		ROYAL SMITHFIELD AUSSTELLUNG
			EINSATZ
9	57		EINSATZ IN TROPISCHEN VERHAELTNISSEN
9	11		HANDBUCH FUER NUTZUNG
9	151		ARBEITSORGANISATION DES MASCHINEN TRAKTORENPARKES
9	18		BERECHNUNG DES MASCHINENBEDARFS
5	169		EINSCHAETZUNG DES ERFORDERL.MASCH.PARKS ZUR BODENBEARB.
5	169		EINSCHAETZUNG DES ERFORDERL.MASCH.PARKS ZUR ERNTE
9	18		BETRIEBSLEHRE
7	15		GESCHWINDIGKEITSERHOEHUNG BEI MASCH.U.SCHLEPPERAGGREG.
8	7		HOEH.PRODUKTIVITAET DURCH STEIGERG.ARBEITSGESCHWINDIGK.
5	90		HOEHERE ARBEITSPRODUKTIVITAET BEI GESCHWINDIGK.ERHOEHG.
6	290		MIT REGELEINRICHTUNGEN EINSATZ
9	403		AUTOMATISCHE LENKUNG DER ARBEITSWERKZEUGE
9	147		ANWENDUNGSNORMEN DER STRASSENVERKEHRSORDNUNG
7	67		KAPAZITIVE AUFLADUNG UNTER HOCHSPANNUNGSLEITUNGEN
			ENTWICKLUNG GESTALTUNG
7	31		PROBLEME DER MODERNEN MASCHINENMECHANIK
7	19		KENNWERTE
8	29		TECHNISCHE UND WIRTSCHAFTLICHE KENNWERTE
7	20		GROESSEN U.MASSEINHEITEN DER WICHTIGSTEN PARAMETER

6	60	LANDMASCHINEN	DIE ERRECHNETE UND TATSAECHLICHE MASSE
9	29		STANDARDISIERUNG
9	31		STAND DER NORMUNGSARBEIT
9	30		TECHN.STANDARDS DER INDUSTRIE
6	29		FRAGEN DER UNIVERSELLEN AUSFUEHRUNG
9	134		EINHEITLICHE DREIPUNKT-ANSCHLUSSMASSE
9	57		TECHN.FORMGEBUNG
7	32		BEDEUTUNG DER KINEMATIK FUER DEN BAU
9	26		RUF NACH LEICHTZUSAMMENSETZBAREN MEHRZWECKMASCH.
7	34		ANWENDUNG DER LEICHTBAUWEISE
9	10		AUTOMAT.DER ARBEITSVORGAENGE IN MASCH.
9	48		NACHSCHLAGEWERK FUER DIE REGULIERUNG
7	33		ANPASSUNG VON MASCHINENTEILEN AN DEN MENSCHEN
9	92		BERUECKSICH.V.ARBEITSSCHUTZ BEI KONSTRUKTION
			FERTIGUNG
6	9		ENTWICKLUNGSRICHTUNGEN DER TECHNOLOGIE IN DER INDUSTRIE
5	3		INTERNAT.SPEZIALISIERUNG IN DER PRODUKTION
5	5		PERSPEKTIVEN IM BAU IN DER DDR
6	2		ENTWICKLUNG UND PRODUKTION IN DER CSSR
7	11		FUENFUNDSIEBZIG JAHRE HOLDER
9	38		ABWAELZVORRICHTG.ZUM OBERFLAECHENVERDICHTEN V.WELLEN
			BAUTEILE
9	28		GESETZMAESSIGK.DER SPANNUNGSVERTEILG.AN BAUTEILEN
6	21		BERECHNUNG DER DYNAMISCH BEANSPRUCHTEN BAUTEILE
9	34		PROBLEMATIK DER FESTIGKEITSVORHERSAGE V.BAUTEILEN
6	19		SICHERHEIT UND LEBENSDAUER VON BAUTEILEN
9	62		VERSUCHSDURCHFUEHRUNG FUER EINBAUTEILE
9	44		VEREINHEITL.V.BAUGRUPPEN U.EINZELTEILEN
6	37		STAND DER ERSATZTEILVERSORGUNG IN DER DDR
6	11		BERECHNUNG UND EINRICHTUNG VON REGELSYSTEMEN
7	114		B.F. GOODRICH MULTITOR ANTRIEBSSYSTEM
7	34		UMRUESTUNG DER STAT.MASCH.AUF ELEKTR.ANTRIEB
6	136		HYDROSTATISCHE ANTRIEBE
9	122		HYDROSTATISCHER ANTRIEB
5	155		LITERATUR UEBER HYDRAULIKVORRICHTUNGEN
9	35		SEILE ALS TRANSMISSIONSWELLEN
8	21		KEILWELLEN MIT KUGELFUEHRUNG ANPASSUNG AN ANFORDERUNG.
7	37		DREHMOMENTUEBERTRAGG.IN GEKLEBT.WELLEN NABENVERBINDUNGEN
5	24		FUNKTION DES FREILAUFES
9	33		EINSATZ VON WAELZLAGERN
5	27		KINEMATIK DER RAEUMLICHEN SCHARNIERMECHANISMEN
5	125		GEBRAUCHSFAEHIGE FERNSTEUERUNGEN AMER.FIRMENLISTE
6	148		VERSUCHE ZUR AUTOMAT.LENKUNG BZW.FERNLENKUNG
5	25		NEUE WERKSTOFFE
6	20		AUSTAUSCH VON METALLEN GEGEN PLASTWERKSTOFFE
9	37		BAU ANWENDUNG V.PLASTEN
7	34		VERWENDUNG VON KUNSTSTOFFEN
7	35		ANWENDUNG THERMOPLASTISCHER KUNSTSTOFFE
7	39		KUNSTSTOFFE FUER LAGER ZAHNRAEDER HANDRAEDER GRIFFE

		LANDMASCHINEN	PRUEFUNG
8	33		PRUEFUNG DURCH OEFFENTLICHE INSTITUTIONEN
6	53		PRUEFUNG DURCH STAATLICHE DIENSTSTELLEN
6	51		PRUEFWESEN IN DER DDR
6	52		PRUEFUNGS UND TESTORGANISATION IN POLEN
7	26		1963 TAETIGKEITSBERICHT PRUEFUNGSANSTALT WIESELBURG
6	13		PRUEFUNG JAHRESBERICHT DES NIAE
9	58		PRUEFSTATION IM SCHWED.BEZIRK NORRLAND
8	355		DURCH FORSTTECTN.PRUEFUNGSAUSSCHUSS ANERKANNTE MASCH.
7	451		FORST PRUEFUNG DURCH STAATL.KIROWER PRUEFSTAT.
5	54		BEGRIFFE UND KURZZEICHEN BEI PRUEFUNGEN
9	57		ERPROBUNGSMETHODEN TAGUNGSBERICHT
8	8		ANALYSE DER ZUVERLAESSIGKEIT
8	24		AUSDRUECKE FUER DIE ZUVERLAESSIGKEIT
7	36		ZUVERLAESSIGKEITSANALYSE ANWENDUNG AUF KONSTRUKTION
6	55		WIRTSCH.BEDEUTG.U.MOEGLICHK.VERKUERZT.ERPROBUNGSZEITEN
6	54		ABSTIMM.ABGEKUERZT.MASCH.PRUEF.AUF BEDINGG.V.FELDEINS.
9	63		PRUEFSTANDSUNTERSUCHUNGEN
5	55		MESSMITTEL DES INST. FUER LANDMASCH.TECHN.DER TU DRESDEN
9	59		TRANSPORTABLES MESS—LABORATORIUM
6	58		SPEZIALMESSGERAETE
9	18		MESSEN DER MASCHINENARBEIT
5	57		SPEICHERUNG V.ELEKTR.MESSWERTEN AUF MAGNETBAENDERN
7	58		ELEKTROMAGNET.MODELLUNTERSUCH.V.REGLERN
9	32		PRUEFSTANDVERSUCHE MIT KUNSTSTOFFGLEITLAGERN
8	32		SPANNUNGSABLAUF BEI BETRIEBSFESTIGKEITSVERSUCHEN
6	36		PRUEFUNG VON ROSTSCHUTZPRAEPARATEN
7	56		GERAET ZUR AGROTECHN.BEWERTUNG DER ARBEIT
			PFLEGE
5	37		SAEUBERN NACH DEM EINSATZ
8	25		REINIGUNG MIT DURCH TAUMELROTOREN BEWEGT.DUESENSYSTEM
7	25		ROSTSCHUTZ
9	5	LANDTECHNIK	STAND UND ENTWICKLUNGSTENDENZEN
9	1		1950 BIS 1962 ENTWICKLUNG DER MECHANISIERUNG
7	1		TECHN.REVOLUTION IN LANDWIRTSCHAFT ENTWICKLUNGSTENDENZ
7	4		PERSPEKTIVE DER INDUSTRIELLEN REVOLUTION IN LANDW.
6	32		RGW-SEMINAR ZU FRAGEN DER ENTWICKLUNG
5	43		MECHANISIERUNG DER PRODUKTION
6	3		AUFGABEN IN DIESEM JAHRZEHNT
6	14		LANDTECHN.FORSCHUNG IM STAATE MISSISSIPPI
7	9		WISSENSCHAFT UND PRAXIS
5	6		VERBREITUNG UND POPULARISIERUNG DER TECHNIK
8	10		MECHANISIERUNGSMITTEL IN DER LANDWIRTSCHAFT
7	17		TECHNOL.PROBLEME DER MECH.LANDW.PRODUKTION
9	7		INDUSTRIALISIERUNG DER LANDWIRTSCHAFT
5	2		INDUSTRIALISIERUNG DER LANDWIRTSCH.PRODUKTION
5	1		INDUSTRIALISIER.DER PRODUKTIONSPROZ.ENTWICKL.GRUNDSAETZE

9 3 LANDTECHNIK MASCHINENSYSTEME FUER DIE INDUSTRIEMAESSIGE PRODUKTION
9 4 EINFUEHRUNG INDUSTRIEMAESS.PRODUKTIONSMETHODEN
9 10 AUTOMATISIERUNG IN DER LANDWIRTSCHAFT
5 15 LIT.UEBER TERMINOLOGIE DER AUTOMATISIERUNG
7 10 INDUSTRIE UND LANDWIRTSCHAFT
7 165 MECHANISIERUNG DES ACKERBAUS
5 11 MECHANISIERUNG DER LANDWIRTSCHAFT ZWEITE AUFL.WARSZAWA
9 16 RICHTZAHLEN UND TAB.FUER LANDW.
5 7 LISTE EMPFOHLENER TERMINE
9 163 IM GRUENLANDBETRIEB
8 9 OEKONOMIK DER MECH.AUF ABSCHUESSIGEN FLAECHEN
7 7 ERSCHWERUNGSGRADE FUER TECHNISIER.VON HANGLAGEN
8 5 MASCHINENRING WEG ZUR RENTABLEN VOLLMECHANISIERUNG
9 14 VDI HANDBUCH
7 21 DICTIONARY OF AGRICULTURAL ENGINEERING HANDBOOK
7 14 KLEINE ENZYKLOPAEDIE LAND FORST GARTEN
6 12 NACHRUF FUER GUSTAV FISCHER

8 1 ENTWICKLUNG U.STAND IN WESTEUROPAEISCHEN LAENDERN
7 2 INTENSIVIERUNG DER LANDW.PRODUKTION IN BULGARIEN
6 6 LANDWIRTSCHAFT IN FINNLAND
6 5 IN GROSSBRITANNIEN
8 3 UEBERBLICK IN HOLLAND
8 2 MECHANISIERUNG DER LANDWIRTSCHAFT IN INDIEN
6 4 IN JAPAN
7 6 BERGLAND VON NORD-NIGERIA MECHANISIER.DER FELDARBEITEN
7 164 TECHNIK DES ACKERBAUS IN POLEN
9 13 LANDWIRTSCHAFT IN VOLKSPOLEN
6 7 BEWIRTSCHAFTUNGSPROBLEME IN THAILAND
7 3 ENTWICKLUNG DER UNGARISCHEN LANDWIRTSCHAFT
9 2 MECHANISIERUNG DER LANDWIRTSCHAFT IN DEN USA
9 179 MECHANISIERUNG DER LANDWIRTSCHAFT IN DEN USA

5 13 LANDWIRTSCHAFT 1946 BIS 1948 GEBIET D.DDR LIT.UEBER ENTWICKL.D.LANDW.
7 30 SCHLAGWORTREG.V.SACHKATALOG.DTSCH.BUECHEREI LEIPZIG
LANDWIRTSCHAFTLICHE PRODUKTIONSGENOSSENSCHAFTEN S.LPG
5 555 LASERSTRAHLEN ANWENDUNG ZUR HOLZTRENNUNG
6 21 LASTKOLLEKTIVE FUER HOCHBEANSPRUCHTE BAUTEILE VON TRAKTOREN
6 21 FUER HOCHBEANSPRUCHTE BAUTEILE V.LANDMASCHINEN
LASTKRAFTWAGEN S.LKW
LAUFSTAELLE RINDERFUETTERUNG S.DORT; OFFENSTAELLE S.DORT
S.AUCH JUNGVIEHSTAELLE
5 369 BESCHREIBUNG DER EINZELNEN FORMEN
6 575 RICHTZAHLEN FUER DAS RAUMPROGRAMM
8 477 FUER KUEHE AUF TIEFSTREU TYPENPROJEKTE
7 553 TYPENSATZ SCHWEDISCHER MILCHVIEHLAUFSTAELLE
5 673 IN DER CSSR ERRICHTETE STAELLE
8 448 FUER SPEZIALISIERTE MILCHSOWCHOSEN

8 482 LAUFSTAELLE MEHRRAUMLAUFSTALL
7 551 FUER 360 KUEHE KOMPLEXANLAGE
9 575 HOLLAENDISCHER LAUFSTALLBETRIEB FUER MILCHVIEH
7 539 MIT BES.FRESSPLAETZEN
8 494 FUER JUNG UND MILCHVIEH FRESSGITTER
9 520 ENTWICKLUNG VON DECKENLASTIGEN STAELLEN ZU LAUFSTAELLEN
5 674 GEWINNUNG VON STALLPLAETZEN DURCH UMBAUTEN
7 556 MIT GITTERROSTAUFSTALLUNG UND SCHWEMMENTMISTUNG
9 564 FUER RINDER FUSSBOEDEN
8 439 MIT EINGESPANNTEN HOLZSTUETZEN
7 552 ARBEITSVERFAHREN IN DER MILCHVIEHHALTUNG
9 353 KONZENTRATION DER MILCHVIEHHALTUNG IN SOZ.BETRIEBEN
6 342 RINDERHALTUNG IN DER CSSR
9 567 BETRIEB MIT MELKSTANDBENUTZUNG
6 564 MIT FISCHGRAETENMELKSTAND
BOXENLAUFSTAELLE
5 672 HALTUNG VON KUEHEN IN BOXENSTAELLEN
9 577 SPALTENBODENSTAELLE UND BOXENLAUFSTAELLE IN ENGLAND
9 576 PLANUNG VON BOXENLAUFSTAELLEN
5 671 SPALTENBODENLAUFSTALL MIT RUHEBOXEN
6 578 SPALTENBODENLAUFSTALL MIT RUHEBOXEN
8 432 SPALTENBODENSTALL MIT LIEGEBOXEN
6 576 MIT SPALTENBODEN UND LIEGEBOXEN
6 574 MEHRRAUM MIT BOXENHALTUNG FUER GRUENLANDBETRIEBE
5 663 BOXENLIEGESTALL FUER KUEHE
7 558 BOXENLAUFSTALL MIT FUTTERSCHNECKE
7 555 BOXENLIEGESTALL IN GROSSBRITANNIEN
6 577 LIEGEBOXENSTALL MIT PLANBEFESTIGTER LAUFFLAECHE
8 219 GRUENLANDHOF MIT LIEGEBOXEN UND LAUFHOF
9 521 MIT BOXEN MEHRZWECKBAU MIT FLACHDACH
5 670 EINBAU VON BOXEN
6 386 LEBENSMITTEL GEFAEHRDUNG DURCH RADIOAKTIVE SUBSTANZEN U.IONIS.STRAHLEN
7 392 UNTERSUCHUNG BD.II PFLANZL.ERZEUGNISSE WASSER
LEBENSMITTELTECHNIK KONSERVIERUNG S.DORT
8 275 JAHRESUEBERSICHT
5 443 DECHEMA MONOGRAPHIE
5 52 LEG KONTROLLE DER WIRTSCHAFTSWEISE U.RECHNUNGSFUEHRUNG
8 30 ARBEITSSCHUTZ UND HYGIENE
7 49 REPARATUR LANDW.MASCHINEN UND GERAETE
LEGEN VON KARTOFFELN S.UNTER KARTOFFELN
LEGUMINOSEN S.HUELSENFRUECHTE
S.AUCH DIE EINZELNEN ARTEN
LEIN S.FLACHS
LENKUNG VON TRAKTOREN S.UNTER TRAKTOREN
5 231 LESPEDEZA AUSBRINGEN GRANULIERTER DUENGER MIT FLUGZEUGEN
8 438 LEXIKA WOERTERBUCH DER LANDWIRTSCHAFT
7 5 5 SPRACHEN TAB. DER LANDTECHNISCHEN FACHAUSDRUECKE
5 158 ENGLISCH-RUSSISCHES AERODYNAMISCHES WOERTERBUCH

5 9 LEXIKA WOERTERBUCH DER LANDW.ERGAENZUNGSBAND ITALIENISCH
9 152 FACHBEGRIFFE IN FRANZOESISCH UND DEUTSCH
9 152 FACHBEGRIFFE IN RUSSISCH UND ENGLISCH
LIEGEBOXEN S.UNTER LAUFSTAELLE
LKW LASTKRAFTWAGEN
9 519 64. LANDWIRTSCHAFTSAUSSTELLUNG IN BUDAPEST
5 606 MIT ALLRADANTRIEB
6 164 W 50 MIT ALLRADANTRIEB FUER LANDWIRTSCHAFT
6 320 KIPPANLAGEN
8 397 ORGANISATION DER HOLZABFUHR MITTELS LASTKRAFTWAGEN
5 572 RUNDHOLZTRANSPORT IN SCHWEDEN
6 512 MIT NACHLAEUFER SCHICHTLEISTUNG AUF GEBIRGSSTRASSEN
9 491 VERLADEN VON RUNDHOLZ MITTELS HYDRAULISCHER GREIFLADER
5 540 LADEKRAN MIT HYDRAULISCHEM LOSEHOLZGREIFER
9 492 BEFESTIGUNGSKETTEN FUER HOLZFUHREN
9 161 HK 5 KIPPANHAENGER
9 161 PK 5 KIPPANHAENGER
S.AUCH KIPPER
9 212 LOCKERUNGSDORNE BESEITIGUNG VON BODENVERDICHTUNGEN
5 14 LOHNBETRIEBE STANDORTORIENTIERUNG IN DER BRD
7 53 UEBERSICHT UEBER ARBEITEN IN DEN NIEDERLANDEN
6 47 WIRTSCHAFTLICHER ANWENDUNGSBEREICH V.LOHNMASCHINEN
6 43 ARBEITSZEITVERTEILUNG.
LOSETRANSPORT S.DIE EINZELNEN TRANSPORTGUETER
LPG LANDWIRTSCHAFTLICHE PRODUKTIONSGENOSSENSCHAFTEN
5 4 UEBERNAHME DER TECHNIK
5 28 UEBERGABE DER TECHNIK
5 29 UEBERGABE DER TECHNIK
6 44 ARBEITSORGANISATION IN LPG NACH UEBERNAHME DER TECHNIK
7 44 KOSTEN V.MASCH.EINSATZ IN DER FELDWIRTSCHAFT
8 94 MECHAN.DER FELDWIRTSCHAFT IN BULGARIEN
8 514 MISCHFUTTERBETRIEB ALS GEMEINSCHAFTSEINRICHTUNG
5 320 AUSLASTUNG V.TROCKNUNGSANLAGEN UEBER TROCKNUNGSGEMEINSCHAFT
9 608 ABSTELLUNG DES FAHRZEUG UND MASCHINENPARKS
6 38 INSTANDHALTUNG DER LANDMASCHINEN
7 69 UEBERPRUEFUNG U.INSTANDHALTUNG V.ELEKTR.ANLAGEN
5 39 ERSATZTEILVERSORGUNG
8 447 VERBESSERUNG DER ARBEIT VON BAUORGANISATIONEN
6 563 BESTIMMUNG DER LAGE DER WIRTSCHAFTSHOEFE UND FARMEN
8 472 VORSCHLAEGE FUER SOZIALGEBAEUDE
9 330 LUEFTER LITERATUR UEBER LAERMMINDERUNG
LUEFTUNG VON GEWAECHSHAEUSERN S.UNTER GEWAECHSHAEUSER
BELUEFTUNG VON GETREIDE S.UNTER GETREIDE.. TROCKNUNG
HEUBELUEFTUNG S.DORT; RADIALLUEFTER S.DORT
S.AUCH STALLKLIMA
9 538 XVIII. KONGRESS FUER HEIZUNG LUEFTUNG KLIMATECHNIK

8 451 LUEFTUNG VENTILATIONSSYSTEME DER NATUERLICHEN U.DER ZWANGSBELUEFTG.
9 538 EIGENSCHAFTEN VERSCHIEDENER LUFTEINLASSTYPEN
8 453 EINFLUSS VON LAGE DER ABLUFTOEFFNUNGEN
9 540 ANWENDUNG VON ENTLUEFTUNGSSCHAECHTEN
5 626 MESS-UND REGELTECHNISCHE AUSSTATTUNG VON ANLAGEN
5 629 LUFTREINIGUNG DURCH EINBAU VON PAPIERFILTERN
5 439 GROSSKUECHEN KUENSTLICHE ENTLUEFTUNG
5 452 KUECHEN EXTRAKTIONSHAUBE MIT EINGEBAUTEM VENTILATOR
8 513 VON LAGERRAEUMEN
8 450 THERMOSTAT FUER KUEHLUNG V.LAGERRAEUMEN BEI ZWANGSBELUEFTG.
VON STAELLEN
5 627 VON STAELLEN
5 628 VON STAELLEN THEORETISCHE GRUNDLAGEN
8 454 DER STALLRAEUME LUEFTUNGSTECHNISCHE FORMELN
5 407 TECHNIK FUER GESCHLOSSENE STAELLE
6 543 EINSATZ V.VENTILATOREN ANSPRUECHE DER TIERARTEN
8 455 FUNKTION IN STALLRAEUMEN
6 579 INTENSITAET IN KAELBERSTAELLEN
5 372 VON MILCHVIEHOFFENSTAELLEN
7 578 VON SCHWEINEMAST-UND VORMASTSTAELLEN
9 539 TAGESVERLAUF DES AUSGLEICHS IM SCHWEINESTALL
6 592 VON HUEHNERSTAELLEN
8 502 VON HUEHNERSTAELLEN
5 381 SYSTEME BEI DER BATTERIEHALTUNG
5 383 IN BATTERIESTAELLEN
6 377 LUFTFEUCHTIGKEIT EINFL.AUF BEHAGLICHKEIT IN WOHNRAEUMEN
6 61 LUFTGESCHWINDIGKEIT GERAET ZUM MESSEN
7 106 LUFTKISSENFAHRZEUGE CUSHIONSCRAFT CC 2 EINSATZ NIEDERLAEND.WATTENGEB.
8 400 LUFTSCHIFFE EINSATZ ZUM HOLZRUECKEN IN DER SU
LUFTTEMPERATUR S.UNTER STALLKLIMA
6 312 LUZERNE ERNTE VON VERMEHRUNGSLUZERNE
9 281 UMRUESTUNG V.MAEHDRESCHER FUER LUZERNE U.KLEESAATENERNTE
9 255 WIRKUNG DES ROTATIONSMAEHENS AUF QUALITAET VON HEU
7 269 UNTERSUCHUNGEN UEBER DAS QUETSCHEN
6 315 TROCKNUNG IN FRANKREICH
6 67 TROCKNUNGSANLAGE
6 273 BRIKETTIEREN
5 316 HEUGEWINNUNG DURCH KALTBELUEFTUNG
7 328 VIBRATIONSZENTRIFUGE ZUR TRENNUNG VON SAATGUT

MAEHBALKEN S.UNTER MAEHEN
9 273 MAEHBINDER BEURTEILUNG VON GETREIDEERNTEVERFAHREN
7 45 NUTZUNGSDAUER UND REPARATURKOSTEN
7 276 VERLUSTE BEI DER GETREIDEERNTE
MAEHDRESCHER GLIEDERUNG HINWEISE
ALLGEMEINES

HINWEISE
STROHBERGUNG S.UNTER STROH

ALLGEMEINES
6 282 ENTWICKLUNGSSTAND
5 260 ENTWICKLUNGSRICHTUNG IN UNGARN
6 293 ARBEITSBREITEN NORMENTWURF
8 176 LEISTUNGSSTEIGERUNG BEI SELBSTFAHRERN
9 1 BESATZ ZAHLENANG.V.SOZ.U.KAP.LAENDERN
9 519 WERK EMAG IN UNGARN
9 273 BEURTEILUNG VON GETREIDEERNTEVERFAHREN

EINSATZ
6 280 EINSATZ IN DEN NIEDERLANDEN
7 53 EINSATZ V.LOHNBETRIEBEN IN DEN NIEDERLANDEN
9 147 BESTIMMUNGEN DER ITAL.STRASSENVERKEHRSORDNUNG
8 8 ANALYSE DER ZUVERLAESSIGKEIT
6 282 BETRIEBSSICHERHEIT VON SELBSTFAHRENDEN MAEHDRESCHERN
7 45 NUTZUNGSDAUER UND REPARATURKOSTEN
5 254 ARBEITSWEISE IN ABHAENGIGKEIT VON DER FAHRGESCHWINDIGKEIT
5 262 ORGANISATION V.MAEHDRUSCH U.KORNABFUHR
5 259 VERFAHRENSTECHNIK BEI DER GETREIDEERNTE
6 295 MAEHDRUSCH MIT UND OHNE STROHBERGUNG
5 263 MAEHDRUSCHERNTE MIT HAECKSELN DES STROHES
7 276 VERLUSTE BEI DER GETREIDEERNTE
6 281 VERLUSTE BEIM MAEHDRUSCH
6 290 ERNTEVERLUSTE EINFL.V.AUTOMAT.REGELEINRICHTUNG
9 280 ABAENDERUNGEN FUER VERLUSTLOSERE ERNTE
7 12 REGELUNG DER ARBEIT AM HANG
9 26 ALS MEHRZWECKMASCHINE
6 298 EIGNUNG FUER MAISERNTE
5 279 EINSATZ ZUR KOERNERMAISERNTE
7 287 EINSATZ BEI DER KOERNERMAISERNTE
8 181 EINSATZ ZUR MAISERNTE
7 286 VORFUEHRUNG BEI ERNTE VON KOERNERMAIS
9 57 IN DER REIS UND MAISERNTE
5 261 ANWENDUNG BEIM ERNTEN VON KLEINKOERNERN
9 281 UMRUESTUNG FUER LUZERNE UND KLEESAATENERNTE

UEBERSICHTEN
9 276 TYPENTABELLE KTL-ARBEITSBLATT FUER LANDTECHNIK
9 275 KENNZAHLEN WELTHOECHSTSTAND BEIM BAU

BAUARTEN TYPEN
9 277 VERGLEICH DER WIRTSCHAFTLICHKEIT VERSCHIEDENER TYPEN
6 171 FUER DIE SOZ.STAATEN BESTIMMTE TYPENREIHEN
9 277 GEZOGENER MAEHDRESCHER MIT ZWANGSEINZUG DES DRESCHGUTES
6 4 ANBAU-UND SELBSTFAHRMAEHDRESCHER FUER REIS
8 179 FUER DAS FELDVERSUCHSWESEN

6	10	MAEHDRESCHER	IN MANNHEIM VON JOHN DEERE CO.
9	278		E8 41 SELBSTFAHREND VON MC CORMICK
6	122		KPN 2 FUER MASCHINENTRAEGER
6	288		LAVERDA M 120
9	517		LAVERDA M 120
8	432		MD95 VON JOHN DEERE LANZ
5	278		FAHR MDL FUER KOERNERMAISERNTE
6	297		MDL MAISDRUSCHEINRICHTUNG
6	289		MF 87 SELBSTFAHREND
5	266		MF 87 MIT 2,50 M SCHNITTBREITE
6	287		MF 500 MIT RAUPENKETTEN FUER REISERNTE
6	282		MF 500
9	433		MITCHEL MC BAIN FUER GRUENERBSEN
7	495		RANSOMES 801
8	175		SK 2 6A
6	60		SK 3 DIE ERRECHNETE UND TATSAECHLICHE MASSE
5	259		SK 3 EINSATZ IN UNGARN
5	267		SK 3 ANBAU VON RUEBENLADER
7	278		SK 3 , SK 4 SELBSTFAHREND
8	174		SK DREI UND SK VIER
5	314		SK 3 U.SK 4 HANDBUCH
9	515		SK 4 MIT PICK UP VORRICHTUNG
5	268		JAPANISCHER AUFBAUMAEHDRESCHER SUZUE
8	432		T 604 BAUTZ
9	297		ZM 330 SCHWADSAMMELN VON HUELSENFRUECHTEN
7	312		ZM 330 MIT EINGEBAUTEM HAECKSLER
			PRUEFBERICHTE
5	264		KOELA FAVORIT SELBSTFAHREND PRUEFBERICHT ULTUNA
5	265		KOELA COMBI SPEZIAL SELBSTFAHREND PRUEFBER.ULTUNA
7	281		AKTIV M2S MASCHINENPRUEFBERICHT ULTUNA
6	284		VETY 5 PRUEFBERICHT VOLLEBEKK
6	285		EPPLE MOBIL 211 H PRUEFBER.VOLLEBEKK
6	286		500 7 MASSEY FERGUSON NIAE-TEST
			BAUGRUPPEN
9	44		VEREINHEITLICHUNG VON BAUGRUPPEN UND EINZELTEILEN
7	108		NEUER PERKINS DIESELMOTOR
5	269		LEISTUNGSBEDARF DER VERSCHIEDENEN ARBEITSTEILE
5	269		ELEKTR.EINZELANTRIEB V.ARBEITSTEILEN
7	283		ARBEIT HYDROPNEUMATISCHER DRUCKSPEICHER
7	282		ARBEIT DES VARIATORS BEIM SELBSTFAHRER
6	11		REGELUNG DER DRESCHWERKE
6	291		AUTOMATISCHE BESCHICKUNG DES DRESCHWERKES
7	12		AUTOMAT.REGELUNG V.SCHNITTHOEHE U.DRESCHWERKBELASTG.
8	178		PRUEFUNG V.DRESCHTROMMEL MIT LOGERITH.GEFORMT.ZAEHNEN
6	296		MAISMAEHVORSAETZE
6	296		MAISPFLUECKVORSAETZE
8	177		UNTERSUCHUNGEN AM KOERNERREINIGUNGSWERK
5	263		STROHHAECKSLER ISM 2 0A
6	292		95 RC JOHN DEERE KLIMAANLAGEN IM FAHERSTAND
9	2		KLIMATISIERTE FAHRERKABINE

```
5 257 MAEHEN GESCHWINDIGKEITSERHOEHUNG VON MAEHAGGREGATEN
7 279        ZRS 4 5  HOHLSCHWADMASCHINE
5 300        ZÜS 3 5 MÄEHMASCH.MIT ABLEGEVORRICHT.FUER RUEBENSAMENTRAEGER
7 498        KBZU I 8  SEITENMAEHMASCHINE
7 250        KBZ I 8 TRAKTORMAEHER
9 419        NEUE KREISELMAEHER
9 255        WIRKUNG DES ROTATIONSMAEHENS AUF QUALITAET VON LUZERNEHEU
9 254        SCHLEGELMAEHER EINSATZBEREICH  VORZUEGE
9 247        SCHLEGELMAEHER PROTOTYP V.JOHN WILDER LTD.U.ROTARY SCYTHE
7 254        SCHLEGELMAEHER ROTARY SCYTHE
9 262        MASCH.V.FEDCO ALS SHLEGELMAEHER UND ERNTER EINSETZBAR
5 233        SCHLEIFMASCHINE FUER MAEHMESSER MERZ SIMPLEX PRUEFB.ULTUNA
5 234        SCHLEIFMASCHINE FUER MAEHMESSER MERZ SIMPLEX PRUEFBER.ULTUNA
              MAEHWERKE
5 258        MAEHWERKE MIT GROSSER ARBEITSBREITE  KENNZIFFERN
7  45        MAEHWERKE  NUTZUNGSDAUER UND REPARATURKOSTEN
5 256        EINSATZ VON MAEHWERKEN FUER DIE ERNTE VON LAGERGETREIDE
9 257        HYDROSTATISCHER ANTRIEB DES MAEHBALKENS
9 248        DREIPUNKT-MAEHWERK  ZUSATZEINRICHTUNGEN
9 253        KOPIERENDES SCHNEIDWERK AUS ZWEI SYMMETRISCHEN FINGERBALKEN
9 252        MC CORMICK HECKMAEHWERK
8 160        SCHLEPPERMAEHWERK MC CORMICK INTERNATIONAL  PRUEFBERICHT
9 251        TYP 311 KW ANBAUMAEHWERK BUSATIS  PRUEFBERICHT ULTUNA
9 250        ZTBN 183 2 ANBAUMAEHBALKEN
9 250        ZUL 152 HUELSENFRUCHTMAEHWERK
              MOTORMAEHER
7 253        MOTORMAEHER AEBI AM ZEHN  PRUEFBERICHT IMA BRUGG
              BAUGRUPPEN
8 172        ARBEIT DER MAEHMASCHINENHASPEL
9 256        HYDROSTATISCHER MAEHMESSERANTRIEB
6 260        NORMUNG DER MESSERFUEHRUNGSPLATTE
6 264        TECHN.EINRICHTUNG ZUR VERMEIDUNG V.WILDVERLUSTEN
8 161        NEUER WILDRETTER
      MAEHHAECKSLER S.UNTER FELDHAECKSLER
9 264 MAEHLADER ROTORPLAN
5  57 MAGNETBAENDER SPEICHERUNG VON ELEKTR.MESSWERTEN
      MAIS GLIEDERUNG ANBAU
                      SAEEN
                      PFLEGE
                      UNKRAUTBEKAEMPFUNG
                      ERNTEN VON KOERNERMAIS
                      ERNTEN VON SILOMAIS
                      AUFBEREITUNG UND LAGERUNG
                      TROCKNUNG
             ANBAU
6   8       SORTEN FORDERUNGEN DER MASCH.BAUER AN LANDW.WISSENSCHAFT
8  99       FORDERUNGEN AN DIE LANDTECHNIK
5 176       VOLLMECHANISIERUNG DER PRODUKTION
7 168       KENNWERTE V.MASCH.FUER KOERNER-U.SILOMAISANBAU
             SAEEN
```

9	221	MAIS	VEREINHEITLICHUNG VON SAEMASCHINEN
7	228		EINZELKORNSAEMASCHINE HASSIA EXAKTA PRUEFBER.IMA-BRUGG
9	214		KOMBINIERTE MASCHINEN ZUM SAEEN UND DUENGEN
			PFLEGE
9	165		SAAT DUENGUNG UND PFLEGE
5	221		HACKGERAET P 153 I AN GERAETETRAEGER
7	239		VEREINZELN MIT GLEICHZEITIGER BODENLOCKERUNG
6	207		VERSUCHE ZUR TECHNIK DER BEWAESSERUNG IN FURCHEN
			UNKRAUTBEKAEMPFUNG
9	179		EINBRINGEN VON HERBIZIDEN IN BODEN
			ERNTEN VON KOERNERMAIS
8	182		MASCHINENSATZ FUER DIE ERNTE
8	181		STAND DER ERNTETECHNIK IN DER KOERNERMAISERNTE
6	172		KOMPLEXMECHANISIERUNG BEIM KOERNERMAISANBAU IN DER CSSR
6	298		ERNTE MIT MAEHDRESCHER
7	286		KOERNERMAISERNTEVORFUEHRUNG MIT MAEHDRESCHERN
7	287		MAEHDRESCHEREINSATZ BEI DER KOERNERMAISERNTE
5	279		EINSATZ VON MAEHDRESCHER ZUR KOERNERMAISERNTE
5	278		FAHR MAEHDRESCHER MDL FUER KOERNERMAISERNTE
6	296		PFLUECKVORSAETZE ZUM MAEHDRESCHER
6	296		MAEHVORSAETZE FUER MAEHDRESCHER
6	297		DRUSCHEINRICHTUNG ZUM MAEHDRESCHER MDL
8	183		SCHNELLERNTEMASCHINE
8	182		CHERSONEC 6 VOLLERNTEMASCHINE
7	288		VOLLERNTEMASCHINE CHERSONEC
6	296		PICKER PFLUECKEN ENTLIESCHEN U.FOERDERN AUF ANHAENGER
6	296		PFLUECKDRESCHER
6	299		ARBEITSWEISE DER ENTLIESCHWALZEN
8	184		OPP 5 KOLBENENTLIESCHMASCHINE
8	185		OPP 5 0 ENTLIESCHUNGSMASCHINE PRUEFUNG
9	287		BERGUNG NACH DER REBBLERMETHODE
			ERNTEN VON SILOMAIS
8	100		ERNTE LAGERHALTUNG UND VERFUETTERUNG
7	255		ERNTE VON GEDRILLTEM FUTTERMAIS
5	243		ERNTE MIT FELDHAECKSLER
9	562		ERNTE MIT DEM MAEHHAECKSLER
6	267		SILOMAIS ERNTE MIT SCHLEGELERNTER
5	244		EINSATZ V.SCHLEGELERNTER ZUR GRUEN-U.SILOMAISERNTE
7	256		ERNTE FUER SILIERUNG MIT SCHLEGELERNTER ERNTEVERLUSTE
6	271		ERNTE MIT SCHLEGELERNTER
8	163		KKCH 3 VOLLERNTEMASCH.BERECHNUNG DER SCHLEGELDATEN
5	608		SK 18 ZWEIREIHIGE VOLLERNTEMASCHINE
7	257		VERLUSTE BEIM EINSATZ DER SILOKOMBINE ORKAN
7	263		SCHLEGELERNTER ORKAN-I 5 VORRICHTG.ZUR SILOMAISERNTE
8	170		SILOMAIS AUFLADEWAGEN
			AUFBEREITUNG UND LAGERUNG
9	311		AUFBEREITUNG AUF DER FELDTENNE
5	337		LAGERUNG IN BODENSPEICHERN BETONSILOZELLEN U.SILOZELLEN
			TROCKNUNG
9	315		TROCKNUNG MIT INFRAROTENERGIE

```
7 339 MAIS STATIONAERE ANLAGE FUER WARMBELUEFTUNG
6 333      TROCKNUNG AUF BELUEFTUNGSANLAGEN MIT VORGEWAERMTER LUFT
5 342      TROCKNUNG VON KOERNERMAIS
9 331      TROCKNUNG UND LAGERUNG VON SAATMAIS
8 215      TROCKNUNG UND LAGERUNG VON FUTTERMAIS IM BETRIEB
5     MAKADAMFAHRBAHN S.UNTER WEGEBAU
      MASCHINEN-TRAKTOREN-STATIONEN S.MTS
9  12 MASCHINENBAU UMRECHNUNG ENGL.AMER.MASSEINHEITEN
      MASCHINENMELKEN S.UNTER MELKEN
8   5 MASCHINENRING WEG ZUR RENTABLEN VOLLMECHANISIERUNG
      MASCHINENSCHUPPEN S.UNTER EINSTELLRAEUME
9   3 MASCHINENSYSTEME FUER DIE INDUSTRIEMAESSIGE PRODUKTION
5  45                  KONZEPTION FUER LANDW.MECHANISIERUNG DER CSSR
8 159                  FUER DIE BEHANDLUNG VON GRUENGUT
8 110                  ZUM ZUCKERRUEBENANBAU
8 192                  FUER DEN BAUMWOLLANBAU
8  95                  FUER DIE SAATZUCHT
8 136                  ZUM AUSBRINGEN VON MINERALDUENGER
8 357                  ZUR BEARBEITUNG FUER TERRASSEN UND STREIFEN
8 303                  FUER DIE BEARBEITUNG VON FRUEHBEETEN
8 428 MASCHINENTRAEGER IV.INTERNATIONALE MESSE IN BRNO
8  63                  MIT HYDROSTATISCHER KRAFTUEBERTRAGG.AUTOMAT.LENKUNG
7 113                  TRAEGHEITSMOMENT DER ANTRIEBSWELLE V.MASCH.AGGREGAT
6 122                  SS 45 MIT DEN ZUGEHOERGEN AUFBAUMASCHINEN
5 107                  SS 75 MIT EINEM SATZ AUFBAUMASCHINEN
9  12 MASSEINHEITEN UMRECHNUNG ENGL.AMER.MASSEINHEITEN
      MASSIVSTAELLE S.UNTER STALLBAUTEN
                    S.AUCH DIE EINZELNEN STALLARTEN
      MASTSTAELLE S.UNTER.. HUEHNERSTAELLE; JUNGVIEHSTAELLE
                  S.UNTER.. OFFENSTAELLE; SCHWEINESTAELLE
5  42 MATHEMATIK THEORET.VORAUSSETZUNG.ZUR AUTOMAT.V.ARBEITSPROZESSEN
7  30            SCHLAGWORTREG.V.SACHKATALOG.DTSCH.BUECHEREI LEIPZIG
      MAULWURFDRAINUNG S.UNTER DRAINAGE
5 193 MAURITIUS WIRTSCHAFTLICHKEIT DER BEREGNUNG
6  27 MECHANIK IN DER LANDWIRTSCHAFT  BROSCHUERE
6 441 MEHLTAU MITTEL-UND GERAETEEINSATZ ZUR BEKAEMPFUNG
8 459 MEHRZWECKBAUTEN PROJEKTIERUNG UND BAUAUSFUEHRUNG
7 501                 INDUSTRIELLES BAUEN
9 541                 VIELZWECKHALLEN IN LEICHTER SCHNELLBAUWEISE
7 518                 AUS GEBAEUDESEGMENTEN
9 527                 AUS BETONFERTIGTEILEN MONTIERT
9 526                 AL ALS AUSSENHAUT VON WAND UND DACH
9 521                 MIT FLACHDACH
9 551                 LAENDLICHE WOHNHAEUSER
```

7 538 MEHRZWECKBAUTEN ENTWICKLUNG VON STALLBAUTEN
9 156 MELASSE VERFAHREN ZUR VERFUETTERUNG
MELIORATIONEN S.AUCH: BODENMELIORATIONEN; DRAINAGE
S.AUCH UNTER DEM ARBEITSVORGANG
5 224 UND HYDROTECHNIK
7 1 TECHN.REVOLUTION IN LANDW. ENTWICKLUNGSTENDENZ
6 1 MECHANISIERUNGSSYSTEME DES RGW
9 515 MASCHINEN DER DDR
6 13 JAHRESBERICHT DES NIAE
7 174 MECHANISIERUNG BEI ANLAGE U.PFLEGE V.SCHUTZPFLANZUNGEN
MELKEN ALLGEMEINES
9 374 LITERATUR UEBER NEUE MELKTECHNOLOGIEN
6 361 MOEGLICHKEITEN EINES WIRTSCHAFTL.MELKEREINSATZES
7 503 EINFL.VON ARBEITSKETTEN AUF GEBAEUDEGESTALTUNG
9 367 VERBESSERUNG DER AUSRUESTUNG
MASCHINENMELKEN
8 259 MECHANISIERTE MILCHGEWINNUNG
8 253 BEMERKUGEN ZUR FRAGE DES MECHANISCHEN MELKENS
9 376 MESSTECHN.UNTERSUCH.DER MASCH.MELKBARKEIT V.KUEHEN
7 365 STAND UND PERSPEKTIVE DER MELKTECHNIK IN DER DDR
5 417 EINFLUSS DER MELKTECHNIK AUF DAS MINUTENGEMELK
8 254 KANN NIVEAU VON MASCH.MELKEN GEHOBEN WERDEN?
7 12 AUTOMATION DER ARBEITSPROZESSE
5 421 MOEGLICHKEITEN FUER MASCHINELLES MELKEN DER SCHAFE
8 251 MASCHINENMELKEN VON SCHAFEN
7 367 VERMEIDUNG VON ZITZENERKRANKUNGEN BEIM MASCHINENMELKEN
5 676 OFFENSTALL IN REPY
7 369 IN EINEM PARALLELMELKSTAND ARBEITSANLEITUNG
MELKMASCHINEN
5 424 ANLAGEN GROESSENORDNUNG TECHN.NORMEN
9 372 MASCH.AUFBAU U.ARBEITSWEISE
9 362 MASCH.FORSCHUNGSTENDENZEN UND ERGEBNISSE IN DER SU
6 342 ENTWICKLUNGSRICHTUNGEN FUER ANLAGEN IN DER CSSR
9 1 MASCH.BESATZ ZAHLENANG.V.SOZ.U.KAP.LAENDERN
7 371 PRUEFUNG V.MELKMASCH.MATERIAL U.REINIGUNGSMITTELN
8 258 10 JAHRE MELKANLAGEN ELSTERWERDA
5 423 MIT ROHRMELKANLAGE AUSGERUESTETE WEIDEZENTRALE MILCHHYGIENE
7 368 MIT ROHRMELKANLAGE ARBEITSANLEITUNG
5 420 GLASROHRSCHNEIDER FUER MONTAGE VON ROHRMELKANLAGEN
8 249 DAP 2 ZWEITAKTMELKMASCHINE
7 366 SCHNELLMELKAPPARAT DA ZWEI MAJGA
8 432 KLEINANLAGEN MIT CHROMNICKELSTAHLEIMERN
8 252 ERNSTHAFTE DEFEKTE AN MELKMASCHINEN
BAUGRUPPEN
5 425 ANLAGEN BAUGRUPPEN TECHN.NORMEN GUETEVORSCHRIFTEN
9 367 ELEKTR.GESTEUERTE PULSATOREN
9 367 NYLON-MELKSTRUEMPFE
9 367 MILCHLEITUNGEN AUS PYREXGLAS ODER ROSTFREIEM STAHL
REINIGUNG
5 422 UMLAUFVERFAHREN ZUR REINIGUNG VON MILCHLEITUNGEN

9 370 MELKEN ZIRKULATIONSSPUELUNG FUER ANLAGEN MIT MESSZYLINDERN
8 256 RUECKFLUSSSPUELUNG DER MELKBECHER
8 255 SPUELEN VON STAHL- GLAS-UND TYGONMILCHROHREN MIT WASSER
8 260 REINIGUNGS-UND DESINFEKTIONSMITTEL
8 257 SEPTONEX ZUR DESINFEKTION VON MELKAUTOMATEN DA 100
7 571 MELKHAEUSER DORFMELKHAUS VON RENDA
MELKKARUSSELL S.UNTER MELKSTAENDE
7 566 MELKSTAENDE ARBEITSTECHNISCHE BETRACHTUNGEN UEBER MILCHGEWINNUNG
7 565 BAUFORMEN U.ARBEITSZEITANALYSE DES MELKVORGANGES
6 342 ENTWICKLUNGSRICHTUNGEN FUER ANLAGEN IN DER CSSR
9 374 LIT.UEBER NEUE MELKSTANDANLAGEN
9 368 TECHNOLOG.ZWECKMAESSIGKEIT INSTALLATIONSAUFW.EINSCHAETZG.
7 568 FENSTERLOSE STAENDE MIT INFRAROTHEIZUNG
6 584 WEIDEMELKSTAND MIT MILCHKAMMER
6 360 AUF SCHWEREN HOLZSCHLITTENKUFEN
6 583 DOSIERUNG VON KRAFTFUTTER
7 570 AUTOMAT.DOSIERUNG V.KRAFTFUTTER NACH MILCHMENGE
8 250 MIT AUTOMATISCHEN MILCHMESS-U.KRAFTFUTTERDOSIERGERAETEN
FISCHGRAETENMELKSTAENDE
8 448 FISCHGRAETEN-UND KARUSSELLMELKSTAENDE
7 567 UNTERSUCHUNG VON FISCHGRAETENMELKSTAENDEN
9 366 ARBEITSVERSUCHE MIT DEM FISCHGRAETENMELKSTAND
8 247 PRODUKTIVE ANWENDUNG VON FISCHGRAETENMELKSTAENDEN
6 582 FISCHGRAETENMELKSTAND OEKONOMISCHE BETRACHTUNGEN
9 574 HALTUNGSKOSTEN IN OFFENSTAELLEN MIT FISCHGRAETENMELKSTAND
9 367 MIT MESSGEFAESSEN VERSEH.FISCHGRAETENSTAENDE
9 575 FISCHGRAETENMELKSTAND MIT SECHSZEHN PLAETZEN
8 490 ZENTRALMELKANLAGE IN FISCHGRAETENFORM
5 676 PROTOTYP DES FISCHGRAETENSTANDES MIT SECHS BUCHTEN
8 251 FISCHGRAETENMELKSTAND FUER MELKEN VON SCHAFEN
TANDEMMELKSTAENDE
9 364 REIHEN-TANDEM-UND FISCHGRAETENSTAND BETRIEBSCHARAKTER.
8 479 TANDEM- KARUSSELL-UND FISCHGRAETENMELKSTAND
KARUSSELLMELKSTAENDE
8 248 KRAUSSELLMELKSTAND
6 581 KARUSSELLMELKANLAGE
5 418 BAU UND NUTZUNG DES KARUSSELLMELKSTANDES
7 370 MELKKARUSSELL LEERLAUFZEITEN UND DURCHLASSFAEHIGKEIT
7 569 KDUE 16 AUFBAU DES MELKKARUSSELLS
9 365 KARUSSELL-MELKSTAND DER GASCOIGNE WERKE
MESSINSTRUMENTE UND VERFAHREN
BODENUNTERSUCHUNG S.UNTER BODEN
FEUCHTIGKEITSBESTIMMUNG S.DORT
S.AUCH.. LANDMASCHINEN, TRAKTOREN
9 59 TRANSPORTABLES MESS-LABORATORIUM
7 58 ELEKTROMAGNET.MODELLUNTERSUCHUNGEN VON REGLERN
5 55 MESSMITTEL DES INST.FUER LANDMASCHINENTECHN.DER TU DRESDEN
5 53 TAGUNG MESSGERAETE UND MESSUNGEN AN LANDMASCH.IN PRAG
6 58 SPEZIALMESSGERAETE FUER LANDMASCHINEN
6 13 JAHRESBERICHT DES NIAE

MESSINSTRUMENTE UND VERFAHREN
7 53 VORAUSSAGE VON FEHLERN IN PRUEFPROGRAMMEN
5 57 SPEICHERUNG VON ELEKTR.MESSWERTEN AUF MAGNETBAENDERN
9 64 INTERMITTIER.AUFZEICHNUNG MIT PUNKTSCHREIBER
8 32 VON SPANNUNGEN MITTELS DEHNUNGSMESSSTREIFEN
6 59 DARSTELLUNG DES SPANNUNGSVERLAUFS DURCH REISSLACK
6 58 INDUKTIONS-DREHMOMENTENMESSER MI 100
6 72 ARBEIT DES KONTAKTLOSEN HALBLEITER POSITIONSMESSGEBERS
8 169 DER ABRIEBFESTIGKEIT AN FUTTERMITTELPRESSLINGEN
5 56 GAMMARUECKSTREUSONDE ZUR DICHTEMESSUNG
7 59 V.SCHICHTDICKE U.FEUCHTIGKEIT MIT ULTRASCHALL
6 61 GERAET FUER DIE PRUEFUNG DER SCHWEBEGESCHWINDIGKEIT
5 59 LIT.UEBER DAS PRUEFEN V.METALLKLEBVERBINDUNG SCHAELTEST
5 58 FORTSCHRITTE DER PH-MESSTECHNIK
8 289 KOHLENDIOXYDMESSER
6 453 GRUNDLAGEN DER HOLZ-UND FELDMESSKUNDE
6 449 GERAETE FUER INDIREKTE HOEHENZUWACHSMESSUNG
KRAFTMESSUNG
6 58 MESSRAHMEN NR ZWEI ZUR MESSUNG DER ZUGKRAEFTE V.ANBAUGERAETEN
6 58 KRAFTMESSER AB 20 ZUR KRAFTBESTIMM.IN ANTRIEBSKETTEN
6 62 HYDRAULISCHER ZUGKRAFTMESSER ZUM AUSWIEGEN V.LASTEN
6 65 BELASTUNGSMESSER FUER DIREKTE ANZEIGE DER PFERDESTAERKE
9 75 DER RADIALDRUECKE VON KOLBENRINGEN
TEMPERATURMESSUNG
6 63 THERMOELEMENT AUS AUFGEDAMPFTER METALLSCHICHT
7 515 ERMITTLG.V.WAERMEEINHALTSDIFFERENZ ELEKTR.KATATHERMOMETER
6 MESSGEBER S.UNTER MESSEN
6 20 METALLE AUSTAUSCH GEGEN PLASTWERKSTOFFE
9 36 FLUESSIGES METALL AUF KUNSTSTOFFBASIS
6 30 SPANNUNGSVERTEILUNG IN METALLKLEBEVERBINDUNGEN
6 31 SPEZIALKLEBER FUER FAHRZEUG UND KAROSSERIEBAU
5 59 LIT.UEBER DAS PRUEFEN V.METALLKLEBVERBINDUNGEN SCHAELTEST
S.AUCH DIE EINZELNEN METALLE
5 604 METHYLBROMID BEGASUNGSANLAGE FUER EIN INSEKTARIUM
5 491 MIETEN ENTWICKLUNG UND AUFBAU TECHN.MIETEN FUER GEMUESEBAU
5 368 FUTTERRUEBEN FLACHSILOAEHNLICHE HOFMIETE MIT STROHABDECKUNG
5 355 UNIVERSALANHAENGEMASCHINE ZUM AUSHEBEN V.ERDMIETEN BE-U.ABDECK.
7 498 OKZ 120 ZUDECKGERAET
MIKROWELLENHERDE S.UNTER HERDE
MILCH MELKEN S.DORT
6 568 PRODUKTION IN FRANKREICH
6 6 WIRTSCHAFT IN FINNLAND
9 373 MILCHWIRTSCHAFT FACHBUCH
5 426 LIT.UEBER BEHANDLUNG AUF DEM LANDE
8 260 REINIGUNGS-UND DESINFEKTIONSMITTEL
8 261 DAIRY DICTIONARY
8 219 MILCHHAUS MIT FISCHGRAETENMELKSTAND
9 363 MILCHKUEHLEN VERFAHREN ENTWICKLUNGSTENDENZEN
6 362 AUF DEM BAUERNHOF

9 369 MILCHKUEHLEN DIREKT ODER INDIREKT GEKUEHLTE SAMMELTANKS
9 369 RIESELKUEHLER MIT RUND GEWELLTER OBERFLAECHE
9 369 KANNENKUEHLER
7 365 MILCHSAMMLUNG STAND UND PERSPEKTIVE IN DER DDR
5 426 AUF DEM LANDE LITERATUR
5 427 LITERATUR
8 432 HOFBEHAELTER MIT ENTSPR.KUEHLEINRICHTUNG
9 363 MILCHTRANSPORT VERFAHREN ENTWICKLUNGSTENDENZEN
7 365 STAND UND PERSPEKTIVE IN DER DDR
5 426 AUF DEM LANDE LITERATUR
9 375 TECHNOL.V.SAMMLUNG U.TRANSPORT LIT.
6 363 ANALYSE DER TANKABHOLUNG IN USA U.OESTERREICH
9 367 KANNEN AUS ROSTFREIEM STAHL
MILCHVIEHHALTUNG S.UNTER RINDERHALTUNG
S.AUCH DIE EINZELNEN STALLARTEN
9 381 MILCHVORWAERMER KOCHER WE 100
8 MINERALDUENGERLAGER S.UNTER DUENGERLAGER
9 310 MINERALSAEUREN GEFAHRLOSE EINMISCHUNG BEIM SILIEREN
8 321 MIRABELLEN MASSENKRAEFTESCHUETTLER GOETTINGEN MIT AUFFANGVORRICHTUNG
MISCHEN VON FUTTERMITTELN S.UNTER FUTTERZUBEREITUNG
MIST S.STALLMIST
ENTMISTEN S.DORT
8 286 MIXEN HAUSRAT-UND EISENWARENMESSE KOELN
5 452 HANDMIXER MIT DREI GESCHWINDIGKEITEN
6 389 HANDMIXER DREI MIX VON ELEKTRO GENNELS
5 453 MIXGERAET MIT KAFFEEMUEHLE
5 171 MOEHREN BERICHT UEBER DAS DERZEITIGE ANGEBOT AN MASCHINEN
9 225 DURCH FEDERDRUCK KONTROLLIERTE EINZELKORNAUSSAAT
5 503 MECHANISIERUNG DER ERNTE IN DER SU
MOHRRUEBEN S.MOEHREN
7 536 MOLKEREIEN POLNISCHE BAUTEN
6 58 MOMENTOGRAPH MC I FUER TRAKTOREN
MONOKARPES SAATGUT S.UNTER RUEBEN.. ANBAU
7 55 MONTE-CARLO-METHODE VORAUSSAGE VON FEHLERN BEI PRUEFGERAETEN
5 191 MOORBOEDEN MASCHINEN FUER ENTWAESSERUNG
7 494 MOSKITO FANSPREAD GRANULES ZUR BEKAEMPFUNG VOM FLUGZEUG AUS
MOTOREN HINWEISE
ELEKTROMOTOREN S.ELEKTROANTRIEBE
S.AUCH DIESELMOTOREN
S.AUCH UNTER TRAKTOREN
BAUARTEN TYPEN
6 82 ENTWICKLG.V.DIESEL U.OTTOMOTOREN IN GROSSBRITANNIEN
7 5 1964 GRUENES BUCH
8 82 BAU UND FUNKTION DES MOTORS LEHRBOGEN
9 77 WIRTSCHAFTLICHE ASPEKTE V.VIELSTOFFMOTOREN

```
6 104 MOTOREN VERGLEICHBARER HUBRAUM EINES NSU-WANKELMOTORS
6 105         SCHLEICHDREHZAHLEN VON HYDROMOTOREN
9  84         LITERATUR UEBER KRAFTSTOFFZELLEN
7 498         S 301  VERBRENNUNGSMOTOR
7  80         ILO L.75 BENZINMOTOR  NIAE-TEST
7 498         S 320 U.S 301  VERBRENNUNGSMOTOREN
6 102         PHILIPS HEISSLUFTMOTOR
               BETRIEB  UNTERSUCHUNG
7  77         VERLAENGERUNG DER NUTZUNGSDAUER
6  84         EINFL.DER ELASTIZITAET DER ABSTUETZUNG AUF VIBRATION
5  64         VERVOLLKOMMNUNG EINER PRUEFEINRICHTUNG
6  85         MESSEINRICHT.FUER WAERMEAUSDEHNG.V.KOLBEN IM WAERMEGEFAELLE
6  89         BESTIMMUNG DER SCHLIESSGESCHWINDIGKEIT DES VENTILS
6  85         MESSERGBNISSE  BRENNSTOFFARBEITSDRUCK
6  91         GESCHWINDIGK.DER DRUCKWELLEN IN KRAFTSTOFFLEITUNGEN
               BAUGRUPPEN
6  81         VORAUSBERECHNG.V.AUFLADEMASCHINEN MIT ABGASTURBOLADER
6  92         TKR 14 2 TURBOKOMPRESSOR  UNTERSUCHUNG
8  39         SPANNUNGEN IN ZYLINDERKOEPFEN DURCH ANZIEHEN V.SCHRAUBEN
9  75         MESSUNG DER RADIALDRUECKE VON KOLBENRINGEN
6  87         KOLBENBOLZEN IM KURBELTRIEBWERK  BERECHNUNGSGRUNDLAGE
6  93         ZUENDANLAGEN MIT HALBLEITERBAUELEMENTEN
7  76         NEU-UND WEITERENTWICKLUNGEN IM FILTERBAU
7  75         KUEHLWASSERHEIZER VERMEIDET SCHAEDLICHEN KALTSTART
               VERSCHLEISS
6  90         STAUB ALS ERSTER VERSCHLEISSGRUND
9  81         LITERATUR UEBER VERSCHLEISS
9  82         LIT.UEBER KOLBENRINGVERSCHLEISS
6  88         VERSCHLEISSFESTIGK.DER KOLBENRINGE AUS HOCHSTABIL.GUSSEISEN
9  74         WERKSTOFFZERSTOERUNG IN KUEHLWASSERRAEUMEN KORROSIONSSCHUTZ
6  83 MOTORENOEL GESETZMAESSIGKEITEN DER VERSCHMUTZUNG
7  79            BERECHNUNG ZUR ERFASSUNG DER OELVERSCHMUTZUNG
5  67            PRUEFUNG VON BULGARISCHEN ANTIOXYDATIONSZUSAETZEN
5  68            PHYSIK.KENNZIF.V.AVTOL AUS SEEHUNDOEL BEI VERW.IM MOTOR
5  68            CHEM.KENNZIF.V.AVTOL AUS SEEHUNDOEL BEI VERW.IM MOTOR
6  83            GESETZMAESSIGKEITEN DER VERSCHMUTZUNG
6 132            ANHAEUFUNG DER VERSCHMUTZUNGEN IN TRAKTOREN
5  66            PRUEFUNG VON REAKTIONS-OELZENTRIFUGEN RMZ
5  69            REINIGUNGSZENTRIFUGEN ALS FEINFILTER AN DIESELMOTOREN SMD
      MOTORHACKEN S.UNTER HACKEN
      MOTORKETTENSAEGEN S.UNTER MOTORSAEGEN
      MOTORMAEHER S.UNTER MAEHEN
      MOTORSAEGEN  ALLGEMEINES
9 478             PRH 88 SCHLEIFMASCHINE  SCHAERFUNG DER KETTE
                   EINSATZ
```

5 570 MOTORSAEGEN EINSATZ IN SCHWEDEN
5 553 HOLZFAELLUNG IM VERGLEICH ZU HANDSAEGEN
6 454 LEISTUNGSKARTE TGL-ENTWURF
5 548 VERGUETUNG NACH FESTMETER AKKORDLOHN
6 479 RATSCHLAEGE FUER SAEGENFUEHRER DER DRUZBA
9 478 EINFLUESSE AUF STEIGERUNG DER SCHNITTLEISTUNG
9 480 FALSCHE ARBEITSTECHNIK BEIM BAUMFAELLEN
9 457 ARBEITSPHYSIOLOGISCHE UNTERSUCHUNG
5 551 KOERPERLICHE BEANSPRUCHUNG BEI VERSCHIED.TYPEN
5 517 KOERPERLICHE BELASTUNG UND EINE UNFALLGEFAHR
5 515 LAERMBELASTUNG DER AK BEIM ARBEITEN
6 482 MESSUNG DES BEI DER ARBEIT ENTSTEHENDEN LAERMS
5 514 AUSWIRKUNGEN V.LAERM U.VIBRATION AUF WALDARBEITER
5 518 UNFAELLE IN DER BRD
8 350 UNFALLSCHUTZ BEI DER ARBEIT
BAUARTEN TYPEN
8 383 DIE WICHTIGSTEN EINMANNMOTORSAEGEN ANWENDUNGSBEREICHE
5 549 VERSCHIED.MOTORENSTAERKE EINSATZBEREICH
6 481 UEBERSICHT UEBER TYPEN IN SCHWEDEN
6 483 AUFSTELLUNG DER MASCHINENPRUEFBERICHTE ULTUNA
6 484 PRUEFVERFAHREN IN ULTUNA
9 479 PARTNER R 12 MASCHINENPRUEFBERICHT ULTUNA
5 552 STIHL 07 MASCHINENPRUEFBERICHT ULTUNA
8 402 DRUZBA 60 GEBRAUCHS-UND INSTANDSETZUNGSANWEISUNG
7 463 DIREKT ANGETRIEBENE EINMANNMOTORSAEGE
BAUGRUPPEN
6 430 KONSTRUKTION UND PFLEGE DES SAEGEMOTORS
5 547 KONSTRUKTION DES SCHWIMMERLOSEN VERGASERS TILLOTSON
9 497 SCHMIEREN DER KETTEN
7 8 MTS ALS DIENSTLEISTUNGSBETRIEB FUER LANDWIRTSCHAFT
8 6 ALS DIENSTLEISTUNGSBETRIEBE FUER LANDWIRTSCHAFT
7 44 KOSTEN V.MASCHINENEINSATZ IN DER FELDWIRTSCHAFT
7 350 AUFGABEN BEI MECHANISIERUNG DER INNENWIRTSCHAFT
9 45 LITERATUR
5 500 MULCHEN MULCHGERAET DER FA. BIRCHMEYER
9 419 KREISELMAEHER
5 502 S UND S DREIFACH ROTATIONSMAEHER
9 463 MULCHIERFOLIEN ODER TORFMULCHE IM PFLANZGARTEN

6 70 NACHRICHTENUEBERMITTLUNG VERWENDG.EINES NULLSYSTEMKANALS
NAHRUNGSMITTEL S.LEBENSMITTEL
8 299 NARZISSEN KALKULATION FUER DEN ANBAU
7 522 NATURSCHUTZ DER STRASSENBAU ALS HEILMITTEL
7 30 NATURWISSENSCHAFTEN SCHLAGWORTREG.V.SACHKATALOG.DTSCH.BUECHEREI LEIPZ.
8 416 NEBELN ERFAHRUNGEN EINER SPEZIALBRIGADE
7 485 OELIGE UND WAESSRIGE MITTEL MIT GERAET PULSOPYL

5 496 NEBELN MEHRZWECKGERAET PRUEFBERICHT POTSDAM-BORNIM
8 415 MASCHINE S 014 1
8 415 S 136 MEHRZWECKGERAET
8 415 S 872 4 MEHRZWECKMASCHINE
NEBRASKA-TESTE S.DIE EINZELNEN MASCHINEN UND GERAETE
6 423 NELKEN KULTUR UNTER GLAS
6 427 ANZUCHT V.JUNGPFLANZEN AUS VIRUSFREIEN MUTTERBESTAENDEN
8 426 NEMATODEN BEKAEMPFUNG IN TABAKKULTUREN DURCH PFLUEGEN
9 584 NESTKASTEN FUER DIE FERKELAUFZUCHT
6 28 NETZE BERECHNUNG DES GEWICHTES V.BAUMWOLLE U.STYLONNETZGEWEBEN
6 310 ANWENDUNG V.SILONNETZEN BEIM AUFLADEN VON RUEBEN
8 330 ZUM SCHUTZ DER TRAUBEN GEGEN STARE
NEUTRONENFEUCHTEMESSUNG S.UNTER BODEN
6 NIAE S.UNTER FORSCHUNG
NIEDERDRUCKPRESSEN S.UNTER SAMMELPRESSEN
8 3 NIEDERLANDE UEBERBLICK UEBER LANDWIRTSCHAFT
8 1 GRUNDKENNZIFFERN DER LANDWIRTSCH.PRODUKTION
6 46 BETRIEBSGROESSENKLASSEN IN DER LANDWIRTSCHAFT
7 53 UEBERSICHT UEBER ARBEITEN VON LOHNBETRIEBEN
7 179 MASCHINEN FUER KULTURTECHNISCHE ARBEITEN
7 197 MASCHINEN FUER KULTURTECHNISCHE ARBEITEN
8 111 MASCHINEN FUER KULTURTECHNISCHE ARBEITEN
9 181 MASCHINEN FUER KULTURTECHNISCHE ARBEITEN
9 182 MASCHINEN FUER KULTURTECHNISCHE ARBEITEN
9 196 MASCHINEN FUER KULTURTECHNISCHE ARBEITEN
5 170 BEWIRTSCHAFTUNG VON GRUENLAND
6 280 UNTERSUCHUNGEN UEBER DEN MAEHDRESCHEREINSATZ
5 375 ENTWICKLUNG DER GEFLUEGELZUCHT
5 353 NONANOL ALS KEIMHEMMUNGSMITTEL
7 6 NORD-NIGERIA BERGLAND, MECHANISIERUNG DER FELDARBEITEN
9 31 NORMUNG STAND DER NORMUNGSARBEIT AN LANDMASCHINEN
5 16 TECHN.WISSENSCHAFTL.VEROEFFENTLICHG.RICHTLINIEN FUER GESTALTG.
6 110 VON TRAKTOREN IN DER BRD
6 293 ARBEITSBREITEN FUER MAEHDRESCHER
6 260 DER MESSERFUEHRUNGSPLATTE
6 404 NORMVORSCHRIFT FUER DUENNWANDIGE KUNSTSTOFFTOEPFE
9 379 DER WARMWASSERBEREITER AUS STAHL
5 684 NUTZFLAECHEN IM SCHWEINESTALL
5 17 NORWEGEN LANDWIRTSCHAFTSSCHULWESEN
5 592 FORSTLICHE MECHANISIERUNG
7 465 SAEGEWERKE MIT ENTRINDUNGSANLAGEN
6 185 NYLON ALS ABDECKUNGSMATERIAL FUER DRAINROHRE

9 525 OBERLICHTBAENDER AUS DURCHSICHTIGEN KUNSTSTOFFTEILEN
OBSTBAU GLIEDERUNG HINWEISE
ALLGEMEINES
BODENBEARBEITUNG

HINWEISE
FROSTSCHUTZ, MAEHEN, NEBELN, SPRITZEN, SPRUEHEN S.DORT

ALLGEMEINES
5 471 KONZENTRATION U.OEKONOMISCHER NUTZEFFEKT
5 457 IN PRODUKTIONSGENOSSENSCHAFTEN
6 397 MECHANISIERUNG IM MARKTOBSTBAU
5 472 APRIKOSEN-ANBAU IN DEN LPG AN DER DONAU
7 416 TECHNISCHE BESCHREIBUNG DER MASCHINENFOLGE
8 329 PARISER LANDMASCHINENSALON
5 502 VEITSHOECHHEIMER MASCHINENTAG
9 448 1964 MASCHINEN VORFUEHRUNG IN WORMS
9 449 VORFUEHRUNG VON MASCHINEN IN FERRARA
8 331 MASCHINEN-UND GERAETEVORFUEHRUNG DES OVR JORK
6 412 TECHNIK U.UNTERLAGENEINSCHAETZUNG FUER HAVELOBSTGEBIET
5 459 ANFORDERUNGEN AN TRAKTOREN UND MASCHINEN
8 291 EINSATZ VON SCHMALSPURSCHLEPPER
7 403 NEUER KLEINSCHLEPPER AUS DEN IRUSWERKEN
7 402 KLEINTRAKTOR AGRIA

BODENBEARBEITUNG
8 293 MECHANISIERUNG DER BODENPFLEGE IN OBSTANLAGEN AM HANG
5 470 BAUMZEILENBEARBEITUNG IN RECHTECKVERBANDPFLANZUNG
9 412 UNTERSUCHUNGEN AN ROTIERENDEN HACKGERAETEN

PFLEGE
5 500 MULCHGERAET DER FA. BIRCHMEYER
5 502 S UND S DREIFACH ROTATIONSMAEHER ZUM MULCHEN
5 475 ERGEBNISSE DER ERPROBUNG VON PFROPFMASCHINEN
7 407 BAU VON BEREGNUNGSANLAGEN AUS KUNSTSTOFFROHREN
8 302 BERIESELUNG FACHBUCH

SCHAEDLINGSBEKAEMPFUNG
7 441 WAHL VON MASCHINEN FUER DEN PFLANZENSCHUTZ
8 417 GERAETEEINSATZ ZUR SCHAEDLINGSBEKAEMPFUNG
7 438 SPRITZEN SCHNELLSPRITZEN UND SPRUEHEN
5 495 BEREGNUNGEANLAG.AUSBRINGG.V.PFLANZENSCHUTZMITTELN
6 438 GEBLAESESPRUEHMASCHINEN IN JUNGPFLANZUNGEN
7 440 SPRITZ-UND SPRUEHGERAET FRICKE KORMORAN
8 415 S 050 SPRITZ-UND SPUEHMASCHINE
8 415 S 872 4 MEHRZWECKMASCHINE SCHAEDLINGSBEKAEMPFUNG
6 414 ANWENDUNG VON HERBIZID SIMAZIN
5 599 SPRITZEN ZUR HERBIZID-AUSBRINGUNG BEI BAUMREIH.U.HECKEN

ERNTE
9 435 PFLUECKKRAFTAUFWAND IN ABHAENGIGK.V.REIFESTAD.
7 433 ERNTE VOM BODEN MIT PFLUECKEIMER UND GROSSKISTEN

9 5 OBSTBAU ERNTE STAND UND ENTWICKLUNG DER TECHNIK
7 429 ERNTE MIT HILFE VON SCHUETTELVORRICHTUNGEN
6 435 ENTWICKLUNG V.GERAETEN ZUR MECH.ERNTE V.BAUMOBST
8 321 MASSENKRAEFTESCHUETTLER GOETTINGEN MIT AUFFANGVORRICHTUNG
8 323 VIBRATOR FUER DIE ABERNTUNG VON BAUMOBST
8 322 WIRTSCHAFTSAPFELERNTE MIT OBSTBAUMVIBRATOR
5 486 BERICHT UEBER DIE MASCHINELLE KIRSCHENERNTE
7 428 SCHUETTLER MIT HOHER SCHUETTELFREQUENZ ERNTE V.KIRSCHEN
5 487 MASCHINELLE SAUERKIRSCHENERNTE MIT OBSTBAUMVIBRATOR
8 324 KIRSCHEN WACKER ES ACHT TRAGBARER ELEKTROVIBRATOR
5 488 SCHUETTELMASCHINE FUER DIE PFLAUMENERNTE
7 430 PFLAUMENERNTE MIT DEM OBSTBAUMVIBRATOR
8 319 MASCHINELLE HILFSMITTEL BEI BEERENOBSTERNTE
8 320 MASCH.ERNTE V.JOANNISBEEREN U.KULTURHEIDELBEEREN
TRANSPORTIEREN
7 433 TRANSPORT AKH-BEDARF BEI PALETTEN
7 404 EINSATZ VON STAPELKARREN KISTENSTAPLERN HECK U.FRONTLIFTS
7 431 TRANSPORT V.OBSTHORDEN WAEHREND DER ERNTE ARBEITSZEITSTUDIEN
6 396 HYDRAUL.LIFT FUER GROSSKISTENEINSATZ BEI KERNOBST
9 442 EINSATZ V.PALETTEN IN DEN NIEDERLANDEN
5 461 ANBAUPALETTENHEBER FUER TRAKTOREN
SORTIEREN
7 433 VERLESEN KALIBRIEREN ABFUELLEN U.WIEGEN ARBEITSAUFWAND
9 439 ARBEITSPRINZIP VON SORTIERMASCHINEN
VERPACKEN
5 489 SCHNELLPACKMETHODE BEIM PACKEN VON FRUECHTEN
9 440 CORA-STEIGE EINE NEUE VERLUSTVERPACKUNG
9 441 NEUER BEHAELTER DBGM
6 437 THE RAPID PACK METHOD OF PACKING FRUIT
LAGERUNG
7 506 LAGERRAEUME MODERNE BAUGESTALTUG
7 596 MECHANISIERUNG VON OBSTLAGERHAEUSERN
5 494 TROCKENKALK-UND WASSER-SCRUBBER BEI CO ZWEI LAGERUNG
7 436 BEWEGLICHER KUEHLRAUM
5 493 KUEHLUNG VON AEPFELN UND BIRNEN IN KARTONS
7 435 LAGERUNG VON AEPFELN IN KARTONS AUS WELLPAPPE
VERARBEITUNG
8 332 KONGRESS UEBER ENTWICKLUNG DER KONSERVENINDUSTRIE
5 660 VERWERTUNG IN KOLCHOSEN DER UKRAINE
7 381 OELFEUERUNG OELBRENNERPATENTE FUER EINZEL-UND SAMMELHEIZUNGEN
6 376 OELOFEN IM LANDHAUSHALT
8 268 MODERNE OELFEUERSTAETTEN MOEGLICHKEITEN DES EINSATZES
8 269 SYSTEME DER OELBEFEUERTEN ZENTRALHEIZUNG
8 270 UNFALLSICHERE AUTOMATISCHE OELFEUERUNGEN
S.AUCH UNTER HEIZUNG VON WOHNRAEUMEN
8 195 OELFRUECHTE MECHANISIERUNG DER ERNTE
9 222 SCHWED.STANDARD FUER REIHENABSTAENDE
OELZENTRIFUGEN S.UNTER ZENTRIFUGEN
6 193 OESTERREICH STAND DER DRAINTECHNIK
5 375 ENTWICKLUNG DER GEFLUEGELZUCHT

8 263 OESTERREICH LAENDLICHE HAUSWIRTSCHAFTSBERATUNG
8 336 EINSATZ VON SPRECHFUNKGERAETEN IM FORST
5 593 PFLANZENSCHUTZGERAETEPRUEFUNG
5 611 UEBERBLICK UEBER DIE HAUSFORSCHUNG
6 567 OFFENSTAELLE ANALYSE DER TECHNOLOG.GROSSPRODUKTIONSVERFAHREN
7 591 ERFAHRUNGEN IN STAATL.WIRTSCHAFTEN IN UNGARN
6 341 MEHRRAUMLAUFHOF MEHRZWECKHALLEN PRINZIP
5 675 HALBKREISFOERMIGE ANLAGE IN KALIFORNIEN
7 544 LAUFSTALL MIT SPALTENBODEN UND LIEGEBOXEN
8 489 MIT KOTROSTEN AM FRESSPLATZ
8 491 FUER MILCHKUEHE BAU UND BENUTZUNG
9 573 WIRTSCHAFTL.ZWECKMAESSIGK.DES BAUS V.LAUFST.FUER KUEHE
7 559 MILCHVIEHANLAGEN IN DER DDR
9 574 MIT FISCHGRAETENMELKSTAND KOSTEN DER MILCHVIEHHALTUNG
7 557 MILCHVIEHANLAGE MIT LIEGEBOXEN
7 554 FUER 104 KUEHE MIT LIEGEBOXEN
8 490 FUER 384 KUEHE
8 492 FUER 384 MILCHKUEHE AUF DER FARM DOBREN
5 676 FUER JUNGRINDER UND MILCHKUEHE IN REPY
9 560 OFFENER JUNGVIEHSTALL
5 372 LUEFTUNG VON MILCHVIEHOFFENSTAELLEN
S.AUCH LAUFSTAELLE
6 510 OKOUME AUCOUMEA KLAINEAÑA PRODUKTION IN GABUN
7 309 OLIVEN STAND DER ERNTE

PALETTEN S.UNTER OBSTBAU
5 PANEELFAHRBAHN S.UNTER WEGEBAU
5 531 PAPPEL TECHNIK DES ANBAUES
PARZELLENDRESCHMASCHINEN S.UNTER DRESCHEN
6 22 PATENTDOKUMENTATION UEBERSICHT DER ENTWICKLG.DER PLASTISCHEN STOFFE
5 598 PERONOSPORA TABACINA SPRITZGERAET ZUR BEKAEMPFUNG
8 287 PETERSILIE TECHNOLOGIE DES ANBAUES UNTER GLAS
9 575 PFERDESTAELLE IM HOLLAENDISCHEN LAUFSTALLBETRIEB
7 429 PFIRSICHE ERNTE MIT HILFE VON SCHUETTELVORRICHTUNGEN
9 221 PFLANZEN MECHANISIERUNG U.AUTOMATISIERUNG DES PFLANZENSETZENS
5 533 MECHANISIERUNG IN DER FORSTWIRTSCHAFT DER UDSSR
5 532 MECHANISIERUNG DER HERSTELLUNG V.BALLENPFLANZEN
9 416 BALLENPFLANZEN SETZGERAETE HELIOS PRUEFBERICHT WIESELBURG
6 469 PFLANZPFLUG PAULUS
9 461 WINKELPFLANZMETHODE MIT DER WIEDEHOPFHAUE
5 534 ZEITBEDARF UND ENERGIEVERBRAUCH BEI DER WINKELPFLANZUNG
5 522 WINKELPFLANZVERFAHREN FUER AELTERES PFLANZMATERIAL
8 369 EINJAEHRIGER NADELHOLZPFLANZEN MIT PFLANZKANONE
9 460 HACKENSCHLAGPFLANZUNG
PFLANZMASCHINEN
9 9 MASCH. TECHN.FORTSCHRITT
8 147 PFLANZMASCHINE ACCORD
6 4 REIS MIT ANBAUPFLANZMASCHINEN FUER REIS

7 451 PFLANZEN LND I WALDPFLANZMASCHINE
7 457 SLT 2 MASCHINE FUER WALDPFLANZUNGEN IM GEBIRGE
5 25 GLASFASERVERSTAERKT.POLYESTER BEI SETZSCHEIBEN FUER MASCH.
PFLANZENAUSHEBEPFLUG S.UNTER BAUMSCHULEN
5 9 PFLANZENBAU WOERTERBUCH DER LANDW.ERGAENZUNGSBAND ITALIENISCH
6 13 PFLANZENPHYSIOLOGIE JAHRESBERICHT DES NIAE
9 402 FESTIGKEITSUNTERSUCHUNG DES GEWEBES
8 35 FUNKTION UND AUFBAU EINES SPEKTRORADIOMETERS
6 8 PFLANZENZUECHTUNG FORDERUNG.DER MASCHINENBAUER AN LANDW.WISSENSCHAFT
7 163 MECHANISIERUNG ARBEITSINTENSIVER PROZESSE
PFLANZLICHE PRODUKTION
5 12 BESTTECHNOLOGIEN IN DER FELD UND VIEHWIRTSCHAFT
6 1 MECHANISIERUNGSSYSTEME DES RGW
8 364 PFLANZLOCHBOHRER VERWENDUNG FUER AUFFORSTUNGSARBEITEN
7 455 ERGEBNISSE VON MASCHINENPRUEFUNGEN
7 459 PHYSIOL.LEISTG.NORMEN BEI ARBEIT MIT VERSCHIED.TYPEN
5 531 LEISTUNG EINES TRAGBAREN BOHRGERAETES
6 470 ZUSATZGERAET ZUR MOTORSAEGE PRUEFBER.BORNIM
7 454 WUEHLMAUS UND MENDE VERGLEICHSUNTERSUCHUNGEN
9 435 PFLAUMEN PFLUECKKRAFTAUFWAND IN ABHAENGIGK.V.REIFESTAD.
8 322 MASCHINELLE ERNTE
7 429 ERNTE MIT HILFE VON SCHUETTELVORRICHTUNGEN
8 321 MASSENKRAEFTESCHUETTLER GOETTINGEN MIT AUFFANGVORRICHTUNG
5 488 ERNTE SCHUETTELMASCHINE
8 323 VIBRATOR FUER DIE ABERNTUNG VON BAUMOBST
7 430 ERNTE MIT DEM OBSTBAUMVIBRATOR
PFLEGE S.AUCH DIE EINZELNEN KULTUREN
S.AUCH DIE EINZELNEN MASCHINEN UND GERAETE
S.AUCH UNTER DEM ARBEITSVORGANG
6 3 AUFGABEN DER LANDTECHNIK IN DIESEM JAHRZEHNT
9 31 MASCH.STAND DER NORMUNG
9 418 MASSNAHMEN BEI PFLANZ-U.SAMENGEMUESE
5 232 LITERATUR UEBER GERAETE MIT GROSSER ARBEITSBREITE
5 607 WOLSELEYGERAET ZUR LOCKERUNG DER GRASNARBE V.DAUERWEIDEN
FORSTLICHE KULTUREN
5 511 MECHANISIERUNG DER ARBEITEN IM FORST
5 522 SICHERUNG DER FORSTKULTUREN MIT WENIGEN AK
5 535 RATIONALISIERUNG DER JUNGBESTANDSPFLEGE
9 472 MECHAN.DER ARBEITSPROZESSE IN EICHENWAELDERN
9 470 NEUE METHODE DER PFLEGEHIEBE IN AUSSCHLAGWAELDERN
9 471 PFLEGEHIEBE IN JUNG.EICHENWAELDERN IM STRANDSHAGEBIRGE
7 453 PRUEFUNG VON KULTURPFLEGEGERAETEN
9 469 KULTUR.ARBEITSUNTERSUCH.MIT TRAGBAREN MOTORGERAETEN
5 517 KULTURREINIGUNGSGERAETE VIBRATION U.LAERMBELASTG.DER AK

8 355 PFLEGE MOTORREINIGUNGSGERAET BIBER UND MARDER
5 537 GERAET JO BU MIT KREISSAEGE EIN WALDWIESEL
5 536 KULTURREINIGUNG ALLMAEHER SCHEFENACKER
9 229 HYDRAULISCHE LENKHILFE FUER ANBAU-PFLEGEGERAETE
5 536 KULTURREINIGUNG HIERNERSCHEN TRETSCHUHE
5 446 PFLEGEKENNZEICHEN FUER TEXTILIEN
PFLUEGEN GLIEDERUNG HINWEISE
ALLGEMEINES
UNTERSUCHUNGEN
EINSATZ
BAUARTEN TYPEN
BAUGRUPPEN
HINWEISE
PFLANZPFLUEGE S.UNTER PFLANZEN
ALLGEMEINES
7 200 WELTWETTBEWERBE
9 198 LEISTUNGSVERGLEICHE IN DER DDR
5 200 ZUM SECHSTEN MAL REPUBLIKSAUSSCHEID IM LEISTUNGSPFLUEGEN
9 519 LANDESPFLUGWETTBEWERB IN ZSAMBEK UNGARN
5 518 UNFAELLE IN DER BRD
6 213 ENTSTEHUNG DER HOCHAECKER
9 18 BETRIEBSLEHRE
7 53 DURCH LOHNBETRIEBE IN DEN NIEDERLANDEN
UNTERSUCHUNGEN
8 125 KONTROLLE EINER FUNKTIONSGERECHTEN PFLUGEINSTELLUNG
6 58 GERAET ZUR KONTINUIERLICHEN MESSUNG DER PFLUGTIEFE
6 58 ANLAGE ZUR KRAFTMESSUNG AM PFLUGKOERPER
7 207 ZUGKRAFTRICHTUNG BEI ANBAUPFLUEGEN
5 203 KRAEFTE DIE AUF RAEDER V.GEZOG.SCHEIBENPFLUG WIRKEN
5 204 REIBUNGSKRAEFTE WAEHREND DES LOCKERUNGSVORGANGES
6 218 ZUGWIDERSTAND BEIM TIEFPFLUEGEN NACH STOPPELBEARBEITUNG
7 206 ZUGWIDERSTAND BEI UNTERSCHIEDL.BELAG DES PFLUGKOERPERS
9 132 FELDMESS.MIT DREIPUNKTANBAU U.REGELNDEN KRAFTHEBERN
EINSATZ
6 221 EINSTELLG.DES ANBAUPFLUGES IN DER HORIZONTALEBENE
6 214 HERBSTFURCHE PFLUGBESCHAFFENHEIT EINSTELLG.UND PFLUGTIEFE
7 201 RICHTIGE EINSTELLUNG DES ANBAUSCHEIBENPFLUGES
7 203 MOEGLICHKEITEN BEI AUTOMATISIERUNG DER PFLUGARBEIT
6 215 HERBSTFURCHE WANN UND WIE
9 197 SPEZIALBRIGADE FUER MELIORATIVES PFLUEGEN
7 173 BAU VON KONTURDAEMMEN MIT SCHAR-U.SCHEIBENPFLUEGEN
8 357 ANLAGE U.BEARBEITEN V TERRASSEN U.BEWALDUNGSSTREIFEN
7 452 KOMPLEXE MECHANISIERUNG AUF GEBIRGSHAENGEN
8 120 QUER ZUM HANG GEGEN WASSEREROSION
6 465 BAUMSCHULRODUNG MIT TRAKTORPFLUEGEN
6 223 SACHGEMAESSER EINSATZ DES VORSCHAELERS
8 426 UND BEKAEMPFUNG DER NEMATODEN
9 11 MIT TRAKTOREN HANDBUCH

5 108 PFLUEGEN ANBAU AN KETTENTRAKTOREN GROSSER LEISTUNG ARBEITSQUALITAET
9 202 ARBEITSZEITANALYSEN MIT DEM KETTENTRAKTOR
8 61 ARBEITSLEISTG,U.TREIBSTOFFVERBRAUCH BEI VIERRAD-U.KETTENTRAK.
7 129 TRAKTOR EINFL.V.GESCHWINDIGKEIT AUF SCHLUPF DER TRIEBRAEDER
6 217 ANWENDUNG HOEHERER ARBEITSGESCHWINDIGKEITEN
9 200 MIT ERHOEHTER ARBEITSGESCHWINDIGK.KOSTENENTWICKLUNG

BAUARTEN TYPEN

9 237 ENTWICKLUNGSGESCHICHTE AUFBAU UND EINSATZ DES PFLUGES
9 201 VORTEILE V.ANBAU GEGENUEBER AUFSATTEL-U.ANHAENGEPFLUEGEN
8 428 STANDARDISIERTE PFLUGTYPENREIHE
9 515 EINHEITLICHE PFLUGREIHE DER CSSR
7 204 BAUKASTENSYSTEM DES VEB BODENBEARBEITUNGSGERAETE LEIPZIG
9 179 GERAETEKOMB.FUER PFLUEGEN DUENGEN SAEEN U.UNKRAUTBEKAEMPFG.
8 111 TIEFPFLUEGE FUER KULTURTECHN.IN DEN NIEDERLANDEN
9 196 TIEFPFLUEGE ZUR VERBESSERUNG DES BODENPROFILS
8 124 KEHRPFLUEGE AM REGELNDEN KRAFTHEBER
6 220 ANBAUPFLUG MIT AUTOMAT.HYDRAULISCHER PFLUGTIEFENREGELUNG
5 526 NEUER POLNISCHER WALDPFLUG
9 460 SCHOTTISCHER SCHRAUBENPFLUG
9 87 PFLUG ROBOTER
9 199 SCHEIBENPFLUG EINSATZMOEGLICHKEITEN U.ARBEITSWEISE
7 202 MC CORMICK SCHEIBENSCHAELPFLUEGE
8 127 B 175 VOLLUMBRUCHPFLUG PRUEFBERICHT BORNIM
5 207 MARING SCHLEPPERPFLUG DOLLARD 1LR-PRUEFBERICHT
5 205 DREIPUNKTBEETPFLUG HANNIBAL DER FELLAWERKE
5 206 DREIPUNKTANBAUPFLUG HANNIBAL DER FELLAWERKE
9 37 P 5 35M MIT KAPRONBUCHSEN
7 451 PKL 70 KOMBINIERTER PFLUG
7 451 PKNL 500 PFLUG GRABENAUSHEBER
5 172 SCHAELPFLUG PL 5 25
7 451 PLP 135 FORSTLICHER STREIFENPFLUG
5 172 PFLUG PN 4 35S
8 123 PON 30 DREHPFLUG
6 401 PP 50 ZUR TIEFLOCKERUNG DES BODENS AUF TERRASSEN
7 498 PZO 1 ANBAUDREHPFLUG
8 430 ANBAUWENDEPFLUEGE VAN RUMPT BOEKE EN HUIDEKOPER
9 203 2X14 L TRAKTORPFLUG SAMPO MASCHINENPRUEFBERICHT ULTUNA
9 204 3X13 L TRAKTORPFLUG SAMPO MASCHINENPRUEFBERICHT ULTUNA
8 300 DLP 1 8 WEINBAUPFLUG FUER DEN WINTERBAU
8 126 ANBAUPFLUG VIAUD PRUEFBERICHT IMA-BRUGG

BAUGRUPPEN

9 44 VEREINHEITL.V.BAUGRUPPEN U.EINZELTEILEN
6 219 ERLAEUTERUNG DES DREIPUNKTANBAUSYSTEMS
7 205 ARBEIT DES ELEKTROANTRIEBES EINES LEICHTEN SEILPFLUGES
9 205 AUTOMAT ET BEIM SCHEIBENSCHAELPFLUG BELASTUNGSKRAEFTE
7 200 VORSCHLAEGE FUER VERBESSERUNG DER PFLUGKOERPER
5 201 ERGEBNISSE DER UNTERSUCHUNG VON SCHNELLPFLUGKOERPERN
5 90 GESCHWINDIGKEITSSTEIGERUNG BEI SCHNELLPFLUGKOERPERN
5 202 ARBEITSTEILE V.SCHEIBENSCHAELPFLUEGEN FUER ERHOEHT.GESCHW.
6 226 MATHEMAT.BESTIMMUNG DES SCHARES MIT RECHENMASCHINEN

6 224 PFLUEGEN SCHARBEHANDLUNG TYPENAUSWAHL U.AUFBEREITUNG
7 208 THEORET.GRUNDLAGEN FUER SELBSTSCHAERFENDER SCHARE
9 207 VERLAENGERUNG DER LEBENSDAUER VON PFLUGSCHAREN
7 34 SILIZIUM MANGANSTAHL FUER PFLUGSCHARE
5 606 STREICHBLECHE MIT PLASTUEBERZUG
6 11 REGELUNG DER ARBEITSTIEFE
9 206 AUTOMATISCHE REGULIERUNG DES ANBAUPFLUGES
7 135 SYSTEME ZUR REGELUNG DER ARBEITSTIEFE DES PFLUGES
7 12 AUTOMAT.REGELUNG DER ARBEITSTIEFE
8 128 GRINDEL 30 S UEBERLASTSICHERUNG PRUEFBERICHT BORNIM
5 208 VORRICHTG.ZUR BEKAEMPFG.V.WASSEREROSION AUF MAENGEN
6 225 ANWENDUNG V.SINTEREISENBUCHSEN IN PFLUGRAEDERN
PFLUGSCHARE S.UNTER PFLUEGEN-- BAUGRUPPEN
5 475 PFROPFMASCHINEN ERGEBNISSE DER ERPROBUNG
5 58 PH-WERT FORTSCHRITTE DER PH-MESSTECHNIK
9 2 PHYSIK UMRECHNUNG ENGL.AMER.MASSEINHEITEN
5 235 PICKUPFOERDERER PTS DREI UND PTS DREI R AUFSAMMELVORRICHTUNGEN
PLANIEREN S.UNTER BODENBEWEGUNG
PLASTE S.UNTER KUNSTSTOFFE
7 94 PLOUGHMASTER MIT HYDROSTATISCHEM ANTRIEB
9 552 PLYTOLET VERBINDUNG VORGEFERTIGTER BAUTEILE
PNEUMATISCHE FOERDERUNG S.UNTER FOERDERN
S.AUCH DIE EINZELNEN FOERDERGUETER
S.AUCH DIE EINZELNEN MASCHINEN
9 13 POLEN LANDWIRTSCHAFT
7 1 TECHN.REVOLUTION IN LANDW. ENTWICKLUNGSTENDENZ
7 164 TECHNIK DES ACKERBAUS
7 165 MECHANISIERUNG DES ACKERBAUS
6 52 PRUEFUNGS-UND TESTORGANISATION FUER LANDMASCHINEN
6 554 WIRTSCHAFTLICHE BEDEUTUNG DER BAUPLANUNG
7 418 MAENGEL IM GEWAECHSHAUSBAU
5 454 POLYSTEROL VERWENDUNG FUER HAUSHALTSGERAETE IN DEN USA
PORTALTRAKTOREN S.UNTER TRAKTOREN-- SONDERTRAKTOREN
9 500 PORTUGAL BEKAEMPFUNG VON FORSTSCHAEDLINGEN MIT FLUGZEUGEN
6 72 POSITIONSMESSGEBER ARBEIT DES KONTAKTLOSEN HALBLEITER POSIT.MESSGEB.
PRESSEN VON FUTTERMITTELN S.UNTER FUTTERZUBEREITUNG
FUER HEU S.UNTER-- HEUERNTE; HEUPRESSLINGE
SAMMELPRESSEN S.DORT
7 246 THEORIE DES VERDICHTENS LANDW.HALMGUETER
7 270 VERDICHTEN V.HALMGUT ENTWICKLUNG UND FORSCHUNG
8 169 MESSEN DER DAUERHAFTIGKEIT AN FUTTERMITTELPRESSLINGEN
6 58 PROFILOGRAPH PF 2
PRUEFWESEN PRUEFUNG VON LANDMASCH.S.UNTER LANDMASCHINEN
S.AUCH DIE EINZELNEN MASCHINEN UND GERAETE
7 55 VORAUSSAGE VON FEHLERN IN PRUEFPROGRAMMEN
7 5 NIAE PRUEFBERICHTE TESTE UND TECHN.MEMORANDEN
7 63 PRUEFUNG U.INSTANDHALTUNG DER ELEKTR.ANLAGEN
PUMPEN BEREGNUNGSPUMPEN S.UNTER BEREGNUNG
S.AUCH UNTER BEWAESSERUNG
GUELLEPUMPEN S.UNTER GUELLE

PUMPEN FUER MELKMASCHINEN S.UNTER MELKEN
FUER SPRITZGERAETE S.UNTER SPRITZEN
7 160 UNGARISCHES FACHBUCH
5 429 OSNA HAUSWASSERPUMPENSERIEN
5 37 AUTOFLUX VR EMPFOHLEN ZUM WASCHEN VON MASCHINEN
6 564 PUTENHALTUNG AUFZUCHTBATTERIEN
6 63 PYROMETER THERMOELEMENT AUS AUFGEDAMPFTER METALLSCHICHT

9 329 RADIALLUEFTER LITERATUR
8 287 RADIES TECHNOLOGIE DES ANBAUES UNTER GLAS
5 147 RADIO AGRI PAGE FUER RUNDFUNKEMPFANG AUF TRAKTOR
RADOLFZELLER RUECKEWAGEN S.UNTER HOLZRUECKEN UND -BRINGEN
RADTRAKTOREN S.TRAKTOREN
EINACHSTRAKTOREN S.DORT
8 89 RAHPE ZUSAMMENLEGBARE AUF RAEDERN
5 470 RAPS IN OBSTBAUMREIHEN ENTSEUCHUNG DES BODENS VON KRAGENFAEULE
9 9 MECHANISIERUNG DER ERNTE
9 311 AUFBEREITUNG AUF DER FELDTENNE
5 476 RASEN VERWENDEN VON RASENROLLEN
RAUHFUTTER ERNTE S.HEUERNTE; STROH
ERNTEAUFBEREITUNG U.LAGERUNG S.UNTER HEUBELUEFTUNG
SILIEREN S.DORT
7 497 LADEGERAET NPK EINHUNDERTSECHSIG
RAUMHEIZUNG S.UNTER HEIZUNG VON WOHNRAEUMEN
RAUMKLIMATISIERUNG S.UNTER KLIMAANLAGEN
S.AUCH STALLKLIMA
RAUMPFLEGE STAUBSAUGER S.DORT
8 286 GERAETE HAUSRAT-UND EISENWARENMESSE KOELN
5 449 TEPPICHPFLEGE OHNE SCHWERARBEIT
9 397 LIT.UEBER TEPPICHREINIGUNG
7 397 ELEKTR.STAUBSAUGER UND BOHNERGERAETE
7 397 SHAMPOO BOHNER DER HOOVER GMBH
6 226 RECHENMASCHINEN PROJEKTIERUNG DER ARBEITSFLAECHEN PFLUGSCHAREN
6 11 REGELSYSTEME FUER LANDW.MASCHINEN UND ANLAGEN
9 27 REGELTECHNIK METHODEN UND MOEGLICHKEITEN
6 431 ANWENDUNGSMOEGLICHKEITEN IM GARTENBAU
6 432 ELEKTRONISCHES STEUERGERAET
REGNER S.UNTER BEREGNUNG
REIHENDUENGUNG S.UNTER DUENGEN
REIHENSPRITZUNG S.UNTER SPRITZEN
REINIGEN VON ERNTEGUETERN S.UNTER DEN EINZELNEN LANDW.PRODUKTEN
VON ERNTEGUETERN S.UNTER DEN EINZELNEN GAERTN.PRODUKTEN
VON GESCHIRR S.GESCHIRRSPUELEN
VON MILCHGERAETEN S.UNTER.- MILCHGERAETEREINIGUNG MELKEN
VON WOHNRAEUMEN S.UNTER RAUMPFLEGE

7 310 REIS VERBESSERTER ANBAU
6 4 MECHANISIERUNG IN JAPAN
5 231 AUSBRINGEN GRANULIERTER DUENGER MIT FLUGZEUGEN
5 215 FLUGZEUGEINSATZ BEI DER AUSSAAT
9 57 ERNTE MIT MAEHDRESCHER
6 288 M 120 LAVERDA MAEHDRESCHER
6 287 MAEHDRESCHER MF 500 MIT RAUPENKETTEN FUER ERNTE
9 519 REISEN STUDIENREISE IN DIE VR UNGARN
6 59 REISSLACK DARSTELLUNG DES SPANNUNGSVERLAUFS
REPARATUR S.UNTER INSTANDSETZUNG
5 22 REPROGRAPHIE UND DOKUMENTATION
6 1 RGW INTERNATIONALES MASCHINENSYSTEM
6 520 ERARBEITUNG EINER TECHNOLOGIE IM PFLANZENSCHUTZ
8 119 RIESELFELDER ABWASSERBESEITIGUNG
7 467 RINDE ALS ROHSTOFF DER CHEMISCHEN INDUSTRIE
7 468 BRIKETTIERUNG UND PLATTENHERSTELLUNG
7 469 ALS HEIZMATERIAL IN DER INDUSTRIE
7 456 KOMPOSTIERUNG VON BAUMRINDE
7 466 BAUMRINDE ALS MITTEL ZUR FROSTDAEMMUNG IM BODEN
RINDERFUETTERUNG ALLGEMEINES
6 342 IN DER CSSR
6 567 ANALYSE DER TECHNOLOG.GROSSPRODUKTIONSVERFAHREN
6 350 KOSTEN U.ARBEITSAUFWAND VERSCHIED.MECHANISIER.STUFEN
9 578 SILAGEFUETTERUNG AUS HOCHSILOS
5 676 OFFENSTALL IN REPY
9 349 FRESSGITTER UND ANBINDUNGEN
FUTTERTRANSPORT FUTTERVERTEILUNG
7 356 MECHANISIERUNGSKETTE BEI VERFUETTERG.V.KRAFTFUTTER
5 391 NORMIERTES FUETTERN V.KUEHEN IN LAUFSTAELLEN
6 341 AUS FLACHSILOS FRONTLADER SILOFRAESEN U.VERTEILWAGEN
6 576 FUTTERTISCH FUER MAST MIT GERSTE
9 360 MIT GREIFERANLAGEN IM ANBINDESTALL
8 485 VOM FUTTERWAGEN AUS
7 563 HAENGENDE FUTTERFOERDERSCHNECKE
SELBSTFUETTERUNG
6 580 HEURAUFE ZUR VORRATSFUETTERUNG
AUTOMATISCHE ANLAGEN
9 569 AUTOMAT IN GESCHLOSSENEM STALL
9 578 VOLLMECH.KRAFTFUTTERVERABREICHUNG IM STAND
6 341 HEUTURMVERFAHREN
5 392 DOSIERVORRICHTUNG MIT FUTTERTROG
RINDERHALTUNG S.AUCH DIE EINZELNEN STALLARTEN
6 342 IN DER CSSR
6 568 IN FRANKREICH
8 220 IN USA SYSTEME STANDORTSORIENTIERUNG ENTWICKLUNG
7 541 BEURTEILUNG DER WIRTSCHAFTLICHKEIT
8 217 INDUSTRIEMAESSIGE PRODUKTIONSMETHODEN
6 567 ANALYSE DER TECHNOLOG.GROSSPRODUKTIONSVERFAHREN

8 239 RINDERHALTUNG MECHANISIERUNG DER ARBEITEN
5 404 ORGANISATION DER LAUFSTALLHALTUNG
9 354 ARBEITSORGANISATION DER STALLBRIGADEN
8 240 TECHNOLOGISCHE PLANUNG DER MILCHVIEHHALTUNG
5 365 EINFUEHR.MODERNER ARBEITSVERFAHREN IN MILCHVIEHHALTUNG
9 352 KONZENTRAT.V.KUHBESTAENDEN IN SOZ.BETRIEBEN LIT.
9 334 BEWIRTSCHAFTUNG EINER MILCHVIEHFARM
8 221 KUTEL-PROJEKT EINRICHTUNG EINER GEMEINSAMEN HALTUNG
9 336 ZWEISCHICHTARBEIT BEI ANBINDESTAELLEN FUER KUEHE
6 565 ARBEITSERSPARNIS UND STALLHYGIENE
5 415 STAND DER HYGIENE IN EINER LPG
9 562 ANBINDEN DER SCHWAENZE AUS HYGIENISCHEN GRUENDEN
7 355 AUSNUTZG.V.REFLEXEN DER TIERE FUER AUTOMAT.DER PROD.
7 355 AUSNUTZG.V.REFLEXEN DER TIERE FUER MECH.DER PRODUKTION
RINDERSTAELLE ABKALBESTAELLE S.DORT
ANBINDESTAELLE S.DORT
JUNGVIEHSTAELLE S.DORT
KAELBERSTAELLE S.DORT
LAUFSTAELLE S.DORT
OFFENSTAELLE S.DORT
ENTMISTEN S.DORT
FUETTERUNGSEINRICHTUNGEN S.UNTER RINDERFUETTERUNG
TRAENKANLAGEN S.UNTER TRAENKEN
S.AUCH LUEFTUNG
7 590 ARBEITSAUFWAND U.KOSTEN AUF VERSCHIED.TECHNISIER.STUFEN
8 509 BAUTEN UNGARISCHES FACHBUCH
9 569 GESCHLOSSENE STAELLE MIT MAX.AUTOMAT.FUETTERUNG
8 522 BAU VON ERD-ODER DECKENLASTIGEN STAELLEN
8 480 MILCHSOWCHOSEN ZUR VERSORGUNG DER STADT ROSTOW
8 479 EXPERIMENTALFARM DES SOWCHOS BORYSPILSKYJ
8 477 MASTFARM FUER FUENFHUNDERT RINDER
7 509 STALLPROJEKT AUS BEWEHRTEN GASBETONPLATTEN
5 700 VERWENDUNG VON TRANSPORTABLEN FLUGZEUGHALLEN
9 568 NEUZEITLICHE EINRICHTUNG
7 562 NEUARTIGE SELBSTFANGVORRICHTUNG FUER KUEHE
5 416 STALLHYGIENE UNTERSUCH.DES KREISES LAUFEN/OBB.
5 668 WASSERVERSORGUNG OHNE ROHRLEITUNG
6 79 BELEUCHTUNG
8 458 ANFORDERUNGEN AN DIE KUENSTLICHE BELEUCHTUNG
6 569 WAERMEBILANZ IM STALL
5 627 HEIZUNG UND LUEFTUNG VON STAELLEN
RODEN VON KARTOFFELN S.UNTER KARTOFFELN;V.RUEBEN S.UNTER RUEBEN
GERAETE FUER BAUMSCHULEN S.UNTER BAUMSCHULEN
5 525 KOMPLEXE MECHANISIERUNG AUF SCHLAGFLAECHEN
9 466 FRONT-ODER HECKRODUNG
8 357 ANLAGE U.BEARBEITEN V.TERRASSEN U.BEWALDUNGSSTREIFEN
8 111 TECHN.STUBBENBESEITIGUNG
6 464 STOCKRODER FLECO MIT SPALTKEIL
8 148 ROENTGENSTRAHLEN VORGANG DER GETREIDEAUSSAAT ROENTGENUNTERSUCHUNG

ROHR S.UNTER SCHILF
ROHRE S.UNTER.. BEREGNUNG; BEWAESSERUNG; DRAINAGE; WASSERVERSORGUNG
9 525 AUS KUNSTSTOFF FUER WASSER UND JAUCHE
ROHRMELKANLAGEN S.UNTER MELKEN
6 423 ROSEN KULTUR UNTER GLAS
9 421 MECH.BEARBEITUNG VON PFLANZUNGEN
5 485 ANBAURODEPFLUG ZUM GERAETETRAEGER
ROSTSCHUTZ S.UNTER KORROSION
ROTIERENDE BODENBEARBEITUNG
SPEZIALGERAETE FUER OBSTANLAGEN S.UNTER OBSTBAU
6 4 IN JAPAN
5 606 34. PARISER LANDMASCHINENSALON
5 209 BODENBEARBEITUNG NACH DER ERNTE
6 2 SYSTEM VON ROTATIONSMASCHINEN
9 208 KINEMATIK BEI VIBRATIONS-UND ROTATIONSMASCHINEN
9 412 UNTERSUCHUNGEN AN ROTIERENDEN HACKGERAETEN
5 210 RP 2 I BODENLOCKERER
5 209 ANBAUSCHEIBENSCHAELPFLUG ROTUS
6 222 EINSATZ V.SPATENPFLUG ZUR HERBSTFURCHE AUF SCHWIERIG.BOED.
5 501 KREISELKRUEMLER SPATENEGGEN VICON SPATENMASCHINE
9 411 KN 2 KREISELKRUEMLER HUMUS PRUEFBERICHT IMA-BRUGG
9 448 KREISELKRUEMLER MIT FEINTASTAUTOMATIK
9 515 ROTORHACKE DER DDR
9 233 ROTATIONSHACKE DER FA. MASSY ORLEANS
6 2 ROTATIONSJAETHACKE
7 496 GERAET V.HOWARD MIT FEST AUF DEM ROTOR MONT.HACKMESSERN.
9 209 SPATENROLLHACKE TIMANTTI
8 131 SPATENROLLEGGE HANKMO PRUEFBERICHT ULTUNA
8 132 SPATENROLLEGGE VAUHTI PRUEFBERICHT ULTUNA
S.AUCH UNTER HACKEN
6 311 ROTKLEE DREIPHASENERNTE VON SAMENROTKLEE
5 29 RTS AUFGABEN NACH ABGABE DER TECHNIK
5 28 UNTERSTUETZUNG DER LPG BEI PFLEGE UND WARTUNG
5 4 BILDUNG FUER DIE INNENMECHANISIERUNG
7 349 AUFGABEN UND ARBEITSWEISE FUER INNENWIRTSCHAFT
7 350 AUFGABEN BEI MECHANISIERUNG DER INNENWIRTSCHAFT
RUEBEN GLIEDERUNG HINWEISE
ANBAU
SAEEN
PFLEGE
ERNTE
KOEPFEN
RODEN KOEPFRODER
VOLLERNTE
BLATTBERGUNG
TRANSPORT
REINIGEN
LAGERN
SAMENBAU

RUEBEN HINWEISE
BLATTSILAGE S.UNTER SILAGE
SILIEREN, VEREINZELN S.DORT
S.AUCH UNTER SAEEN

ANBAU

8 94 MECHANISIERUNG DES ANBAUES IN BULGARIEN
6 175 KOMPLEXE MECHANISIERUNG U.INTENSIVIERUNG IN DER SU
6 174 ENTWICKLG.DES ZUCKERRUEBENANBAUES WAEHREND IXX.JH.IN RUSSLAND
9 5 STAND UND ENTWICKLUNG DER TECHNIK
5 181 ANBAU LITERATURSTUDIE WISSENSCHAFTL.TECHN.HOECHSTSTAND
8 103 EINFLUSS DER MECHANISIERUNG AUF ERTRAEGE
6 180 VOLLMECHANISIERUNG DES ANBAUES FACHBUCH
9 177 LITERATUR UEBER ANBAU
8 104 TECHNOL.VERFAHREN DES ANBAUES OEKON.
8 106 ANBAU NEUE TECHNOLOGIE MIT GERINGEM HANDARBEITSAUFWAND
8 107 ANBAU MIT WENIG HANDARBEIT
7 169 OEKONOMIK DES ANBAUS
9 178 ANBAU MIT MINIMALEM ARBEITSAUFWAND
4 246 VEREINZELUNGSLOSER ANBAU MIT MONOKARPEM SAATGUT
5 171 BERICHT UEBER DAS DERZEITIGE ANGEBOT AN MASCHINEN
8 110 MASCHINENSYSTEM
9 222 SCHWED.STANDARD FUER REIHENABSTAENDE
5 291 ANBAUTECHNIK IN BASCHKIRIEN
5 172 ARBEIT DER BRIGADE SVETLICNYJ BEIM ANBAU

SAEEN

8 105 MECHANISIERUNG DER BESTELL-UND PFLEGEARBEITEN
8 108 ARBEITSEMPFEHLUNGEN FUER DIE BESTELLUNG
7 225 EINFL.DER SAATEINBRINGUNG AUF FELDAUFGANG
6 245 LAENGSVERTEILUNG VON SAMEN IN DER SAATRINNE
9 221 VEREINHEITLICHUNG VON SAEMASCHINEN
7 226 VORFUEHRUNG VON MASCHINEN ZUR BESTELLUNG UND PFLEGE
5 172 GLEICHZEITIGES GRUBBERN UND SAEEN MIT VIER MASCHINEN
6 242 VORZUEGE DER EINZELKORNSAAT
8 107 EINZELKORNABLAGE VON SEGMENTIERTEM SAATGUT
5 297 VERWENDUNG VON KALIBRIERTEM EINZELKORNSAATGUT
5 219 METHODE DER STATISTISCHEN PRUEFUNGEN DER EINZELKORNAUSSAAT
5 218 EINFUEHRUNG DER EINZELKORNSAAT IN DER DDR
8 150 EINKORNSAEMASCHINEN GLEICHMAESSIGK.DES AUSTRITTS DER KOERNER
8 151 PRAEZISIONSDRILLMASCHINEN FUER B- C-UND D-SAAT
5 220 A 765 2 5 EINZELKORNSAEMASCHINE PRUEFBERICHT BORNIM
7 228 EINZELKORNSAEMASCHINE HASSIA EXAKTA PRUEFBER.IMA-BRUGG
7 227 SST 4 EINZELKORNDRILLMASCHINE
5 172 SKRN 12 SAE-U.DUENGEMASCHINE FUER EINZELKORNSAAT
9 234 EINZELKORNDRILLMASCHINE MIT ZWISCHENREIHENSPRITZGERAET

PFLEGE

6 253 NEUE ARBEITSMETHODEN BEI DER PFLEGE

5 182 RUEBEN PFLEGE ERNTE LAGERUNG UND WEITERVERARBEITUNG
7 240 ARBEITSANLEITUNG FUER VEREINZELN UND PFLEGEN
8 155 MASCHINELLE REGULIERUNG DER BESTANDESDICHTE
8 156 MASCH.VERHACKEN MIT GROSSER GESCHWINDIGKEIT
8 156 MASCH.ZWISCHENREIHENBEARBEITUNG MIT GROSSER GESCHWINDIGKEIT
9 232 FRONTHACKGERAET VON STOLL
6 524 SCHAEDLINGS-UND UNKRAUTBEKAEMPFUNG
7 241 CHEM.UNKRAUTBEKAEMPFUNG ARBEITSWIRTSCH.

ERNTE
5 297 VOLLMECHANISIERTE ZUCKERRUEBENERNTE IN DER CSSR
5 298 STAND DER MECHANISIERUNG DER ERNTE
5 290 HOCHTECHNISIERTE ARBEITSVERFAHREN DER ERNTE
8 189 MECHANISIERUNG DER ERNTEARBEITEN
9 168 PERSPEKTIVEN DER KOMPLEXMECHANISIERTEN PRODUKTION
6 302 KOSTEN DER ERNTE
5 292 MECH.ERNTE VON ZUCKERRUEBEN FUER FUTTERZWECKE
6 303 ERNTEPROBLEME BEI MECHANISCH VEREINZELTEN RUEBEN
8 190 ERNTEMASCH.U.GERAETEVORFUEHRG.IN GELCHSHEIM
7 299 ERNTEVORFUEHRUNG IN NUMANSDORP
8 428 ERNTE IV. INTERNATIONALE MESSE IN BRNO
9 90 GERAETEKOMBINATIONEN
7 162 AUFSATTELBARER UNIVERSALGERAETERAHMEN
5 293 VERFAHREN ZUR TEILMECHANISIERUNG DER FUTTERRUEBENERNTE
6 304 MOEGLICHKEIT DER HALBMECHANISCHEN FUTTERRUEBENERNTE
6 306 KOHLRUEBENERNTE MASCHINENVORFUEHRUNG
6 305 ARBEITSMETHODEN BEIM ERNTEN V.STOPPELRUEBEN

KOEPFEN
8 188 TECHNOLOGISCHE KENNWERTE V.KOEPFVORRICHTUNGEN
9 264 KOEPFEN MAEHLADER ROTORPLAN
6 307 PARZELLENKOEPFER FUER FELDVERSUCHE

RODEN KOEPFRODER
6 308 ERNTEMASCHINE MIT RODESCHEIBEN BEET KING EXPRESS
6 309 E 710 LAENGSSCHWADKOEPFRODER ERNTE VON RUNKELRUEBEN
5 299 E 710 4 WAGENKOEPFRODER EINSATZ
5 299 E 732 KOEPFRODER EINSATZ
7 45 KOEPFRODER NUTZUNGSDAUER UND REPARATURKOSTEN
9 293 C 25 RODER STOLL MODELL
9 71 RODEKOERPER EINFL.V.VIBRATION AUF INNERE BODENREIBUNGSZAHL

VOLLERNTE
7 300 ERNTE MIT DEM VOLLERNTER
7 299 VORFUEHRUNG V.VOLLERNTEMASCHINEN U.WAGEN IN NUMANSDORP
5 172 KOMB.GLEICHZEITIGE ERNTE MIT ZWEI VOLLERNTEMASCHINEN
7 12 AUTOMAT.REGELUNG DER BEWEGUNG VOLLERNTEMASCHINEN
9 294 ABMESSUNGEN DER AUSGLEICHSSCHNECKE IN VOLLERNTEMASCHINEN
7 301 BK 2 VOLLERNTEMASCHINE ILR-PRUEFBERICHT
7 497 KG 3 VOLLERNTEMASCHINE
9 515 KS 3 VOLLERNTEMASCHINE
9 37 SKN 2 VOLLERNTEMASCHINE BAUTEILE AUS KAPRON
5 172 SKN 2M VOLLERNTEMASCHINEN

RUEBEN BLATTBERGUNG
6 267 BLATT ERNTE MIT SCHLEGELERNTER
5 255 ENTKRAUTEN MIT DEM SCHLEGELERNTER
5 296 ENTKRAUTEN DURCH EINSATZ VON SCHLEGELERNTERN
9 295 BLATTSAMMLER SVCH 100
8 170 BLATT AUFLADEWAGEN
9 270 BLATT EINSATZ VON SELBSTLADEWAGEN

TRANSPORT
7 298 UMLADE-UND TRANSPORTPROBLEME
6 310 VERWENDUNG VON SILONNETZEN BEIM AUFLADEN
7 266 BLATT LADEWAGEN EINGLIEDERUNG IN ARBEITSKETTE
7 251 FELLA MEHRZWECKWAGEN FARMER KOMBI
7 155 EINACHSANHAENGER MIT SELBSTTAETIGER ENTLADUNG
7 497 CN 120 LADEGERAET
9 295 NRCN 120 AUFLADER
5 267 LÄDER SNT 2 I ANBAU AN MAEHDRESCHER SK DREI

REINIGEN
8 213 HÄUPTDATEN VON REINIGUNGSSCHNECKEN
7 302 REINIGUNGSEFFEKT BEI VERSCHIEDENEN LADEVERFAHREN
5 294 REINIGUNGSSYSTEM AUS KART·SAMMELRODER U·RUEBENLADER

LAGERN
7 344 GROSS-GERAUER LAGERANLAGE
5 368 FÜTTERRUEBEN FLACHSILOAEHNLICHE HOFMIETE MIT STROHABDECKUNG
5 355 UNIVERSALANHAENGEMASCHINE ZUM AUSHEBEN V·ERDMIETEN BE-U·ABDECK·

SAMENBAU
6 244 ENTWICKLUNGSTENDENZEN DER SAATGUTERZEUGUNG V·BETARUEBEN
6 40 SAMENANBAU IN LICHTSCHAECHTEN ZWISCHEN SOMMERGERSTE
9 298 ERNTEVERFAHREN BEI SAMENTRAEGERN INDUSTRIEMAESSIGE PROD·METHOD·
5 300 MÄSCHINEN FUER ERNTE VON SAMENTRAEGER IN DER SU
6 40 ERNTE DER SAMENTRAEGER MIT MAEHBINDER
5 300 ZUS 3 5 MAEHMASCH·MIT ABLEGEVORRICHT·FUER RUEBENSAMENTRAEGER
7 535 MEHRGESCHOSSIGE REINIGUNGSANLAGE FUER SAATGUT
6 340 SAMEN FESTSTELLG·DES BESTEN SIEBGUETEGRADES BEI GERINGST·ABRIEB
5 357 RUEBENSCHNITZEL PRODUKTION UND HALTBARMACHUNG
RUECKEN VON HOLZ S·UNTER HOLZRUECKEN U·BRINGEN
5 651 RUMAENIEN WIEDERAUFBAU DER DOERFER
RUNDERNEUERUNG S·UNTER BEREIFUNG
RUNDHOLZABWERFER S·UNTER HOLZAUFBEREITUNG
RUNDSILOS S·UNTER SILO
S·UNTER GETREIDE·· TROCKNUNG

SAATGUT FORSTSAMEN S·DORT S·AUCH KOERNERFRUECHTE
S·AUCH DIE EINZELNEN KULTUREN

7 163 SAATGUT ERZEUGUNG MECHANISIERUNG ARBEITSINTENSIVER PROZESSE
6 13 JAHRESBERICHT DES NIAE
5 360 BEWERTUNG DER EIGENSCHAFTEN IM FELDVERSUCH
7 347 AUTOMATISIERTES FLIESSBAND DER AUFBEREITUNG
9 300 TROCKNEN VON VERMEHRUNGSSAATGUT
8 96 ZENTRALROHRTROCKNER MIT KALT-ODER WARMBELUEFTUNG
8 202 ZWANGSBELUEFTUNG BEI KONTINUIERL.SAATGUTBEREITUNG
7 328 NEUE MASCHINEN FUER REINIGEN UND SORTIEREN
7 535 MEHRGESCHOSSIGE REINIGUNGSANLAGE
8 96 MSVR BEREITER FUER SAATZUCHTBETRIEBE
7 500 MSVRT 0 5 BEREITER FUER KLEINE MENGEN
9 325 MASCHINE ZUR VORREINIGUNG
5 360 BEWERTUNG DER MASCHINELLEN SICHTUNG
5 330 WINDSICHTUNG IN EINEM SENKRECHTEN KANAL
5 328 OPS 2 STEIGSICHTER FUER REINIGUNG UND SORTIERUNG
8 95 SAATZUCHT MECHANISIERUNG ARBEITSAUFWENDIGER PROZESSE
8 96 MECHANISIERUNG ARBEITSAUFWENDIGER PROZESSE
7 500 NEUE MASCHINEN
SAEEN GLIEDERUNG HINWEISE
ALLGEMEINES
DRILLMASCHINEN
KOMBINIERTE MASCHINEN
GLEICHSTAND-UND EINZELKORNSAAT
FORSTWIRTSCHAFT
HINWEISE
MASCHINEN U.GERAETE FUER GEMUESE S.UNTER GEMUESEBAU
MASCHINEN U.GERAETE FUER MAIS S.UNTER MAIS
MASCHINEN U.GERAETE FUER RUEBEN S.UNTER RUEBEN
S.AUCH DIE ANDEREN FRUCHTARTEN
FLUGZEUGEINSATZ S.UNTER FLUGZEUGE
ALLGEMEINES
8 148 VORGANG DER GETREIDEAUSSAAT ROENTGENUNTERSUCHUNG
5 216 KEHRDRILLEN ODER BEETDRILLEN
9 11 MASCH.AUSSAAT V.GETREIDE U.MAIS HANDBUCH
8 61 ARBEITSLEISTG.U.TREIBSTOFFVERBRAUCH BEI VIERRAD-U.KETTENTRAKTOR
8 413 AUF STROHDECKSCHICHT ZUR BEFESTIGUNG VON BOESCHUNGEN
DRILLMASCHINEN
9 5 STAND UND ENTWICKLUNG DER TECHNIK
9 9 MASCH.TECHN.FORTSCHRITT
9 221 VEREINHEITLICHUNG VON SAEMASCHINEN
9 223 EINFUEHRUNG VEREINHEITLICHTER MASCHINEN
9 31 MASCH.STAND DER NORMUNG
9 44 MASCH. VEREINHEITL.V.BAUGRUPPEN U.EINZELTEILEN
6 242 AUFBAU EIGNUNG UND VERBREITUNG VERSCHIED.MASCHINENTYPEN
6 243 ARTEN BAUGRUPPEN U.PRUEFUNG V.MASCH.IN FRANKREICH
7 229 DARSTELLUNG MODERNER DRILLMASCHINEN
8 96 ANBAUDRILLMASCHINE FUER SAATZUCHTBETRIEBE
9 224 BELGISCHE ANBAUSAEMASCHINE
9 409 DRILLMASCHINEN DER FA. EGEDAL
6 247 AGGREGAT AUS DREI DRILLMASCHINEN

6 443 SAEEN RASENSAEMASCHINE SAEMEISTER
8 96 SS 16 GESPANNDRILLMASCHINE FUER SAATZUCHTBETRIEBE
7 498 SZZ 2 5 S ANBAUGETREIDESAEMASCHINE
8 149 NORDSTEN DRILLMASCHINE CERES NIAE-TEST
7 230 DRILLMASCHINE EUROPLEX ILR-PRUEFBERICHT WAGENINGEN
6 248 DRILLMASCH.BOLINDER MUNKTELL EB FUER REIHENAUSSAAT PRUEFB.ULTUNA
6 249 S 6 4 REIHENDRILLMASCH.MC CORMICK INTERNATIONAL PRUEFB.ULTUNA
9 226 DRILLMASCHINE STOCKLAND PRUEFBERICHT VOLLEBEKK
7 34 MASCH.ANWENDUNG VON RAHMENLOSEN KONSTRUKTIONEN
9 37 MASCH. BAUTEILE AUS KAPRON
6 250 SPURLOCKERER FUER DRILLMASCHINEN
7 232 EINFL.V.RUEHRWELLENVORRICHTG.AUF ARBEITSQUALITAET V.MASCHINEN
6 20 SAERAEDER AUSTAUSCH VON METALLEN GEGEN PLASTWERKSTOFFE
6 251 EIGENSCHAFTEN V.SAEAPPARATEN AUS GRAPHITKAUTSCHUKMASSE
7 39 SAATRAEDER SAATKAESTEN AUS KUNSTSTOFFEN
7 231 WAHL DER SAERAEDER DER SAEMASCHINE STVCH VIER
KOMBINIERTE MASCHINEN
6 8 AUSARBEITUNG GUENSTIGER GERAETEKOMBINATIONEN
9 179 GERAETEKOMB.FUER PFLUEGEN DUENGEN SAEEN U.UNKRAUTBEKAEMPFG.
6 241 KOMB.V.GRUBBER UND DRILLMASCHINE FUER GRUENLAND
7 497 PPTZ 250 SCHEIBENSCHAELDRILL
9 221 KOMBINIERTE SAE-UND DUENGEMASCHINEN
5 606 PRAEZISIONSSAEGERAETE MIT KOMBINIERTER DUENGERAUSBRINGUNG
8 133 UND N-DUENGUNG IN EINEM ARBEITSGANG
7 498 SNT 2 6 ANBAUDUENGERDRILLMASCHINE
GLEICHSTAND-UND EINZELKORNSAAT
6 243 VERGLEICH V.EINZELKORN-MIT NOCKENRADMASCHINEN
6 242 PRUEFSTANDSVERSUCHE AN EINZELKORNSAEMASCHINEN
8 150 EINKORNSAEMASCHINEN GLEICHMAESSIGK.DES AUSTRITTS DER KOERNER
9 225 DURCH FEDERDRUCK KONTROLLIERTE EINZELKORNAUSSAAT
9 515 PRAEZISIONSDRILLMASCHINE SECHS-REIHIG MIT BAND DRILLAPPARAT
8 424 AUF EINZELKORNSAEMASCHINE MONTIERTE SPRUEHEINRICHTUNG
7 45 EINZELKORNSAEGERAETE NUTZUNGSDAUER UND REPARATURKOSTEN
7 500 HANDSAEMASCHINE FUER EINKORN-UND NESTSAAT AUF PARZELLEN
8 147 EINZELKORNSAEGERAET MULTI CULTA
5 500 EINZELKORNSAEAPPARAT SEMORA
7 495 GLEICHSTANDSAEMASCHINE VON WEBB
7 500 EINKORNSAEMASCHINEN FUER PARZELLEN
FORSTWIRTSCHAFT
8 359 AUSSAAT VON ABIES IN NORWEGEN
8 358 A 534 ANHAENGEFORSTDRILLMASCHINE PRUEFBERICHT BORNIM
SAEGEN MOTORSAEGEN S.DORT S.AUCH UNTER HOLZAUFBEREITUNG
9 448 PNEUMATISCHE VON SIGVARD
5 516 KREISSAEGEN UNFAELLE IN DER BRD
6 485 ROLLTISCHKREISSAEGE PRUEFBERICHT WIESELBURG
6 486 ROLLTISCHKREISSAEGE PRUEFBERICHT WIESELBURG
8 381 WIPPKREISSAEGE PRUEFBERICHT WIESELBURG
8 382 MS 600 KOMB.WIPPKREISSAEGE PRUEFBER.WIESELBURG
6 487 HOCHWALD-SICHERHEITSKREISSAEGEBLATT PRUEFBER.WIESELBURG
8 380 VERHALTEN V.BUEGELSAEGEBLAETTERN BEI DAUERBEANSPRUCHUNG

7 451 SAEGEN SLT IA TRAKTORENSAEGEGERAET
SAEGEWERKE S-UNTER HOLZAUFBEREITUNG
SAEMEREIEN S-SAATGUT
FORSTSAMEN S-DORT, S-AUCH KOERNERFRUECHTE
S-AUCH DIE EINZELNEN KULTUREN
8 287 SALAT TECHNOLOGIE DES ANBAUES UNTER GLAS
9 225 DURCH FEDERDRUCK KONTROLLIERTE EINZELKORNAUSSAAT
9 430 ELEKTRONISCH-MECH-ARBEITENDE VOLLERNTEMASCHINE
9 310 SALZSAEURE EINMISCHUNG ALS KONSERVIERUNGSZUSATZ BEI SILAGEBEREITUNG
SAMMELPRESSEN S-AUCH-- HEUERNTE, STROH
SAMMELBRIKETTIERPRESSE S-UNTER HEUPRESSLINGE
5 608 1963 UNIONSAUSSTELLUNG
5 609 1964 SMITHFIELDSCHAU
6 261 UNTERSUCHUNG EINER AUFNAHMETROMMEL
7 45 NUTZUNGSDAUER UND REPARATURKOSTEN
9 246 EINSATZ ZUR FUTTERPFLANZENERNTE
8 98 HEUERNTE MIT HOCHDRUCKSAMMELPRESSEN
6 294 STROHBERGUNG MIT NIEDERDRUCKSAMMELPRESSEN
7 285 STROHBERGEN HINTER DEM MAEHDRESCHER
9 267 GERADLINIG ARBEITENDER KOLBEN ODER SCHWINGKOLBEN
9 265 FRONTLADER DREIPUNKT-HECKLADER FUER LANGGUTKETTE
6 294 SUPERSAMMELPRESSE ALS SELBSTFAHRER
5 237 MIT ANGEHAENGTEN BALLENSCHLITTEN
5 273 VON ALLIS CHALMERS MASCHINENVORFUEHRG-IN ZEELAND
5 607 BAMFORD RAEUMGERAET
8 429 FORD ANHAENGE-BALLENPRESSE
6 269 NP850 NIEDERDRUCKPRESSE
7 496 NR-10 VON MASSEY FERGUSON
7 272 SUPER 68 NEW HOLLAND ILR-PRUEFBERICHT
7 293 SAMMELRODER UEBERBLICK UEBER DEN TECHNISCHEN STAND
5 289 PERSPEKTIVISCHE PROBLEME DER LANDTECHN-ENTWICKLUNG
7 45 NUTZUNGSDAUER UND REPARATURKOSTEN
7 290 GRUENDE FUER SCHLECHTE QUALITAET GEERNTETER KARTOFFELN
6 301 EINSATZ AUF SCHOTTERBOEDEN
FUER KARTOFFELN BAUARTEN TYPEN
9 44 VEREINHEITL-V-BAUGRUPPEN U-EINZELTEILEN
9 2 MIT MEHREREN HYDROMOTOREN
5 282 8- INTERNATIONALE VORFUEHRUNG IN ENGLAND
5 286 TYPEN MIT SIEBTROMMEL UND SIEBKETTE
5 287 MASCHINEN VON ACHT HERSTELLERN
5 288 E 675 I VERBESSERTE BAUGRUPPEN EINFL-AUF ARBEITSQUALITAET
5 282 FAUN KOMB-V-SCHLEUDERRAD U-SIEBBAND
5 285 KGP 2 U- K DREI ZWEIREIHIG
9 515 2REIHIGER KGP R
8 187 711 VON MASSEY FERGUSON EINSATZ BEI FELDVERSUCHEN
5 282 WILD FIREFLY MIT SIEBKETTE HUBRAD FINGERKRAUTTRENNUNG
7 295 NACH VORBILD DER STRASSENKEHRMASCHINE
5 289 SCHEIBENSCHARE AUF LEICHTEN BOEDEN VORTEILE

	SAMMELRODER FUER KARTOFFELN TRENNVORRICHTUNGEN
7 294	VERBESSERTE SIEB-UND TRENNEINRICHTUNGEN
5 219	GUMMISTRANG-SIEBKETTE
5 289	ROTIERENDE BUERSTENWALZEN ALS TRENNHILFE
5 286	STEINABSCHEIDUNG MIT NYLONBUERSTEN U.GUMMIFINGERN
5 287	STEINTRENNUNG DURCH TELLERBUERSTEN DER FA. A.J. TROESTER
	S.AUCH KARTOFFELN.. ERNTE
9 182	SANDSAUGANLAGEN FUER DIE BODENBEWEGUNG
9 409	SANDSTREUMASCHINE DER FA. EGEDAL
	SCHACHTTROCKNER S.UNTER GETREIDE.. TROCKNUNG
	SCHAEDLINGSBEKAEMPFUNG HINWEISE
	BEIZEN S.DORT; BEGASUNG S.DORT
	NEBELN S.DORT; SPRITZEN S.DORT
	SPRUEHEN S.DORT; STAEUBEN S.DORT
	UNKRAUTBEKAEMPFUNG S.DORT
	FLUGZEUGEINSATZ S.UNTER FLUGZEUGE
	ALLGEMEINES
9 5	STAND UND ENTWICKLUNG DER TECHNIK
9 9	TECHN.FORTSCHRITT
6 3	AUFGABEN DER LANDTECHNIK IN DIESEM JAHRZEHNT
6 530	LEHRBOGEN FUER BERUFLICHE QUALIFIZIERUNG
7 14	KLEINE ENZYKLOPAEDIE LAND FORST GARTEN
	VERFAHREN UND MITTEL
9 505	VERFAHREN CHEMISCHE MITTEL UND TECHNIK
7 486	BERIESELUNG U.ZERSTAEUBEN MIT LUFT VERGLEICH
6 179	IN ERBSENKULTUREN
9 443	WURZEL-U.TRIEBSCHAEDLINGE IM GEMUESEBAU
5 504	TECHNIK IM WEINBAU
6 399	TECHN.PROBLEME IM WEINBAU
9 488	AUF HOLZLAGERPLAETZEN
5 597	WIRTSCHAFTLICHK.DER ANWENDG.V.MITTELN
5 596	MITTELPRUEFG.MASSNAHM.OEFFENT.GESUNDHEITSSCH.
6 531	ARBEITSSCHUTZ BEIM UMGANG MIT MITTELN LIT.
9 606	PROJEKTE FUER PFLANZENSCHUTZMITTELLAGER
6 50	ARBEITSSCHUTZ IN DER LANDWIRTSCHAFT
5 600	EINBRINGUNG VON HERBIZIDEN IN DEN BODEN
8 427	STYLONNETZSTRICKWAREN FUER ZUGGARNE
8 427	STYLONNETZSTRICKWAREN FUER FALLENGERAETE
	MASCHINEN GERAETE
9 31	MASCHINEN STAND DER NORMUNG
6 520	INTERNATIONALE VERGLEICHSPRUEFUNGEN
8 418	GERAETEPRUEFUNG UND ENTWICKLUNG IN UNGARN
5 593	GERAETEPRUEFUNG IN OESTERREICH
6 1	MECHANISIERUNGSSYSTEME DES RGW
5 605	II. LANDWIRTSCHAFTSAUSSTELLUNG MARKKLEEBERG
9 449	VORFUEHRG.V.MASCH.IN FERRARA
8 419	1960 FLUGZEUGEINSATZ FAA-UEBERSICHT
7 11	FUENFUNDSIEBZIG JAHRE HOLDER
7 493	AUSBRINGUNG INSEKTIZIDER GRANULATE MASCH.

5 495 SCHAEDLINGSBEKAEMPFUNG BEREGNUNGSANLAG.ZUR MITTELAUSBRINGG.IM OBSTBAU
7 11 KUNSTOFF-FAESSER AUS GLASFASERVERST.POLYESTER
5 72 ELEKTRISCHE FALLEN
8 406 SCHAELSCHAEDEN VERFAHREN ZUR ABWENDUNG AN DER FICHTE
5 59 SCHAELTEST LIT.UEBER DAS PRUEFEN VON METALLKLEBVERBINDUNGEN
6 367 SCHAFHALTUNG HANDBUCH LEISTUNGEN DES SCHAFES
8 251 MASCHINENMELKEN VON SCHAFEN
9 377 MASCHINENSCHUR
7 360 MECHANISIERTE WANNE FUER PROPHYLAKTISCHES BAD
5 690 SCHAFSTAELLE EINFL.AUF WACHSTUM U.ENTWICKLUNG VOM LAEMMER
5 700 TRANSPORTABLE FLUGZEUGHALLEN VERWENDUNG
5 691 VERBESSERTE SCHUTZHUETTE FUER SCHAFE
5 663 ROSTBOEDEN
7 540 SCHAUMBETON FUER UMFASSUNGSWAENDE
5 613 SCHAUMSILIKAT LEICHTER PORIGER BAUSTOFF
7 38 SCHAUMSTOFFE ALS ISOLIERMATERIAL FUER STAELLE
6 31 SPEZIALKLEBER FUER FAHRZEUG-UND KAROSSERIEBAU
SCHEIBENBREMSEN S.UNTER BREMSEN
SCHEIBENEGGEN S.UNTER EGGEN
SCHEIBENPFLUEGE S.UNTER PFLUEGEN
6 413 SCHEREN ANPASSUNG VON ZWEISCHENKLIGEN GRIFFEN AN ARBEITSHAND
9 448 PNEUMATISCHE VON SIGVARD
9 410 GRIFFE UNTERSUCHUNGEN
7 505 SCHEUNEN MIT KELLER FUER HACKFRUECHTE
9 265 SCHIEBELADER LADEN VON LANGGUT
5 240 SCHIEBESAMMLER HEUBERGUNG
6 314 SCHILF ERPROBUNG VON ERNTEMASCHINEN
6 366 SCHLACHTEN VON SCHWEINEN MODERNE TECHNIK
6 40 SCHLAGGROESSE EINFL.AUF STEIGERUNG DER ARBEITSPRODUKTIVITAET
SCHLEGELERNTER EINSATZ
9 260 NACHTEILE INFOLGE DES ZERSCHLAGENS VON ZELLGEWEBE
6 272 ZUM MAEHEN WENDEN UND SCHWADEN V.GRAS
9 258 GRUENFUTTERERNTE ZERKLEINERN V.STROH U.KARTOFFELKRAUT
5 239 HAECKSELKETTE FUER SILIERUNG
5 244 EINSATZ ZUR GRUEN-UND SILOMAISERNTE
7 255 VERGLEICH MIT MAEHHAECKSLER IN DICHTEM MAISBESTAND
9 261 ALS SCHLUESSELMASCHINE FUER DIE FUTTERERNTEKETTE
7 256 PROBLEMATIK BEIM EINSATZ ZUR SILAGEGEWINNUNG
5 237 ARBEITSMETHODEN FUER DAS SILIEREN VON GRAS
5 296 ENTKRAUTEN VON ZUCKERRUEBEN
6 263 EINSATZ IN DER HEUERNTE

5 237 SCHLEGELERNTER EINSATZ ZUR HEUGEWINNUNG
BAUARTEN TYPEN
7 264 DYNAMIK DER SCHLEGELTROMMEL
8 163 BESTIMMUNG DER HAUPTDATEN DES SCHLEGELS
8 98 KOMPLEXE INVESTITIONEN FUER FUTTERPFLANZENERNTE
5 24 KOMBINATION MIT ZETOR SUPER
9 254 MIT MELASSETANK UND EINACHSKIPPER
5 295 E 068 ERNTE VON RUEBENBLATT
7 259 FC 48 HARDER GEHL ILR-PRUEFBERICHT
7 261 FS 115 FUER SEITL.ANBAU AN SCHLEPPER PRUEFB.VOLLEBEKK
9 262 MASCH.V.FEDCO ALS SCHLEGELMAEHER U.ERNTER EINSETZBAR
7 262 MK II GLOSTER NIAE-TEST
7 260 NEW HOLLAND 33 ILR-PRUEFBERICHT
6 269 NURMI 1100S ALS SEITENWAGENMASCHINE
7 263 ORKAN I 5 VORRICHTUNG ZUR SILOMAISERNTE
7 495 SILA HAYMASTER VON JOHN WILDER
8 433 SPKZ 160 AUFNAHMEVORRICHTUNG
6 267 SPKZ 160 ERPROBUNG
6 271 SPKZ 160
SCHLEGELMAEHER S.UNTER MAEHEN
6 24 SCHLEIFFUNKENPROBE FUER PRUEFUNG VON STAHLSORTEN
5 233 SCHLEIFMASCHINE FUER MAEHMESSER MERZ SIMPLEX PRUEFBER.ULTUNA
5 234 FUER MAEHMESSER MERZ SIMPLEX PRUEFBER.ULTUNA
SCHLEPPER S.TRAKTOREN
SCHLEPPSCHAUFELENTMISTUNG S.UNTER ENTMISTEN
SCHLEUDERSTREUER FUER MINERALDUENGER S.UNTER DUENGEN
9 409 ZUM STREUEN VON TORFMULL
6 399 SCHLITTEN FUER TRANSPORTE IM WEINBAU
5 35 SCHMIEREN ENTWICKLUNG EINES OELWECHSEL-UND SPUELGERAETES
9 497 DER MOTORSAEGENKETTEN
5 67 PRUEFUNG VON BULG.ANTIOXYDATIONSZUSATZEN ZU MOTORENOELEN
5 66 PRUEFUNG VON REAKTIONS-OELZENTRIFUGEN RMZ
5 65 SCHMIERMITTEL AUF ANSTRICHBASIS
9 156 SCHNECKENFOERDERER FUER FUTTERTRANSPORT
5 162 EINSATZ BEIM LOSETRANSPORT VON GUETERN
5 346 KOERNER BEWEG.IN FOERDERROHREN MIT ROTIER.SCHNECK.
7 159 LAENGE DER BESCHICKUNGSLUKE
SCHNECKENTRIEUR S.UNTER KOERNERFRUECHTE
8 120 SCHNEEPFLUG SV 2' 6U
9 473 SCHNEESCHAEDEN VERWENDBARKEIT V.HUBSCHRAUBERN ZUM SCHNEESCHUETTELN
5 308 SCHNEIDEN SCHNITTVORGANG BEIM SCHNEIDEN ORGAN.STOFFE LIT.

8 36 SCHNEIDEN VON BOEDEN PROBLEME VON WIDERSTAENDEN
9 402 SCHNEIDPRESSEN FESTIGKEITSUNTERSUCHUNG DES PFLANZENGEWEBES
SCHNELLUMLAUFTROCKNER S.UNTER TROCKNUNG
8 287 SCHNITTLAUCH TECHNOLOGIE DES ANBAUES UNTER GLAS
SCHOBERSETZER S.AUCH UNTER HEUERNTE
5 263 SSR 0 5B
9 533 SCHORNSTEIN ELEMENTE AUS FEUERFESTEN U.GASDICHTEN BETON
6 301 SCHOTTERBOEDEN EINSATZ VON KARTOFFELVOLLERNTEMASCHINEN
SCHRAEGROSTTROCKNER S.UNTER TROCKNUNG
9 557 SCHRAENKE EINGEBAUTE SCHRAENKE SCHRANKWAENDE UND WANDSCHRAENKE
6 336 SCHROTSILO FUER SCHWERFLIESSENDE PRODUKTE
5 167 SCHUETTELRINNEN DER FA. SEGLER IN LEICHTBAUWEISE
7 SCHUETTLER S.UNTER OBSTBAU-- ERNTE
8 466 SCHULEN KOMPLEXSERIE VON SOWJETISCHEN TYPENPROJEKTEN
6 SCHUTZANSTRICHE S.UNTER KORROSION
SCHUTZHELM S.UNTER ARBEITSSCHUTZ
7 174 SCHUTZPFLANZUNGEN MECHANISIERUNG BEI ANLAGE UND PFLEGE
6 312 SCHWADDRUSCH ERNTE VON VERMEHRUNGSLUZERNE
STROHBERGUNG S.DORT
7 45 SCHWADLEGER NUTZUNGSDAUER UND REPARATURKOSTEN
9 282 SCHWADMAEHER UNTERSUCHUNGSERGEBNISSE DER DREIPHASENGETREIDEERNTE
7 280 ARBEITSWEISE BEI ERHOEHT.GESCHWINDIGKEITEN
6 311 DREIPHASENERNTE VON SAMENROTKLEE
5 272 GETREIDEVERLUSTE
9 249 HESSTON 240 SELBSTFAHREND PRUEFBERICHT
5 254 ZB 4 6 ARBEITSWEISE
5 254 ZRB 4 9 ARBEITSWEISE
5 257 ZRB 4 9 EINSATZFAEHIGK.BEI UNTERSCHIEDL.FAHRGESCHWINDIGK.
6 61 SCHWEBEGESCHWINDIGKEIT GERAET FUER DIE PRUEFUNG
8 1 SCHWEDEN GRUNDKENNZIFFERN DER LANDWIRTSCH.PRODUKTION
6 53 MASCHINENPRUEFUNG DURCH STAATLICHE DIENSTSTELLEN
9 490 MECHANISIER.DES TRANSPORTS IN DER FORST- U.LANDWIRTSCHAFT
9 579 LATTENROSTSTAELLE FUER SCHWEINE UND KAELBER
5 510 ENTWICKLUNGSARBEIT FUER FORSTTECHN.RATIONALISIERUNG
5 588 PLANUNG DES WALDAUTOSTRASSENNETZES
5 587 GESTALTUNG UND KLASSIFIZIERUNG DER WALDAUTOSTRASSEN
5 568 ARBEITSMETHODEN UND GERAETE FUER HOLZTRANSPORT
9 520 LANDWIRTSCHAFTLICHES BAUEN
5 611 UEBERBLICK UEBER DIE HAUSFORSCHUNG
9 310 SCHWEFELSAEURE EINMISCHG.ALS KONSERVIERUNGSZUSATZ BEI SILAGEBEREITG.

SCHWEINEFUETTERUNG ALLGEMEINES
6 343 SOWJET.MASCHINENSAETZE
6 588 UEBERGANG V.TROG- ZUR FUSSBODENFUETTERUNG
6 342 TROCKENFUTTER U.FLIESSFAEHIGES FUTTER IN DER CSSR
9 359 AND MANAGEMENT FROM WEANING TO MARKET
5 354 KARTOFFELMISCHSILAGE FUER MASTSCHWEINE
5 689 DUENNWANDIGER STAHLBETONTROG AUS MONTAGETEILEN
FUTTERTRANSPORT VERTEILUNG
9 338 MASTANLAGE FUER FLIESSFAEHIGE FUTTERMITTEL
7 359 FUTTERVERTEILUNG DURCH ROHRE
5 393 MIT FEUCHTKRUEMELIG.FUTTER MIT HILFE V.ZAHNRADPUMPE
5 402 DICKSTOFFPUMPE DER GEBR. BOETTNER
7 357 FUTTERWAGEN FUER NASSFUTTER
AUTOMATISCHE ANLAGEN
6 352 AUTOMAT.VON MASTSCHWEINEN
5 414 MAST MIT SELBSTTAETIGE FUTTERVORRICHTUNGEN
5 687 KOMPLEXANLAGE FUER TROCKENFUETTERUNG
6 351 MECH.SCHROTFUETTERG.GEWICHTS-U.VOLUMENDOSIERANLAGE
8 217 SCHWEINEHALTUNG INDUSTRIEMAESSIGE PRODUKTIONSMETHODEN
9 337 SCHAFFUNG VON GROSSFARMEN
9 520 SPEZIALISIERUNG AUF ZUCHT U.MAST IN SKANDINAVIEN
6 591 BESONDERHEITEN DER EINZEL- UND GRUPPENHALTUNG
8 241 MECHANISIERUNG AUF SCHWEINEZUCHTFARMEN
5 365 EINFUEHR.MODERNER ARBEITSVERFAHREN IN DER MAST
5 406 KONZENTRATION U.SPEZIALISIERUNG IN DER ZUCHT
5 415 STAND DER HYGIENE IN EINER LPG
6 565 ARBEITSERSPARNIS U.STALLHYGIENE
SCHWEINESTAELLE GLIEDERUNG HINWEISE
ALLGEMEINES
ABFERKELSTAELLE
ZUCHTSTAELLE
MASTSTAELLE
HUETTEN
STALLEINRICHTUNGEN
STALLKLIMA
HINWEISE
FUTTERZUBEREITUNG S.DORT
ALLGEMEINES
7 590 ARBEITSAUFW.U.KOSTEN AUF VERSCHIED.TECHNISIER.STUFEN
5 694 BAU UND EINRICHTUNG FACHBUCH
7 572 GRUNDSAETZE FUER DEN BAU
5 700 TRANSPORTABLE FLUGZEUGHALLEN VERWENDUNG
5 681 DREI NEUE TYPEN
7 573 TYPEN AUS MONTAGEFERTIGEN ELEMENTEN
9 582 IN VOLLMONTAGEBAUWEISE
5 684 NORMEN DER NUTZFLAECHEN
5 685 EINSEITIG OFFENER STALL MIT ZWEI BOXEN

9 586	SCHWEINESTAELLE	LATTENROSTSTALL IN FINNLAND
6 589		BEDEUTUNG DER STALLHYGIENE
5 405		KOSTEN
		ABFERKELSTAELLE
6 588		FUER ABFERKELN UND AUFZUCHT EINRICHTUNG
8 498		ABFERKELSTALL IM LEHR-UND VERSUCHSGUT KORBITZ
		ZUCHTSTAELLE
5 683		SAUENSTAELLE EINRICHTUNG MODERNER ZUCHTSTAELLE
5 682		STALL FUER VIERHUNDERTFUENFZIG SAUEN
		MASTSTAELLE
8 495		FUER MAST UND ZUCHT PLANUNG
7 577		MAST WIRTSCHAFTLICHKEIT V.VESCHIED.STALLTYPEN
5 373		KOMPLEXMECHANISIERUNG GROSSER SCHWEINEMAESTEREIEN
7 579		BAU U.REKONSTRUKTION V.MASTFARMEN IN SIBIRIEN
9 594		LITERATUR UEBER MASTANLAGEN
8 500		LIEGEPLATZBEDARF VON MASTSCHWEINEN
5 687		BAU VON MASTSTAELLEN IN DER CSSR
6 591		DAENISCHE AUFSTALLUNG IN MASTANSTALTEN
9 585		HALTUNG VON MASTSCHWEINEN AUF SPALTENBOEDEN
7 539		MAST NIEDRIGE RAEUME IN MEHRGESCHOSSIGEN BAUTEN
6 589		PATENTIERTER MASTSTALL
6 564		FUER SECHSHUNDERT TIERE IN GROSSGRUPPENHALTUNG
7 535		STALL FUER 1000 MASTSCHWEINE
8 477		10 000 TIERE MASTANLAGE
8 499		16 000 TIERE MECHANISIERTE MASTFARM BEI MOSKAU
5 686		BILLIGE STAELLE FUER MASTSCHWEINE
9 521		MAST MEHRZWECKBAU MIT FLACHDACH
8 435		MASTSTALL FUER GROSSGRUPPENHALTUNG
9 562		MASTSTALL MIT SCHWEMMENTMISTUNG
		HUETTEN
7 543		SERIENMAESSIG VORGEFERTIGTE SAUENHUETTEN
		STALLEINRICHTUNGEN
9 581		EINRICHTUNG FUETTERUNG UND ENTMISTUNG
9 592		BAU EINRICHTUNG UND STALLKLIMA
5 374		MODERNE EINRICHTUNGEN FUER DIE MAST
5 633		EINBAU VON FENSTERN
8 458		ANFORDERUNGEN AN DIE KUENSTLICHE BELEUCHTUNG
6 587		MIT RUNDEM FRESSRAUM
6 586		KANALISATION EINER MAESTEREI
9 562		BUCHTENGITTER AUS STAHLROHR
9 584		NESTKASTEN FUER DIE FERKELAUFZUCHT
9 564		FUSSBOEDEN BAUMATERIAL
7 574		SPALTENFUSSBOEDEN
7 576		VERSCHIEDENE FORMEN DES BAUS VON SPALTENBOEDEN
5 663		ROSTBOEDEN
7 575		HOELZERNE SPALTENBOEDEN
9 563		NEUER TYP VON STAHL-GITTERROSTBODEN
		STALLKLIMA
8 496		KLIMA IN SCHWEINEZUCHTSTAELLEN
9 587		MAST ANALYSE DER MIKROKLIMATISCHEN BEDINGUNGEN

9 539 SCHWEINESTAELLE TAGESVERLAUF DES LUEFTUNGSAUSGLEICHS
7 578 LUEFTUNG VON SCHWEINEMAST—UND VORMASTSTAELLEN
9 583 AUFBAU UND ARBEITSWEISE EINER HEIZLUEFTUNG
5 627 KOMB.HEIZUNG U.LUEFTUNG V.ABFERKELSTAELLEN
8 452 LUFTHEIZUNGSANLAGEN IN ABFERKELSTAELLEN
8 497 KLIMAANLAGE FUER ABFERKELSTAELLE
9 562 BEHEIZBARER SAUENSTALL
8 22 SCHWEISSEN ERNEUERUNG VON MASCH.TEILEN DURCH AUFSCHWEISSUNG
9 43 MASCH.TEILE AUFSCHWEISSUNG IN KOHLENDIOXYDATM.
9 39 VIBROKONTAKTSCHWEISSUNG EINFL.DER SCHWEISSSCHICHTDICKE
8 375 TRAGBARES ELEKTROAGGREGAT VON MC-CULLOCH
5 428 SCHWEISSTRANSFORMATOR ZUM AUFTAUEN VON LEITUNGEN
9 50 SCHWEIZ ARBEITSSTUDIEN U.VORANSCHLAG
5 611 UEBERBLICK UEBER DIE HAUSFORSCHUNG
SCHWEMMENTMISTUNG S.UNTER ENTMISTEN
5 142 SCHWENKLADER PG 0 5 NUTZUNGSDAUER DER HYDRAULIKPUMPEN
SCHWINGUNGEN S.UNTER.. ARBEITSPHYSIOLOGIE; TRAKTOREN
5 125 SEEFAHRZEUGE GEBRAUCHSFAEHIGE FERNSTEUERUNGEN AMER.FIRMENLISTE
9 35 SEIL ALS TRANSMISSIONSWELLEN
SEILANLAGEN FUER HOLZTRANSPORT S.DORT
ZUM HOLZRUECKEN U BRINGEN S.DORT
S.AUCH DIE EINZELNEN ANLAGEN
9 496 SEILBAHNEN ANWENDUNGSMOEGLICHKEITEN DER ZWEIWAGENSEILBAHNEN
6 399 FUER TRANSPORTE IN TERRASSENLAGEN WEINBAU
9 495 BESTIMMUNG DES DURCHHAENGENS DER TRAGSEILE
S.AUCH UNTER HOLZTRANSPORT
S.AUCH UNTER HOLZRUECKEN U.BRINGEN
SEILKRAENE S.UNTER KRAENE
SEILPFLUEGE S.UNTER PFLUEGEN
9 498 SEILWINDEN TRAKTORENSEILWINDEN IN DER FORSTWIRTSCHAFT
S.AUCH.. HOLZRUECKEN U.BRINGEN; HOLZVERLADEN
5 460 SEILZUG FUER HACKARBEITEN IN WEINPFLANZUNGEN AUF HAENGEN
6 230 B 492 EINSATZ IN DER PRAXIS
6 472 SELBSTSPERRHEBEL DOPPELTWIRKENDER SELBSTSPERRENDER HUELSENHEBEL
6 SEMINAR S.UNTER TAGUNGEN
9 314 SENF AUFBEREITUNG AUF DER FELDTENNE
8 286 SERVIERWAGEN MIT WARMHALTEPLATTEN
8 207 SIEBEN SIEBUNGSGUETE BEWERTUNG
5 60 KONTROLLE DER KOERNERVERTEILUNG MESSEINRICHTUNG
6 340 FESTSTELLG.DES BESTEN SIEBGUETEGRADES BEI GERINGSTEM ABRIEB
SIEBKETTENRODER S.UNTER KARTOFFELN.. ERNTE; SAMMELRODER S.DORT
5 356 SILAGE GEWINNUNG EINWANDFREIER ZUCKERRUEBENBLATTSILAGE
5 354 KARTOFFELMISCHSILAGE FUER MASTSCHWEINE
6 2 MASCHINE MIT HYDRAUL.ANGETRIEBENER ROTATIONSFRAESE
5 389 SCHNEIDER SILO AID MASCHINENPRUEFBERICHT ULTUNA

5 56 SILAGE GAMMARUECKSTREUSONDE ZUR DICHTEMESSUNG
SILAGEENTNAHME S.UNTER ENTNEHMEN VON SILAGE
9 246 SILIEREN STAND UND ENTWICKLUNG IN DER CSSR
5 322 SICHERE SILIERUNG
9 328 LITERATURZUSAMMENSTELLUNG
6 339 VON FUTTERKARTOFFELN
6 349 GEDAEMPFTER KARTOFFELN
7 341 KUEHLUNG GEDAEMPFTER KARTOFFELN
5 323 SILOPAPIER U.CHEMISCHE SICHERUNGSZUSAETZE
5 239 FOERDERGERAETE
9 562 BESCHICK.V.HOCHSILOS AUS HAECKSELWAGEN GEBLAESEHAECKSLER
7 320 MECHANISIERTES BESCHICKEN VON FAHRSILOS
9 310 GEFAHRLOSE EINMISCHUNG VON MINERALSAEUREN
7 250 FESTFAHREN DES SILIERGUTES MIT DEM TRAKTOR
5 237 VON GRAS EINSATZ VON SCHLEGELERNTER
6 268 MASCH.DER FA. ESTERER AG. ALTOETTINGEN
7 498 SKH 06 ORKAN
7 319 IM HARVESTORE SILO KOSTEN
SILO FUER GETREIDE S.UNTER GETREIDE
7 506 NEUZEITLICHE BAUGESTALTUNG
9 357 LIT.UEBER MECH.FUELLUNG U.ENTLEERUNG
8 512 LUFTDICHTE LAGERSILOS
8 432 ALUMINIUM-SILOS MIT UNTENENTNAHME
6 529 BEKAEMPFUNG DER LAGERSCHAEDLINGE
6 336 SCHROTSILO FUER SCHWERFLIESSENDE PRODUKTE
HOCHSILO
8 199 KOSTEN FUER FESTE UND GASDICHTE SILOS FUER MILCHFARMEN
5 368 HOCHSILOS BESCHICKEN MIT FRONTLADER
9 575 HOCHSILOS MIT AUTOMATISCHER OBENENTNAHME
9 527 HOCHSILO AUS ASBESTBETONPLATTEN
8 219 HOCHSILOS SYSTEM WEIHENSTEPHAN
9 527 HOCHSILOS AUS ORTBETON UND STAHLBETONFERTIGTEILEN
9 560 HARVESTORE HOF IN MARSFELD
7 319 SILIEREN IM HARVESTORE SILO KOSTEN
6 268 ALUMINIUM LUFT-UND GASDICHT VERSCHWEISST
FLACHSILO
5 698 HOCH-UND FLACHSILOS AUS BETON, HOLZ UND ALUBLECH
FAHRSILO
7 320 MECHANISIERTES BESCHICKEN VON FAHRSILOS
9 527 FAHRSILOS AUS ORTBETON UND STAHLBETONFERTIGTEILEN
8 432 FAHRSILOS AUS BETONFORMSTUECKEN
9 309 FOLIENABDECKUNG VON ERDSILOS MIT KUNSTSTOFFOLIEN
6 310 SILONNETZE VERWENDUNG BEIM AUFLADEN V.ZUCKERRUEBEN
6 232 SILOWAGEN BRAUCHBARKEIT FUER DIE KALKDUENGUNG
6 236 SINTERUNG DER DUENGEMITTEL
SITZE FUER TRAKTOREN S.UNTER TRAKTOREN-- ZUBEHOER
9 558 SITZGRUPPEN IN WOHN-UND SCHLAFRAEUMEN
9 520 SKANDINAVIEN LANDWIRTSCHAFTLICHES BAUEN
9 179 SOJABOHNEN EINBRINGEN VON HERBIZIDEN IN BODEN
SONDERFAHRZEUGE S.UNTER TRAKTOREN

5 315 SONNENBLUMEN VOLLMECHANISIERUNG VON ANBAU UND ERNTE
7 239 VEREINZELN MIT GLEICHZEITIGER BODENLOCKERUNG
9 179 EINBRINGEN VON HERBIZIDEN IN BODEN
6 271 ERNTE MIT SCHLEGELERNTER
5 267 ERNTE MIT SCHLEGELERNTER
7 257 VERLUSTE BEIM EINSATZ DER SILOKOMBINE ORKAN
9 311 AUFBEREITUNG AUF DER FELDTENNE
8 516 SONNENENERGIE USA FELDFRUCHTTROCKNUNG MIT SONNENWAERME
9 346 SONNEN-DESTILLATVERDAMPFER ZUR WASSERENTSALZUNG
SORTIEREN S.DIE EINZELNEN ERNTEGUETER
5 51 SOWCHOSEN MESSUNG ANALYSE U.PLANUNG DER ARBEITSPRODUKTIVITAET
5 642 PLANUNG UND BAU IN BELORUSSLAND
7 533 BAU MEHRGESCHOSSIGER WOHNHAEUSER AUF DEM LANDE
7 521 BAU VON SOWCHOSANSIEDLUNGEN IM GRUPPENSYSTEM
8 472 SOZIALBAUTEN IN LPG VORSCHLAEGE
SPALTENBODEN S.UNTER STALLFUSSBOEDEN
5 197 SPANNBETON FERTIGTEILE FUER BAU VON BEWAESSERUNGSKANAELEN
9 430 SPARGEL ERNTEMASCHINE MIT ABTASTER
8 SPATENROLLEGGE S.UNTER EGGEN
SPEICHER GETREIDESPEICHER S.UNTER GETREIDE.. LAGERUNG
8 35 SPEKTRORADIOMETER FUNKTION UND AUFBAU
9 431 SPINAT STAND DER ERNTEMECHANISIERUNG
8 336 SPRECHFUNKGERAETE EINSATZ IM FORST
8 351 SPRENGEN UNFALLSCHUTZ BEI SPRENG-UND STEINBRUCHARBEITEN
6 SPRITZBETON S.UNTER BETON
SPRITZEN GLIEDERUNG HINWEISE
ALLGEMEINES
SPRITZGERAETE
OBSTBAU WEINBAU
MEHRZWECKGERAETE
BAUGRUPPEN
HINWEISE
FLUGZEUGEINSATZ S.UNTER FLUGZEUGE
ALLGEMEINES
7 490 EINFL.V.BRUEHEKONZENTRATION AUF VERTEILG.CHEM.MITTEL
9 510 ARBEITSANLEITUNG FUER DEN EINSATZ V.TRAKTORENGERAETEN
8 416 ERFAHRUNGEN EINER SPEZIALBRIGADE
8 421 MECH.DER SPRITZARBEITEN IM VERSUCHSWESEN
6 525 MECHANISIERUNG DES AUSBRINGENS VON HERBIZIDEN
7 242 EINBRINGEN VON HERBIZIDEN IN DEN BODEN
5 599 ZUR HERBIZID-AUSBRINGUNG BEI BAUMREIHEN UND HECKEN
7 487 HERBIZIDE STREIFEN-ODER NESTSPRITZUNG
5 601 CHEM.UNKRAUTBEKAEMPFUNG MIT PETROLEUM-BANDSPRITZVERFAHREN
SPRITZGERAETE
5 594 MASCHINEN KONSTRUKTION UND ARBEITSWEISE
7 45 GERAETE NUTZUNGSDAUER UND REPARATURKOSTEN
9 506 WIRKSAMER UND WIRTSCHAFTL.EINSATZ VON GERAETEN

```
8 422 SPRITZEN GERAETE FUER DEN FELDBAU
6 523          BROSCHUERE UEBER HEUTIGEN STAND DER TECHNIK
9 447          1964 AUSSTELLUNG AMSTERDAM
9 507          7 V.DER BIOL.BUNDESANST.BRAUNSCHWEIG ANERKANNTE SPRITZGERAETE
6 439          IN DER BRD VERFUEGBARE KLEINGERAETE
9 508          DREIPUNKTANBAUSPRITZEN  EINSATZBEREICH
9 508          AUFBAUSPRITZEN AUF GERAETETRAEGER  EINSATZBEREICH
9 448          ANBAUSPRITZEN MIT DURCHSICHTIGEN BRUEHEBEHAELTERN
9 508          ANHAENGEFELDSPRITZEN  EINSATZBEREICH
8 330          HOCHDRUCKSPRITZEN MIT SPRITZPISTOLEN
8 415          SPRITZBALKEN FUER DIE CHEM.ENTKRAUTUNG
8 415          TORPEDOSPRITZEINRICHTUNG
5 598          ENTWICKLUNG EINER EINRICHTUNG FUER TABAKKULTUREN
8 415          TABAKSPRITZEINRICHTUNG
9 448          MOTORRUECKENSPRITZE
9 507          AS30 U.AS40  ANBAUSPRITZEN
8 331          GERAETE VON BERTHOUD  PLATZ UND SIGWARDT
5 500          SELBSTFAHRENDE MOTORSPRITZE DER FA. BIEFER
9 507          HD AUFBAUFELDSPRITZE ZUM UNIMOG
5 595          GERAET MORAVA MT DREIHUNDERT  MASCHINENSCHAEDEN
5 172          MASCHINEN ONG VIM FUER CHEM.UNKRAUTBEKAEMPFUNG
7 498          ORZ 300  ANBAUGERAET
7 498          ORC 700  ANHAENGEGERAET
6 462          ORC 700 ZUM BEKAEMPFEN VON PILZERKRANKUNGEN
8 423          PRUEFUNG DES GERAETES OSS
9 507          AUFSATTELGERAET DER FA. PLATZ
8 415          MASCHINE S 050
9 507          UG 8 UNIMOGAUFBAUSPRITZE
9 507          ZUWA ZAPFWELLENAUFSATTELSPRITZE
                 OBSTBAU  WEINBAU
7 441          MASCH.FUER VERSCHIED.OBSTARTEN UND ANBAUFORMEN
6 521          MASCHINEN ZUM EINSATZ IM FELD-UND OBSTBAU
7 439          VORFUEHRUNG IM INST.FUER GARTENBAU IN SINOLEC
7 438          SCHNELLSPRITZEN IM OBSTBAU
7 406          ENTWICKLUNG EINER BAUMSCHULSPRITZE
7 498          ORS 4  OBSTBAUSPRITZGERAET
9 509          GERAETE FUER REBANLAGEN MIT GERINGEN PFLANZABSTAENDEN
6 398          WEINBAU  HOCHDRUCKSPRITZPISTOLE UND REGENKANONE
9 507          SUPERIORANBAUSPRITZE FUER DEN WEINBAU
                 MEHRZWECKGERAETE
5 496          MEHRZWECKGERAET  PRUEFBERICHT POTSDAM-BORNIM
8 415          S 136  MEHRZWECKGERAET
6 522          S 293 4 ANBAUSPRITZ-UND STAEUBEGERAET  EINSATZ IN HOPFEN
8 415          S 872 4  MEHRZWECKMASCHINE
9 408          SPRITZ-UND STAEUBEGERAET
7 440          SPRITZ-UND SPRUEHGERAET FRICKE KORMORAN
5 502          MEHRREIHIGE HACKMASCHINE MIT BANDSPRITZEINRICHTUNG
6 440          MISCH-UND TRANSPORTAGGREGAT APR TEMP
                 BAUGRUPPEN
9 508          KOLBENPUMPEN DOPPELMEMBRANPUMPEN U.ROTATIONSPUMPEN
```

9 511	SPRITZEN	PM 90 TECNOMA PUMPE MASCHINENPRUEFBERICHT ULTUNA
6 524		BRUEHEVERTEILUNG BEI VERWENDUNG VERSCHIED.DRALLDUESEN
9 37		MASCH.MIT KAPRONDUESEN
9 506		DUESEN TEEJET 8002 E FUER DIE BANDSPRITZUNG
9 506		DUESEN TEGTMEIER TANGENTIALDUESE 22 FUER DIE BANDSPRITZG.
	SPRUEHEN	HINWEISE
		FLUGZEUGEINSATZ S.UNTER FLUGZEUGE
		ALLGEMEINES
7 484		METHODE ZUR DIREKTEN TROPFENMESSUNG BEI OELSPRUEHMITTELN
7 490		EINFL.V.BRUEHEKONZENTRATION AUF VERTEILG.CHEM.MITTEL
7 485		OELIGE UND WAESSRIGE MITTEL MIT GERAET PULSOPYL
7 438		IM OBSTBAU
8 416		ERFAHRUNGEN EINER SPEZIALBRIGADE
7 492		GEGEN BLATTKRANKHEITEN AN GUMMIBAEUMEN
		SPRUEHGERAETE
5 594		MASCHINEN KONSTRUKTION UND ARBEITSWEISE
7 439		VORFUEHRUNG IM INST.FUER GARTENBAU IN SINOLEC
6 438		GEBLAESESPRUEHMASCHINEN IN JUNGPFLANZUNGEN
6 439		IN DER BRD VERFUEGBARE KLEINGERAETE
8 417		GERAETE FUER OBST-UND GEMUESEBAU
5 497		GERAET FUER WEINGAERTEN UND BEERENOBSTANLAGEN
8 331		GERAETE VON BERTHOUD PLATZ UND SIGWARDT
5 602		MACHINE OSR VIER HURAGAN
7 497		GERAET ORS VIER
8 415		MASCHINE S 014 I
8 415		MASCHINE S 050
6 522		S 050 I EINSATZ IN HOPFEN
6 522		S 872 4 EINSATZ IN HOPFEN
		MEHRZWECKGERAETE
5 496		MEHRZWECKGERAET PRUEFBERICHT POTSDAM BORNIM
8 415		S 136 MEHRZWECKGERAET
8 415		S 872 4 MEHRZWECKMASCHINE
7 440		SPRITZ-UND SPRUEHGERAET FRICKE KORMORAN
8 424		AUF EINZELKORNSAEMASCHINE MONTIERTE SPRUEHEINRICHTUNG
		BAUGRUPPEN
7 491		FLIEHKRAFTZERSTAEUBER MIT REGELBAREM ZERSTAEUBUNGSGRAD
6 527		PNEUMAT.ZERSTAEUBER MIT FILMBILDENDER VORRICHTUNG
9 513		NIEDERDRUCKZERSTAEUBER ZUR BILDUNG EINES FLUESSIGKEITSFILMS
6 526		ANBAUTURBO-FLUESSIGKEITSZERSTAEUBER
	SPRUEHNEBELEINRICHTUNGEN S.UNTER GEWAECHSHAEUSER	
6 250	SPURLOCKERER FUER DRILLMASCHINEN	
9 435	STACHELBEEREN PFLUECKKRAFTAUFWAND IN ABHAENGIGK.V.REIFESTAD.	
5 635	STADTPLANUNG SYMPOSIUM UEBER GEBIETSPLANUNG IN WEIMAR	
5 634		ENTWICKLUNGSPLANUNG DES BEZIRKES HALLE
	STAEUBEN	FLUGZEUGEINSATZ S.UNTER FLUGZEUGE
6 528		ELEKTROSTATISCHES STAEUBEN ENTWICKLUNGSSTAND
5 594		MASCHINEN KONSTRUKTION UND ARBEITSWEISE
6 439		IN DER BRD VERFUEGBARE KLEINGERAETE
8 417		GERAETE FUER OBST-UND GEMUESEBAU
7 441		EINSATZ VON ZENTRIFUGAL-NIEDERDRUCK-ZERSTAEUBERN

7 492 STAEUBEN GEGEN BLATTKRANKHEITEN AN GUMMIBAEUMEN
9 408 ANBAUSTAEUBEGERAET
7 498 ANBAUGERAET OCZ IOU
5 595 GERAET OCZ IO MASCHINENSCHAEDEN
9 408 SPRITZ-UND STAEUBEGERAET
8 415 S 872 4 MEHRZWECKMASCHINE
6 522 S 293 4 ANBAUSPRITZ-UND STAEUBEGERAET EINSATZ IN HOPFEN
6 24 STAHL SCHLEIFFUNKENPROBEN ZUR SORTENPRUEFUNG
9 545 LITERATUR UEBER KORROSION IM SPANNBETONBAU
9 549 ALS MATERIAL FUER WASSERLEITUNGEN
5 478 ALS BAUSTOFF FUER GEWAECHSHAEUSER
6 415 IM GEWAECHSHAUSBAU DER DDR
5 440 ELEKTROKOCHGESCHIRRE AUS EMAILLIERTEM STAHL
5 689 STAHLBETON TROG AUS MONTAGETEILEN FUER SCHWEINE
5 390 VIEHTRAENKEN AUS FERTIGTEILEN
7 523 STRASSENDECKE DT AUS STAHLBETONPLATTEN
9 535 DECKE DECKENVERSCHALUNGEN
7 540 STALLBAUTEN FUER INDUSTRIEMAESSIGE PRODUKTIONSMETHODEN
7 506 NEUZEITLICHE BAUGESTALTUNG
7 539 ARCHITEKTUR VON BAUTEN FUER DIE TIERZUCHT
7 538 PLANUNG DER GEBAEUDE
8 476 TYPENPROJEKTE FUER VIEH-UND GEFLUEGELFARMEN
7 512 BAU NACH TECHNOLOGISCHEN KARTEN
8 478 ZUSTAND ALS FAKTOR IN ENTWICKLUNG DER TIERZUCHT
7 542 NUTZUNG UND STALLHYGIENE
5 539 HYGIENE-SCHUTZGUERTEL ZWISCHEN WOHN-U.STALLKOMPLEXEN
6 566 VOLLMECH.INNENEINRICHTUNG
5 407 HEIZUNGSTECHNIK FUER GESCHLOSSENE STAELLE
7 544 1964 DER SCHWEIZERISCHEN LANDESAUSSTELLUNG
S.AUCH DIE EINZELNEN STALLARTEN
9 564 STALLFUSSBOEDEN IN KUH-UND SCHWEINESTAELLEN
9 565 HERSTELLUNG DURCH BODENVERFESTIGUNG
SPALTENBOEDEN
8 475 SPALTENBOEDEN IN STALLBAUTEN
5 664 SPALTENFUSSBOEDEN EIGNUNG UND AUFBAU
9 593 SPALTENBOEDEN BZW. ROST-ODER KOTROSTAUFSTALLUNG LIT.

5 663 STALLFUSSBOEDEN ROSTBOEDEN ZUR VERRINGERG.DES EINSTREUBEDARFES
9 577 SPALTENBODENSTAELLE UND BOXENLAUFSTAELLE IN ENGLAND
5 671 SPALTENBODENLAUFSTALL MIT RUHEBOXEN
6 578 SPALTENBODENLAUFSTALL MIT RUHEBOXEN
9 579 KAELBER AUF LATTENROSTEN
9 580 SPALTENBODENAUFSTALLUNG BEI MASTRINDERN
7 574 SPALTENFUSSBOEDEN IN SCHWEINESTAELLEN
7 575 SPALTENBOEDEN FUER SCHWEINESTAELLE
7 576 SPALTENBOEDEN FUER SCHWEINESTAELLE
7 575 SPALTENBOEDEN FUER SCHWEINESTAELLE
7 574 SPALTENFUSSBOEDEN IN SCHWEINESTAELLEN
9 585 HALTUNG VON MASTSCHWEINEN AUF SPALTENBOEDEN
9 563 NEUE STAHLROSTE FUER SCHWEINESTAELLE
6 589 STALLHYGIENE ALS ENTSCHEIDENDER FAKTOR BEI TIERHALTUNG
7 515 ERMITTLG.V.WAERMEEINHALTSDIFF.ELEKTR.KATATHERMOMETER
8 453 STALLKLIMA EINFL.VON LAGE DER ABLUFTOEFFNUNGEN
9 10 REGELUNG AUTOMATION
5 408 UNTERSUCHUNGEN IM KREISE SAECKINGEN
6 551 UNTERSUCHUNG IN EINEM ALUMINIUMSTALL
6 569 WAERMEBILANZ IM RINDERSTALL
6 570 MIKROKLIMA IN VIERREIHIGEN KUHSTAELLEN
7 546 IN VIERREIHIGEN KUHSTAELLEN
9 592 IN SCHWEINESTAELLEN
8 496 IN SCHWEINEZUCHTSTAELLEN
9 587 IN SCHWEINEMASTSTAELLEN MIT NASSFUETTERUNG
8 497 KLIMAANLAGE FUER ABFERKELSTAELLE
8 452 VERBESSERUNG IN ABFERKELSTAELLEN DURCH LUFTHEIZUNGSANLAGEN
6 593 WARMLUFTZUFUEHRUNG IN EINEM HENNENZUCHTSTALL
S.AUCH DIE EINZELNEN STALLARTEN
S.AUCH LUEFTUNG
STALLMIST GUELLE S.DORT, JAUCHE S.DORT
7 503 EINFL. VON ARBEITSKETTEN AUF GEBAEUDEGESTALTUNG
8 236 SCHWEMMENTMISTUNG ANFORDERUNGEN DES TIERZUECHTERS
8 518 LAGERUNG IN RINDERANLAGEN BAUTEN
5 699 DUNGLAGER FUER STROHARMEN RINDERDUNG
6 536 LADEN UND AUSBRINGEN
5 368 LADEN VOM STAPEL MIT FRONTLADER LEISTUNGEN
8 235 VERFAHREN DER MISTSTAPELUNG
6 238 STALLMISTSTREUER UNTERSUCHG.V.STREUGUETE U.LEISTUNGSBEDARF
7 45 NUTZUNGSDAUER UND REPARATURKOSTEN
7 216 AUSBRINGUNG IN GRUENLANDBETRIEBEN
7 409 FUER WEINBERGE
7 155 EINACHSANHAENGER MIT SELBSTTAETIGER ENTLADUNG
5 530 D 131 MEHRZWECKANHAENGER EINS.KOMPOSTAUFBEREITG.
5 530 D 352 AM SCHLEPPERANHAENGER EINS.KOMPOSTAUFBEREIT.
9 220 GUFFEN PRUEFBERICHT VOLLEBEKK

7 267 STALLMISTSTREUER KOELA VIELZWECKSELBSTLADEWAGEN
8 429 RMA 2B ZWEIACHSIG
7 224 STILLE MISTRAL M PRUEFBER.IMA-BRUGG
6 238 SYSTEMATIK DER STREUWERKE
7 223 EINFL.V.ZINKEN U.STREUWALZEN AUF LEISTUNGSBEDARF
6 239 NEUE REIFENGROESSE
8 146 ABSCHERKUPPLUNGEN FUER ANHAENGER
STALLTUEREN S.UNTER TUEREN
STAMMWASCHANLAGE S.UNTER HOLZAUFBEREITUNG
STANDARDISIERUNG TGL S.DORT
9 30 FRAGEN IN DER LANDWIRTSCHAFT
8 18 PROBLEME DER INTERNAT.STANDARDISIERUNG
6 39 UND ARBEITSSCHUTZ
9 222 REIHENABSTAND IM SCHWEDISCHEN STANDARD
9 29 LANDWIRTSCH.MASCHINEN
5 667 VON AUSBAUTEILEN FUER ANBINDESTAELLE
7 404 STAPELKARREN EINSATZ IM OBSTBAU
9 424 STATIK PROBLEME IN DER GEWAECHSHAUSKONSTRUKTION
6 390 STAUBSAUGER
6 369 ANGABEN UEBER NUTZUNGSDAUER
7 397 AUF DER KOELNER FRUEHJAHRSMESSE
5 449 TEPPICHKLOPFER ALS ZUSATZGERAET
5 449 KLOPFSAUGER ALS KOMPLETTE GERAETEEINHEIT
S.AUCH RAUMPFLEGE
STAUKANAL GEFAELLENTMISTUNG S.UNTER ENTMISTEN
7 332 STEIGSICHTER TRENNUNG VON KORN-STROHHAECKSEL-GEMISCHEN
S.AUCH UNTER GETREIDE
7 458 STEINFELDER AUFFORSTUNG IN DER UKRAINISCHEN SSR
7 176 STEINSAMMLER MASCHINEN FUER DIE ENTFERNUNG VON FELDSTEINEN
6 305 STOPPELRUEBEN ARBEITSMETHODEN BEIM ERNTEN
STRAHLUNGSHEIZUNG S.AUCH UNTER HEIZUNG VON WOHNRAEUMEN
9 387 WAERMEABGABE VON HOCHANGEBRACHTEN STRAHLPLATTEN
6 63 STRAHLUNGSMESSUNG THERMOELEMENT AUS AUFGEDAMPFTER METALLSCHICHT
STRASSENBAU FORSTSTRASSEN S.DORT
7 522 ALS HEILMITTEL ZUM NATURSCHUTZ
5 645 BILLIGE LAENDLICHE STRASSEN
6 258 LANDWIRTSCHAFTLICHES STRASSENFACHBUCH
6 555 ZEMENT-UND BITUMENBAUWEISEN
7 523 STRASSENDECKE DT AUS STAHLBETONPLATTEN
8 111 MASCHINEN IN DEN NIEDERLANDEN
9 147 STRASSENVERKEHRSORDNUNG ITAL.BESTIMMUNG.BEI SELBSTFAHRLANDMASCHINEN
8 56 ITAL.HOECHSTZULAESS.PHONZAHL TRAKTORMOTOREN
STROH BERGUNG
6 294 NEUE VERFAHREN DER BERGUNG
9 284 TECHNOLOGIE U.ARBEITSAUFW.VERSCHIED.ARBEITSVERFAHREN DER BERGUNG.
5 274 MECHANISIERUNG DER BERGUNG

5 275 STROH MECHANISIERUNG DER BERGUNG
6 295 MAEHDRUSCH MIT UND OHNE STROHBERGUNG
7 285 BERGEN HINTER DEM MAEHDRESCHER

9 273 STROHHAECKSELVERFAHREN PERSPEKTIVEN
5 263 MAEHDRUSCHERNTE MIT HAECKSELN DES STROHES MASCHINENSYSTEM
7 257 VERLUSTE BEIM EINSATZ DER SILOKOMBINE ORKAN
6 267 ERNTE MIT SCHLEGELERNTER
7 278 HAECKSLER INK 3 5

6 294 SUPERSAMMELPRESSE ALS SELBSTFAHRER
5 273 PRESSEN UND GLEICHZEITIGES LADEN DER BALLEN
6 277 HANDHABUNG VON BALLEN NACH DEM PRESSEN
5 273 LADEN VON VERSTREUT LIEGENDEN BALLEN
5 273 LADEN VON BALLENSTAPELN MIT FRONTLADERN
9 285 LADEN V.BALLEN AUS QUERSCHWADEN AUF EINACHSANHAENGER
9 271 BALLENSCHLEUDERN BAUWEISEN
9 272 SCHNELLER TRANSPORT VON PRESSBALLEN
7 266 LADEWAGEN EINGLIEDERUNG IN ARBEITSKETTE
9 270 EINSATZ VON SELBSTLADEWAGEN
8 170 AUFLADEWAGEN
7 278 KIPPHAENGER FUER 40 KUBIKMETER STROH
9 286 ENTLADEN V.BALLEN UND STAPELN IM LAGERRAUM
6 279 ENTWICKLUNG VON RAHMEN FUER SCHOBERSETZEINRICHTUNG

8 94 TABAK MECHANISIERUNG DES ANBAUES IN BULGARIEN
9 170 ARBEITSAUFWAND U.VERGUETUNG IM PLOWDIWER GEBIET
8 109 EINFUEHRUNG DES MASCHINENSYSTEMS VOM TYP BASCHIBALI
5 459 ANFORDERUNGEN AN TRAKTOREN UND MASCHINEN
8 154 AUSPFLANZEN ANWENDUNG V.TANKWAGEN ZUM BEGIESSEN
8 426 PFLUEGEN UND BEKAEMPFUNG DER NEMATODEN
8 415 SPRITZEINRICHTUNG
5 598 SPRITZGERAET FUER BEKAEMPFG.DES BLAUSCHIMMELS
7 304 ERNTEMASCHINE
7 304 TRAGBARES GESTELL FUER TRANSPORT UND TROCKNEN
9 57 TAGUNGEN VDI FACHGRUPPE LANDTECHNIK IN HEIDELBERG
6 32 RGW-SEMINAR ENTWICKLUNG DES INSTANDHALTUNGSWESENS
5 53 MESSGERAETE UND MESSUNGEN AN LANDMASCHINEN IN PRAG
9 614 ARBEITSGEMEINSCHAFT ZUR VERBESSERG.V.AGRARSTRUKTUR IN HESSEN
6 181 FACHTAGUNG MELIORATIONSTECHNIK IN ROSTOCK
5 168 KDT FACHTAGUNG MECHANISIERUNG LANDW.ARBEITEN AM HANG
8 332 KONGRESS UEBER ENTWICKLG.DES OBSTBAUES U.KONSERVENINDUSTRIE
6 443 INTERNATIONALER KONGRESS DER LANDSCHAFTSGAERTNER
8 333 UEBER HYDROPONIKKULTUREN
5 519 BRD BAU UND EINSATZ V.RADSCHLEPPERN IN FORSTWIRTSCHAFT
6 516 FAO-KONFERENZ PLANUNG V.FORSTL.TRANSPORTSTRASSENNETZEN
5 635 SYMPOSIUM UEBER GEBIETSPLANUNG IN WEIMAR
8 461 III. SYMPOSIUM GEBIETSPLANUNG IN WEIMAR

8 436 TAGUNGEN AUFGABEN DES LANDW.BAUWESENS KONFERENZ IN BUDAPEST
9 613 4.PLENUM DES SOWJET.ARCHITEKTENBUNDES IN MOSKAU
9 612 DER BAUSCHAFFENDEN IM GEBIET OMSK
9 538 XVIII. KONGRESS FUER HEIZUNG LUEFTUNG KLIMATECHNIK
TANDEMTRAKTOREN S.UNTER TRAKTOREN
8 154 TANKWAGEN ZUM BEGIESSEN VON TABAKSETZLINGEN
6 240 ENTWICKLUNG FUER DIE GUELLEAUSBRINGUNG
8 145 FUER DIE GUELLEAUSBRINGUNG
8 359 TANNE AUSSAAT VON ABIES IN NORWEGEN
5 563 HANDENTRINDUNGSMASCH.ROEMER MIT EIGENANTRIEB
6 205 TEE BEREGNUNGSVERSUCHE MIT MITTELSTRAHLREGNERN
TELLERDUENGERSTREUER S.UNTER DUENGEN
9 397 TEPPICHREINIGUNG LIT.
7 447 TERMINOLOGIE DES MECH.KURZSTRECKENTRANSPORTES VON HOLZ
6 401 TERRASSEN PFLUG PP 50 ZUR TIEFLOCKERUNG DES BODENS
7 172 TERRASSIERUNG TECHNOLOGIE DES MECHANISIERTEN TERRASSENBAUES
6 183 V.HANGFLAECHEN EINZELNE STUFENFOERMIGE TERRASSEN
6 182 DER HANGFLAECHEN MIT DER PLANIERMASCHINE
8 120 ANBAUGERAETE
6 28 TEXTILIEN BERECHNG.DES GEWICHTES V.BAUMWOLLE U.STYLONNETZGEWEBEN
5 446 PFLEGEKENNZEICHEN
9 134 TGL 33 58101 EINHEITLICHE DREIPUNKT-ANSCHLUSSMASSE
6 454 80 253 03 LEISTUNGSKARTE FUER MOTORKETTENSAEGEN
6 454 80 25303 REPARATURKARTE FUER FORSTL.MASCHINEN UND GERAETE
6 7 THAILAND BEWIRTSCHAFTUNGSPROBLEME
7 421 THERMALQUELLEN ZUR GEWAECHSHAUSBEHEIZUNG IN BULGARIEN
7 425 ZUR GEWAECHSHAUSHEIZUNG IN UNGARN
6 63 THERMOELEMENT AUS AUFGEDAMPFTER METALLSCHICHT
8 450 THERMOSTAT FUER KUEHLUNG V.LAGERRAEUMEN BEI ZWANGSBELUEFTUNG
TIEFKUEHLANLAGEN S.UNTER GEFRIER-U.KUEHLKONSERVIERUNG
5 242 TIEFLADER HEUERNTEVERFAHREN FARMHAND
5 487 T 015 MIT FAHRBARER AUFFANGVORRICHTUNG FUER KIRSCHEN
TIEFLOCKERER S.UNTER UNTERGRUNDLOCKERUNG
8 217 TIERHALTUNG INDUSTRIEMAESSIGE PRODUKTIONSMETHODEN
7 12 AUTOMATION DER ARBEITSPROZESSE
9 9 MECHANISIERUNG
6 341 NEUE WEGE ZUR MECHANISIERUNG
6 1 MECHANISIERUNGSSYSTEME DES RGW
5 366 MECHANISIERUNG DER TIERZUCHT SOFIJA
9 5 STAND UND ENTWICKLUNG DER TECHNIK
5 365 TECHNOLOGIEPLANUNG EINFUEHRG.V.FLIESSARBEITSVERFAHREN
5 12 BESTTECHNOLOGIEN IN DER FELD-UND VIEHWIRTSCHAFT
7 541 BEURTEILUNG DER WIRTSCHAFTLICHKEIT
6 41 BERECHNUNG DES ARBEITSBEDARFES
6 341 RATIONALISIERUNG IN DER INNENWIRTSCHAFT
5 367 ELEKTROMECHANISIERUNG DER TIERZUCHTFARMEN IN DEN USA

7 355 TIERHALTUNG AUSNUTZUNG V.REFLEXEN DER TIERE FUER MECH.DER PRODUKTION
7 355 AUSNUTZUNG V.REFLEXEN DER TIERE FUER AUTOMAT.DER PROD.
6 589 STALL U.STALLHYGIENE ALS ENTSCHEIDENDE FAKTOREN
5 368 FRONTLADER IN DER INNENWIRTSCHAFT
8 218 WASSERVERBRAUCHSNORMEN IN VIEHZUCHTBETRIEBEN
6 50 ARBEITSSCHUTZ IN DER LANDWIRTSCHAFT
8 473 TIERKLINIKEN ENTWURFSGRUNDLAGEN VON ZIMMERMANN
TIERPFLEGE TIERHYGIENE
5 415 HYGIENE IN DER LPG FREUNDSCHAFT OBERWIERA
7 360 SCHAFE MECHANISIERTE WANNE FUER PROPHYLAKTISCHES BAD
5 9 TIERZUCHT WOERTERBUCH DER LANDW.ERGAENZUNGSBAND ITALIENISCH
8 238 MODERNE METHODEN IN GROSSBETRIEBEN
8 286 TOASTGERAETE HAUSRAT-UND EISENWARENMESSE KOELN
8 287 TOMATEN TECHNOLOGIE DES ANBAUES UNTER GLAS
7 443 ERNTE IM FREILAND IN BULGARIEN
8 317 MECHANISIERTE ERNTE
9 409 TORFMULL SCHLEUDERSTREUER ZUM STREUEN
TRAENKEN PUMPANLAGEN S.UNTER PUMPEN
8 218 WASSERVERBRAUCHSNORMEN IN VIEHZUCHTBETRIEBEN
9 10 AUTOMATISIERUNG
5 390 TRAENKANLAGE AUS STAHLBETONFERTIGTEILEN
RINDER
6 567 RINDERSELBSTTRAENKEN ODER TRAENKRINNEN MIT WASSERANWAERMUNG
7 564 RINDER HEIZBARE SELBSTTRAENKEN
9 345 SELBSTTRAENKE FUER KAELBER
7 561 VOLLMECHANISIERTE TRAENKKAELBERANLAGE
SCHWEINE
9 592 SCHWEINE NORMEN FUER TAEGLICHEN WASSERVERBRAUCH
GEFLUEGEL
6 600 INTERNAT.PRUEFUNG V.ANLAGEN FUER BROILERAUFZUCHT
8 227 HUEHNER DURCHLAUFRINNENTRAENKE TELLER-ODER RUNDTRAENKE
5 378 VENTIL-U.DURCHLAUFTRAENKEN FUER GEFLUEGEL IN DER CSSR
8 TRAGLUFTGEWAECHSHAEUSER S.UNTER GEWAECHSHAEUSER
TRAKTOREN GLIEDERUNG HINWEISE
ALLGEMEINES
EINSATZ
UEBERSICHTEN
ZWEIACHSTRAKTOREN
SONDERTRAKTOREN
ENTWICKLUNG KONSTRUKTION
FERTIGUNG
MOTOREN
KRAFTUEBERTRAGUNG
KRAFTHEBER
RAEDER BEREIFUNG
LENKUNG
TRAKTORENLADER
TRAKTORENGERAETE
ZUBEHOER
PFLEGE INSTANDSETZUNG
ARBEITSSCHUTZ
HANGEINSATZ
GARTENBAU
FORSTWIRTSCHAFT
MESS-UND PRUEFWESEN

HINWEISE
EINACHSTRAKTOREN, KETTENTRAKTOREN S.DORT
EINSTELLRAEUME S.DORT
S.AUCH UNTER.. HOLZRUECKEN U.BRINGEN. HOLZTRANSPORT

TRAKTOREN S.AUCH UNTER HOLZVERLADEN

ALLGEMEINES

9 9 MECHANISIERUNG DER LANDWIRTSCHAFT
6 108 ZUKUENFTIGE ENTWICKLUNG IN DER BRD
9 1 BESATZ ZAHLENANGABEN VON SOZIALISTISCHEN LAENDERN
9 1 BESATZ ZAHLENANGABEN VON KAPITALISTISCHEN LAENDERN
9 2 BESATZ IN DEN USA
7 141 TRACTORS AND THEIR POWER UNITS FACHBUCH
8 49 RICHTLINIEN ZUR WAHL LANDW.MOTORFAHRZEUGE
5 169 EINSCHAETZ.DES ERFORDERL.MASCH.PARKS ZUR BODENBEARB.U.ERNTE
9 151 ARBEITSORGANISATION DES MASCHINEN TRAKTORENPARKES
9 18 BETRIEBSLEHRE
5 152 HANDBUCH FUER TRAKTORISTEN

EINSATZ

7 25 VERWENDUNG
7 12 AUTOMATION DER ARBEIT
6 1 MECHANISIERUNGSSYSTEME DES RGW
8 80 BETRIEBSKENNZAHLEN
9 90 BAUARTEN ARBEITSWIRTSCHAFTLICHES GESCHEHEN
7 44 KOSTEN VON MASCHINENEINSATZ IN DER FELDWIRTSCHAFT
9 94 ABGRENZUNG V.NUTZUNGSDAUER NACH KOSTENWIRTSCH.GESICHTSP.
8 46 KOSTENZUNAHME NUTZUNGSDAUER WAEHREND DER ERSTEN FUENF JAHRE
6 118 OEKON.NUTZEN BEIM RICHTIGEN EINSATZ DES FAMULUS
9 11 HANDBUCH FUER DIE NUTZUNG
6 135 VORGAENGE DIE DIE ZUGLEISTUNG BEEINFLUSSEN
7 136 ZUGWIDERSTANDSREGELUNG EINHALTG.GLEICHBLEIB.ARBEITSTIEFE
7 118 LEISTUNGSVERLUSTE AUF DEM FELDE
5 90 ERHOEHUNG DER ARBEITSGESCHWINDIGKEITEN
9 91 ERHOEHUNG DER ARBEITSGESCHWINDIGKEITEN
5 91 VORTEILE DER ERHOEHUNG DER ARBEITSGESCHWINDIGKEIT
7 15 GESCHWINDIGKEITSERHOEHG.BEI MASCH.U.SCHLEPPERAGGREGATEN
8 67 EINFL.V.GESCHWINDIGKEITSERHOEHUNG AUF WIRKUNGSGRAD
7 105 AUSWAHL DER GESCHWINDIGKEITEN FUER INDUSTRIETRAKTOREN
7 129 EINFL.V.GESCHWINDIGKEIT AUF SCHLUPF DER TRIEBRAEDER
8 69 VERMINDERUNG DES SCHLUPFES AN TRIEBRAEDERN VERSUCHE
5 133 MASSNAHMEN ZUR SCHLUPFBESEITIGUNG
5 131 NACHWIRKUNG V.EINSATZ AUF BODENSTRUKTUR U.PFLANZENERTRAG
9 153 ALS LANDWIRTSCHAFTLICHE TRANSPORTMITTEL
9 597 EINSATZ FUER INNERBETRIEBLICHEN KARTOFFELTRANSPORT
5 459 ANFORDERUNGEN FUER EINSATZ IN SONDERKULTUREN
8 192 FUER EINSATZ IM BAUMWOLLANBAU
8 48 SPEZ.KRAFTSTOFFVERBRAUCH BEI VERSCHIEDENEN ARBEITEN.
6 111 TRAKTORBETRIEB BEI AUSFALL VON KRAFTSTOFFEN
9 89 ANFORDERUNGEN DER EINMANNARBEIT
5 621 MONTAGE VON HALBRAHMEN MIT TRAKTORHEBEZEUG

UEBERSICHTEN

5 605 II. LANDWIRTSCHAFTSAUSSTELLUNG MARKKLEEBERG

8	428	TRAKTOREN	AUF DER IV. INTERNATIONALEN MESSE IN BRNO
9	519		64. LANDWIRTSCHAFTSAUSSTELLUNG IN BUDAPEST
9	85		1966 BIS 70 TYPENREIHEN DER SU UEBERSICHTSSCHEMA
5	84		TAB.DER TECHNISCHEN DATEN VON GRUNDTYPEN
5	151		DER KAPITALISTISCHEN LAENDER
7	5		1964 GRUENES BUCH
9	87		V.1955 BIS 63 UEBERSICHT UEBER PRODUKTION IN DER BRD
5	85		ERLAEUTERUNG VON TYPENTAFELN DER BRD
7	87		PRODUKTION IN GROSSBRITANNIEN
6	13		JAHRESBERICHT DES NIAE
6	5		MECHANISIERUNG DER LANDWIRTSCHAFT IN GROSSBRITANNIEN
5	98		TECHNISCHE DATEN UND PREISE IN ENGLAND
5	99		TECHNISCHE DATEN UND PREISE IN ENGLAND
5	606		34. PARISER LANDMASCHINENSALON
9	86		BIS 1977 ENTWICKLUNG DES ITAL.TRAKTOREN-PARKES
			ZWEIACHSTRAKTOREN
5	100		TECHNISCHE DATEN
9	88		VON 8 TRAKTOREN TECHNISCHE DATEN
8	59		3-MP-KLASSE UNTERSUCHUNG DER ZUGEIGENSCHAFTEN
5	94		DER 1,4-MP-KLASSE ERHOEHUNG DER ARBEITSGESCHWINDIGKEIT
6	109		ENERGETISCHE KENNWERTE V.SCHNELLTRAKTOREN U.ANBAUMASCH.
8	432		MIT ALLRAD-ANTRIEB
9	114		7 PS BRITISCHER DREIRADTRAKTOR
6	121		DREIRAD-KLEINSTSCHLEPPER BAUANLEITUNG
7	99		B 275 INTERNATIONAL HARVESTER
7	97		B 614 VON INTERNATIONAL HARVESTER
8	431		B 614 V.INTERNATIONAL HARVESTING
7	145		BELARUS MTZ 50
8	52		990 IMPLEMATIC VON DAVID BROWN
7	104		BTD 5 INTERNATIONAL HARVESTER
9	97		COLT RANCHER
8	430		COUNTY SUPER 6 ALLRAD
6	120		D 4 K ALLRAD PRUEFBERICHT POTSDAM-BORNIM
9	109		D 4 K ALLRAD PRUEFUNG
9	515		D4K MIT ALLRADANTRIEB
9	516		D4K MIT VIERRADANTRIEB
5	118		D 14 AUSRUESTUNG MIT EINEM TURBOLADER
7	102		D 40 L VON DEUTZ
8	432		DEUTZ D 80
9	516		15 PS MIT LUFTGEKUEHLTEM DIESELMOTOR VON DEUTZ
8	96		DT 20S FUER SAATZUCHTBETRIEBE
7	142		DT 54A HANDBUCH FUER DIE VERWENDUNG
5	116		DT 75 KONSTRUKTION DES WASSER UND OELKUEHLERS
8	432		VON JOHN DEERE LANZ UND FORD
7	100		4020 JOHN DEERE
8	430		4020 JOHN DEERE
5	140		JOHN DEERE 5010 HITCH-UND SCHNELLKUPPLUNG
9	106		34 PS DIESEL VON LANZ
6	117		FAMULUS 60 DES VEB SCHLEPPERWERK NORDHAUSEN

7	495	TRAKTOREN	FARMALL 706 VON IHC
9	95		312 RB FIAT
5	102		FIAT 411 R MIT REGELHYDRAULIK
9	515		FORD 6000 UND MF SUPER NEUNZIG
7	96		SUPER 4 VON FORDSON COUNTY
5	88		PROGRAMM DER FA. GUELDNER MOTOREN WERKE
9	103		34 PS HELA DIESELTRAKTOR
9	104		34 PS HELA DIESELTRAKTOR
9	101		514 I.H.D. MIT TA-DREHMOMENTWANDLER
7	98		706 VON INTERNATIONAL HARVESTER
6	116		706 INTERNATIONAL HARVESTER
9	98		JET STAR 3
7	101		450-EXPORT VON DEN KRAMER-WERKEN
6	119		KIROVEC K 700
5	141		M 201 VERDECK PRUEFBERICHT WIESELBURG
5	86		M 600 NEUE MINNEAPOLIS MOLINE REIHE
5	98		M 604
7	93		MF 30 MIT UNIVERSALOEL
5	99		27 PS MASSEY FERGUSON MIT UNIVERSALOEL
7	109		MF 35 EINSTELLUNG DER EINSPRITZPUMPE
9	100		65 MARK 2 MASSEY FERGUSON
5	101		M F 97 VON MASSEY FERGUSON
8	430		SUPER 90 MASSEY FERGUSON
7	144		MTZ 5L U.MTZ 5M TECHN.VORSCHRIFTEN DER VERBESSERUNG
8	72		MTZ 50 NEUE HYDRAULISCHE VORRICHTUNGEN
6	114		MTZ FUENFZIG UND MTZ ZWEIUNDFUENFZIG
5	97		460 NUFFIELD DIESEL NIAE-TEST
8	51		TYPEN DER PORSCHE DIESEL RENAULT GMBH
5	103		SUPER 4 DER FA. PORSCHE DIESEL RENAULT
9	102		SUPER 4 SPEZIAL RENAULT TYPEN
7	92		385 VON RENAULT
9	96		SAME ARIETE
5	89		PROGRAMM DER MOTORENFABRIK A. SCHLUETER MUENCHEN
8	432		SCHLUETER S 90
9	107		S 650 DER FA. SCHLUETER
6	139		SG 15 4N SELBSTERREGUNG DES SYNCHRONGENERATORS
8	430		SOM 612
7	91		NEUER SUPER MAJOR
8	429		T 4 K 10 ALLRADANGETRIEBENER KLEINTRAKTOR
9	105		T 7 BUNGARTZ ALLRAD
5	95		T 40 MIT LUFTGEKUEHLTEM MOTOR EINSATZ
9	148		T 74 KONSTRUKTION NUTZUNG UND PFLEGE
7	95		TRUSTY STEED
9	98		U 302
5	96		UE 28 ALLRADTRAKTOR DYNAMISCHE UNTERSUCHUNG
7	143		UE 28 GEBRAUCHS-U.INSTANDHALTUNGSANWEISUNG
9	108		URSUS 328
6	534		VALMET GELAENDETRAKTOR
5	87		NEUE TYPENREIHE VON ZETOR
8	429		ZETOR REIHE

5 114 TRAKTOREN ZETOR 25 VERLAENGERG.V.LEBENSDAUER DER KURBELWELLEN

SONDERTRAKTOREN

5 111 FARMOBIL EIN GELAENDEGAENGIGES MEHRZWECKFAHRZEUG
6 124 MEILI AGROMOBIL
7 94 PLOUGHMASTER MIT HYDROSTATISCHEM ANTRIEB
6 125 GABELSTAPLER UND TRAKTOR IN EINEM GERAET -- OVERLANDER
9 516 ALS GABELSTAPLER AUSGERUESTETER RUECKWAERTSFAHR-TRAKTOR
8 329 PORTALTRAKTOREN FUER DEN WEINBAU
9 113 STABILISIERTER EINZELRAD-STELZENTRAKTOR
9 111 TANDEMISIERUNG ENTWICKLUNGSSTAND
5 153 TANDEMTRAKTOREN
5 109 TANDEMTRAKTOR ANSCHAFFUNGSPR.EINSATZ U.VERKEHRSTECHN.PROBL.
5 110 TANDEMTRAKTOREN VERSCHIEDENER FIRMEN
9 112 TANDEM TRIPLE D

ENTWICKLUNG KONSTRUKTION

5 62 ENTWICKLUNGSTENDENZEN
5 81 DER ZUKUNFT ANFORDERUNGEN
5 80 ENTWICKLUNGSRICHT.BEI KONSTRUKTION PERSPEKTIVTYPISIERUNG
9 5 STAND UND ENTWICKLUNG DER TECHNIK
5 82 TENDENZEN DER ENTWICKLUNG VON INDUSTRIETRAKTOREN
8 45 TREND ZUM GROESSEREN TRAKTOR
6 110 NORMUNG UND ENTWICKLUNG
7 25 STANDARDISIERUNG
8 18 PROBLEME DER INTERNAT.STANDARDISIERUNG
5 148 HAUPTAUFGABEN BEI VEREINHEITL.DER KONSTRUKTION
8 147 NEUE ZWISCHENSPURWEITE
5 93 AUSWAHL OPTIMALER KENNWERTE
5 83 PROJEKT FUER DIE KUENFTIGE TYPENREIHE DER SU
7 20 GROESSEN U.MASSEINHEITEN DER WICHTIGSTEN PARAMETER
9 118 LEISTUNGSANGABE IN PS NACH DIN CUNA UND SAE
6 21 BERECHNUNG DER DYNAMISCH BEANSPRUCHTEN BAUTEILE
9 37 BAU ANWENDUNG VON PLASTEN

FERTIGUNG

6 9 ENTWICKLUNGSRICHTUNGEN DER TECHNOLOGIE IN DER INDUSTRIE
5 5 PERSPEKTIVEN IM BAU IN DER DDR

9	519	TRAKTOREN	BESICHTIGUNG DES WERKES ROTER STERN IN UNGARN
6	112		MONTAGEWERK FUER VIERZIGTAUSEND TRAKT.JE JAHR IN SU WIRTSCH.
7	11		FUENFUNDSIEBZIG JAHRE HOLDER
6	115		DER GUELDNER MOTOREN WERKE
6	10		FA. JOHN DEERE CO. ERWEITERT PRODUKTIONSMOEGLICHKEITEN
6	31		SPEZIALKLEBER FUER FAHRZEUG-UND KAROSSERIEBAU
			MOTOREN
8	82		BAU UND FUNKTION DES MOTORS LEHRBOGEN
8	55		ERHOEHUNG DER ZUVERLAESSIGKEIT U.BETRIEBSDAUER V.MOTOREN
7	107		TATSAECHL.U.GARANTIERTE BETRIEBSDAUER V.MOTOREN
6	126		BAUREIHE LUFTGEKUEHLTER VIERTAKTDIESELMOTOREN
7	108		NEUER PERKINS-DIESELMOTOR
5	113		EMPFEHLUNGEN FUER GERAEUSCHMINDERUNG AN DIESELMOTOREN
9	116		TURBOLADER TKR II FUER AUFLADUNG VON DIESELMOTOREN
5	117		AUFLADEGEBLAESE TK 4 ZUR AUFLADG.V.DIESELMOTOR WIRKUNGSGRAD
7	112		MOTOR D 130 MIT DREHMOMENTWANDLER ARBEIT BEI UNTERSCH.ANTR.
6	99		GESCHLOSSENE STIFTDUESEN IN SOWJET.DIESELMOT.ARBEIT
6	127		HYDRAULISCHER STERNKOLBENMOTOR
5	119		UNTERSUCHUNG EINES MEHRTEILIGEN HYDROMOTORS
6	130		PROBLEME DES ANLASSENS VON MOTOREN
5	112		ANWAERMEN DES KALTEN MOTORS
7	74		ANWAERMUNG DER LUFT DURCH HEIZWENDEL IM WINTER
7	75		KUEHLWASSERHEIZER VERMEIDET SCHAEDLICHEN KALTSTART
7	83		MOTOREN MESSGEBERDUESE ANWENDUNGSBEREICHE
6	131		VERSCHLEISSFESTIGKEIT VON PLEUELSTANGENBUCHSEN
6	131		VERSCHLEISSFESTIGKEIT VON KOLBEN UND ZYLINDERMAENTELN
6	142		HYDRAULISCHE DREHMOMENTWANDLER FUER MOTOREN
8	56		ITALIEN. HOECHSTZULAESSIGE PHONZAHL FUER MOTOREN
6	132		ANHAEUFUNG DER VERSCHMUTZUNGEN IM MOTORENOEL
5	69		RUECKSTOSSWIRKUNG ANGETRIEBENER OELREINIGUNGSZENTRIFUGEN
6	133		VERSUCHE MIT EINEM MARKENKRAFTSTOFFZUSATZMITTEL
7	78		MINDESTKRAFT DER VENTILFEDERN VON MOTOREN
			KRAFTUEBERTRAGUNG
6	136		HYDROSTATISCHE ANTRIEBE
8	63		MIT HYDROSTATISCHER KRAFTUEBERTRAGUNG AUTOMAT.LENKUNG
7	114		B.F. GOODRICH MULTITOR ANTRIEBSSYSTEM
9	117		FUNKTION DES REGLERS
8	429		REGELHYDRAULIK ZETORMATIC
6	154		ENTWICKLUNGSSTAND DER HYDRAULIKSYSTEME
6	155		GUENSTIGSTE AUSNUTZUNG DER DAVID BROWN HYDRAULIK
9	121		HYDRAULISCHE ZWEISTUFENSCHALTUNG FUER MULTI POWER
9	136		BIEGSAME HYDRAULIKSCHLAEUCHE
8	47		VERGLEICH DER WIRKUNGSGRADE VERSCHIED.GETRIEBE
9	150		LIT.UEBER AUTOMATISCHE U.HALBAUTOMATISCHE GETRIEBE
9	119		HEUTIGE ANFORDERUNGEN AN GETRIEBE
9	87		STUFENLOSE VORWAERTS REGELUNG
8	57		ENTWICKLUNG STUFENLOSER REIBUNGSGETRIEBE

6	38	TRAKTOREN WIRKUNGSWEISE VON STUFENLOSEN REIBUNGSGETRIEBEN
7	110	STUFENLOS VERSTELLBARE SCHALTWERKSGETRIEBE
9	120	STUFENLOSES GETRIEBE
5	121	ENTWICKLUNGSSTAND VON HYDRAULISCHEN GETRIEBEN
6	141	MIT HYDRAULISCHEM GETRIEBE V.DER ROADLESS TRACTION LTD.
9	121	HALBAUTOMATISCHES GETRIEBE DES FORD 1000
7	111	MIT HYDROSTATISCHEM GETRIEBE FELDVERSUCHE
9	87	REVERSIER-GETRIEBE
5	122	ALLRADANTRIEB VOR-UND NACHTEILE
6	140	PROBLEME DES ALLRADANTRIEBES
5	123	ZWISCHENACHSFREILAUFKUPPLUNGEN BEI ALLRADANTRIEB
8	71	ENTWICKLUNG EINER FANGKUPPLUNG FUER DREIPUNKTGERAETE
9	124	SCHUTZUEBERZUG FUER ZAPF-UND GELENKWELLEN
5	149	DIFFERENTIALSPERRE
6	143	AUTOMATISCHE DIFFERENTIALSPERRE ZUR ZUGKRAFTERHOEHUNG
		KRAFTHEBER
5	137	REGELNDE KRAFTHEBER WIRKUNGSWEISE
		RAEDER BEREIFUNG
9	126	RAEDER REIFEN RUNDERNEUERUNGEN
8	83	FAHRWERK LEHRBOGEN
8	60	UMWANDLUNGSSYSTEM MANUEL V.ZWEI IN VIER TRIEBRAEDER
7	120	DURCH KRAFT EINSTELLBARE HINTERRAEDER
7	130	DAS ROLLEN DES ANTRIEBSRADES
9	125	ARBEIT BEIM ROLLEN EINES LUFTBEREIFTEN TRIEBRADES
5	134	UNTERSUCHG.LUFTBEREIFT.ANGETRIEB.RÄEDER AUF LOCKEREN BOEDEN
6	151	EINFLUSS VON TRIEBRADREIFEN AUF DIE ZUGKRAFT
9	131	EINFL.V.REIFENDRUCK AUF ZUGKRAFT AUF FEUCHTEM TONBODEN
6	150	BEREIFUNG PIRELLI CINTURATO MASCHINENPRUEFBER.ULTUNA
7	121	NEUE REIFENTYPEN VON DER FA. METZELER
9	127	METZELER DIABOLO REIFEN FUER GELAENDEFAHRZEUGE
9	127	METZELER LYPSOID NIEDERDRUCKREIFEN
5	127	ARTEN UND URSACHEN VON REIFENSCHAEDEN
5	135	VERSCHLEISSMESSG.AN REIFEN MIT RADIOAKTIVEN ISOTOPEN
7	122	VERSUCHE MIT WASSERFUELLUNG
6	459	STAEHLERNER REIFENSCHUTZ ARMOTECT
6	161	GLEITSCHUTZ TOMAL SCHNEE-UND FORSTMODELL PRUEFBER.ULTUNA
7	138	GLEITSCHUTZKETTE VON FEARY TENNANT U.WARD LTD.
9	144	GITTERRAEDER MARITA MIT SCHNELLVERSCHLUSS PRUEFBER.
9	129	KETTE SKARPSKO
7	123	ERHOEHUNG DER ZUGEIGENSCHAFTEN BEI VERWENDG.V.HALBKETTEN
9	128	HÄLBKETTEN AMERIKANISCHE FERTIGUNG
		LENKUNG
9	1.0	AUTOMATISCHE STEUERUNG
9	403	AUTOMATISCHE LENKUNG
9	87	FERNBEDIENUNG DURCH FUNK
6	149	DRAHTLOSE FERNSTEUERUNG AUF DER STRASSE
6	148	VERSUCHE ZUR AUTOMAT.LENKUÑG BZW.FERNLENKG.IN DER SU

5	125	TRAKTOREN	GEBRAUCHSFAEHIGE FERNSTEUERUNGEN AMER-FIRMENLISTE
8	290		AUTOMATISCHE SCHLEPPERLENKUNG IN REBANLAGEN
8	62		FERNSTEUERUNG MITTELS DER LOGINOW-VORRICHTUNG
			TRAKTORENLADER
5	141		HOCHDRUCKHYDRAULIKPUMPEN NS DRUCKFLAECHENGROESSE
5	142		BERECH.DER NUTZUNGSDAUER V.HYDRAULIKPUMPEN BEI LADEGERAETEN
8	87		FRONT-UND HECKLADER VORTEILE
7	45		FRONT-U.HECKLADER NUTZUNGSDAUER U.REPARATURKOSTEN
9	137		HECK-SCHWENKLADER DER FA. JAGTENBERG
5	461		STAPLER UND LADER ALS ANBAUGERAETE FUER OBSTBAUBETRIEB
8	75		LADER A 600 PRUEFBERICHT VOLLEBEKK
8	73		FRONTLADER EINSATZMOEGLICHKEITEN UND BAUARTEN
5	154		FRONTLADER EINSATZ
5	138		ANFORDERUNGEN FUER ZUSAMMENSPIEL V.TRAKTOR U.FRONTLADER
5	368		FRONTLADER IN DER INNENWIRTSCHAFT
5	139		FRONTLADER MIT SCHNELLKUPPLUNG JACOBY QUICKE
8	412		EUCLID GELENKFRONTLADER
8	74		ZUSATZGERAETE ZUM FRONTLADER
6	159		VORRICHTG.UM ABBAU DER FRONTLADERSCHWINGE ZU ERLEICHTERN
			TRAKTORENGERAETE
9	146		ARBEITSTECHNIK BEIM WECHSELN V.ANBAUGERAETEN
9	133		ANBAUVORRICHTUNG ZUM ANSCHLUSS AN UNTERE LENKER
6	157		INSTA-HITCH EINRICHTG.ZUM ANKUPPELN V.MASCH.U.GERAETEN
8	70		DREIPUNKTANBAU
6	158		BESTIMMUNG DER BEIM DREIPUNKTANBAU WIRKENDEN KRAEFTE
9	134		EINHEITLICHE DREIPUNKT-ANSCHLUSSMASSE
7	26		MIT HYDRAULIKANBAU U.AUFBAUGERAETEN ARBEITSGRENZEN
7	131		KINEMATIK V.NACHFUEHRUNGSVORRICHT.FUER ARBEITSWERKZEUGE
8	81		AUTOMAT.KONTROLLE DER ARBEIT V.MASCH.TRAKT.AGGREGATEN
7	135		SYSTEME ZUR REGELUNG DER ARBEITSTIEFE DES PFLUGES
9	130		LAGE DER STUETZRAEDER SEITLICHER ANBAUMASCHINEN
7	137		ANHAENGERKUPPLUNG
9	135		HUBKUPPLUNG.FUER AUFSATTELUNG KOPFLASTIG.EINACHSANHAENGER
6	144		SCHAEDEN AN DER GELENKWELLE
5	132		VERHALTEN MIT AUFSATTELFAHRZEUG BEI KONSTANTER GESCHWINDIGK.
6	147		EINFL.V.AUFSATTELMASCH.AUF QUER KIPPFESTIGKEIT
5	24		KOMB.V.SCHLEGELERNTER MIT ZETOR SUPER
9	87		PFLUG ROBOTER
			ZUBEHOER
8	84		ELEKTR.ANLAGEN U.A.AUSRUESTUNGEN LEHRBOGEN
9	138		VORTEILE DES WECHSELSTROMGENERATORS
6	77		KRAFTSTOFFBATTERIEN FUER ELEKTROMOTORISCHEN ANTRIEB
6	74		KLEINKRAFTWERK FUER ZAPFWELLENANTRIEB
5	147		TRANSPORTABLES RADIO AGRI PAGE FUER EMPFANG AUF TRAKTOR
5	128		ANFORDERUNGEN AN DIE BREMSFAEHIGKEIT
5	130		PRUEFUNG VON BREMSSYSTEMEN FUER TRAKTORENZUEGE

7	126	TRAKTOREN	BERECHNUNG DER BREMSLEISTUNG V.BREMSEN
8	64		ARBEITSLEISTUNG DER BREMSEN
5	129		WIRKUNGSWEISE UND VORTEILE DER SCHEIBENBREMSEN
5	130		HYDRAULISCHE SCHEIBENBREMSEN
5	124		ERPROBUNG VON ASBEST-REIBUNGSBELAEGEN
8	65		EINFL.DER WAERMEDEHNUNG AN INNENDREHBACKENBREMSEN
7	139		SICHERHEITSGARANTIE FUER FAHRER DURCH KABINEN
5	145		ENTWICKLUNG UNFALLSICHERER VERDECKE
5	146		FORDERUNG NACH UNFALLSICH.SCHUTZBUEGELN BZW. KABINEN
8	77		ANFORDERUNGEN AN SCHUTZVERDECK GEGEN UEBERSCHLAG
8	76		PRUEFUNG VON WETTERVERDECKEN MIT UEBERSCHLAGSCHUTZ
6	162		UMSTURZVERSUCHE MIT SCHUTZVERDECKEN
8	78		UMSTURZFESTE VERDECKE WIRKEN BLITZSCHUETZEND
5	143		EINBAU VON KLIMAANLAGEN IN DIE FAHRERKABINE
5	143		VERRINGERUNG DES LAERMES IN DEN FAHRERKABINEN
7	140		BONSER SICHERHEITS-ALLWETTERKABINE NIAE-TEST
8	79		SICHERHEITSWETTERKABINE CAB MK II FUER MF TRAKT. NIAE-TEST
9	140		BO 62 SCHUTZVERDECK KLIPPAN TYP FORDSON PRUEFBER.ULTUNA
9	142		VERDECKE PRUEFBERICHT VOLLEBEKK
5	25		FAHRERKABINEN MIT KUNSTSTOFFOLIEN
5	145		PEKO FRONTEINSTIEGVERDECK
8	356		MONTAGEANWEISUNG EINER FAHRERKABINE
7	26		UNTERSUCHUNGEN AN SITZEN
7	132		SCHWINGUNGEN AM RAHMEN UND FAHRERSITZ
5	143		VERRINGERUNG DER SCHWINGUNGEN AM SITZ
7	139		STOSSDAEMPFUNG BEIM FAHRERSITZ
5	144		FAHRERSITZ DER BOSTROM CORP.ZUM VERMEID.GESUNDHEITL.SCHAED.
9	143		S 2000 SITZ FRITZMEIER
9	139		ERMUEDUNGSARMER SITZ
5	607		REST O RIDE EIN NEUER SITZ
			PFLEGE INSTANDSETZUNG
9	40		TECHNISCHE PFLEGE UND INSTANDSETZUNG
7	50		INSTANDSETZUNG
9	46		INSTANDSETZUNG
9	41		4STUFIGES SYSTEM DER TECHNISCHEN INSTANDHALTUNG
5	38		ORGANISATION DER MASCHINENPFLEGE
6	35		MASSNAHMEN ZUR VERBESSERG.DER MASCH.PFLEGE IM GEB.ANDISHAN
6	33		PLAN ZUR REPARATUR UND TECHNISCHEN BEDIENUNG
8	26		ABRISS DER TECHNOLOGIE DER INSTANDSETZUNG
5	36		FLIESSBANDSYSTEM DER REPARATUR
7	45		NUTZUNGSDAUER UND REPARATURKOSTEN
6	37		STAND DER ERSATZTEILVERSORGUNG IN DER DDR
5	37		SAEUBERN NACH DEM EINSATZ
8	25		REINIGUNG MIT DURCH TAUMELROTOREN BEWEGTEM DUESENSYSTEM
6	129		METHODE DES EINLAUFENS V.INSTANDGESETZTEN DIESELMOTOREN

9	92	BERUECKSICHTIGUNG V.ARBEITSSCHUTZ BEI KONSTRUKTION
9	93	URSACHEN FUER SCHAEDIGUNGEN DES FAHRERS
7	133	SCHAEDLICHE AUSWIRKUNGEN DER SCHWINGUNGEN AUF FAHRER
9	145	MENSCHLICHE BELASTUNG BEI ARBEIT MIT ANBAUGERAETEN
5	517	UNFALLQUELLEN IN DER FORSTWIRTSCHAFT
8	76	PROBLEME DER STURZSICHERUNG
8	68	QUERKIPPFESTIGKEIT V.ZUGMASCH.MIT GELENKRAHMEN
6	145	ANBRINGEN DER HALTEKETTE AM UNFALLSCHUTZ DER GELENKWELLE
		HANGEINSATZ
7	88	EINSATZGRENZEN AM HANG
6	123	KOMBINATIONSFAHRZEUG PULLAX FUER HANGLAGEN
		GARTENBAU
9	407	ANFORDERUNGEN FUER GEMUESE UND BLUMENZWIEBELANBAU
8	329	PARISER LANDMASCHINENSALON
9	447	1964 AUSSTELLUNG AMSTERDAM
8	328	INTERNAT.TAGE DER WEINBAUMECH.IN MONTPELLIER
8	331	MASCHINEN UND GERAETEVORFUEHRUNG DES OVR JORK
8	291	SCHMALSPURSCHLEPPER IM OBSTBAU
6	393	AUSWAHL FUER WEINBAUBETRIEB
5	472	EINSATZ IM WEINBAU
6	399	EINSATZ IM WEINBAU
7	402	KLEINTRAKTOR AGRIA FUER OBST- WEIN-UND GARTENBAU
7	403	NEUER KLEINSCHLEPPER AUS DEN IRUSWERKEN
7	401	KRAMER SCHMALSPURSCHLEPPER
9	448	SCHMAL MIT VERSTELLBARER SPURBREITE
9	404	38 PS SCHMALSPURTRAKTOREN VON EICHER
9	405	KLEINTRAKTOR ELF VON MASSEY FERGUSON
9	406	SUPER 63 FIAT
		FORSTWIRTSCHAFT
5	520	EINSATZ IN DER FORSTWIRTSCHAFT
5	519	EINSATZ IM FORSTBETRIEB TAGUNG IN DER BRD
5	572	HOLZTRANSPORT IN SCHWEDEN
8	392	AUSRUESTUNG FUER HOLZTRANSPORT
6	507	HOLZTRANSPORT SATTELTRAKTOREN MIT HAENGER
6	508	MIT ALLRADANTRIEB U.BEWEGL.VORDERRADACHSE FUER HOLZTRANSP.
6	460	120 PS AGRIR
9	516	B 614 VON INTERNATIONAL HARVESTER
5	592	BAMSE MIT UEBER FUNK GESTEUERTEN HYDR-BELADEKRAN
5	566	BELARUS MIT RUECKEVORRICHTUNG
9	472	BELARUS U.ZETOR SUPER MECH.V.FORSTKULTURARBEITEN
6	461	D 9 CATERPILLAR MIT ZWEI BULLDOZERSCHILDEN
7	496	COUNTY FORDSON SIX VON FORD
8	355	CULTITRAC A 12
9	459	A 20 HOLDER CULTITRAC ALLRAD FORSTL.EIGNUNG
8	355	HOLDER CULTITRAC A ZWANZIG
8	375	DER FA. JOHANSSONS MEK. VERKSTAD
8	375	KOKKUMS GARRET

7 450 TRAKTOREN SPEZIALTRAKTOR LISA FUER DIE FORSTWIRTSCHAFT
6 458 MITTELSCHWERER FORSTTRAKTOR NALLE
7 449 EINSATZ DES UNIMOG BEIM RUECKEN
9 489 GELAENDETRAKTOR VALMET ALS KONKURRENT FUER TIMBER JACK
8 353 UNFALLSCHUTZ BEI DER ARBEIT MIT FORSTSCHLEPPERN
5 516 BESONDERE GEFAHREN BEI SCHLEPPERN MIT ANBAUGERAETEN
5 518 UNFAELLE IN DER BRD

MESS—UND PRUEFWESEN
6 53 PRUEFUNG DURCH STAATLICHE DIENSTSTELLEN
5 28 EINFUEHRUNG DES PRUEFDIENSTES IN DER DDR
6 106 PRUEFUNG KTL—TEST ZUSAETZL.BERICHT FUER LANDW.
6 107 BERICHT FUER LANDW.ZUM KTL—TEST AUSSAGEKRAFT
7 117 AUSWERTUNG VON NEBRASKATESTS
9 42 ARBEITSGEMEINSCHAFT TRAKTORENPRUEFDIENST
9 60 FUNKTIONELLE ERPROBUNGEN UND MESSUNGEN
9 57 ERPROBUNGSMETHODEN TAGUNGSBERICHT
6 56 DYNO—TEST FUER GEBRAUCHTTRAKTOREN
8 8 ANALYSE DER ZUVERLAESSIGKEIT
8 24 AUSDRUECKE FUER DIE ZUVERLAESSIGKEIT
5 92 GERAETE UND VERFAHREN ZUR UEBERPRUEFUNG DES ZUSTANDES
7 90 PRUEFBAHN VON CADRIANO BOLOGNA
6 128 GESCHICHTLICHE ENTWICKLUNG DER MOTORENPRUEFUNG
7 57 SOG.BREMSENLOSES PRUEFEN VON MOTOREN
7 134 REGISTRIERUNG DER LEISTUNG
7 116 MESSEN V.ZWISCH.ZAPFWELLE U.MASCH.UEBERTRAG.LEISTUNG
6 65 BELASTUNGSMESSER FUER DIREKTE ANZEIGE DER PFERDESTAERKE
6 134 STATISTISCHE BESTIMMUNG DER ZUGKRAEFTE
6 58 MOMENTOGRAPH MC I
7 115 DREHMOMENTMESSER MIT ZWEI MESSBEREICHEN FUER ZAPFWELLE
5 120 PRUEFSTAND FUER GETRIEBE
8 50 ELEKTR.TRIEBWERKSPRUEFSTAND MIT LEISTUNGSKREISLAUF
7 127 SCHWUNGMASSENPRUEFSTAND FUER KRAFTFAHRZEUGBREMSAGGREGATE
6 156 DRUCKMESSUNGEN IN OELLEITUNGEN VON HYDRAULIKSYSTEMEN
8 66 BESTIMMUNG V.BELASTUNGEN DER RAHMENTEILE
9 132 FELDMESS.MIT DREIPUNKTANBAU UND REGELNDEN KRAFTHEBERN
7 89 PRUEFUNG VON SICHERHEITSKABINEN
6 160 SCHWINGUNGSUNTERSUCHUNGEN AN SITZEN
8 85 AUF FAHRER EINWIRKENDE VERTIKALSCHWINGUNGEN
7 128 METHODEN DER MESSUNG DER BODENVERFORMUNG
TRAKTORENANHAENGER HAECKSELWAGEN S.DORT
S.AUCH ACKERWAGEN
9 5 STAND UND ENTWICKLUNG DER TECHNIK
5 164 FUER LANDW.U.FORSTW.BETRIEBE GESETZL.BESTIMMUNGEN
5 132 VERHALTEN EINES TRAKTORS MIT AUFSATTELFAHRZEUG
9 26 VIELZWECKLADEWAGEN
7 154 VIELZWECKWAGEN ANFORDERUNGEN
5 128 ANFORDERUNGEN AN DIE BREMSFAEHIGKEIT
5 130 PRUEFUNG VON BREMSSYSTEMEN FUER TRAKTORENZUEGE

7 156 TRAKTORENANHAENGER ENTLADEN MIT ROLLBOEDEN UND KIPPVORRICHTUNGEN
5 518 UNFAELLE IN DER BRD
5 163 SELBSTLADENDER WAGEN VON DECHENTREITER
6 458 OESA 126 GELAENDEGAENGIGE SPEZIALKONSTRUKTION
7 480 MAZ 845 FUER TRANSPORT SCHWERER LASTEN
9 161 THK 5 KIPPANHAENGER
6 163 T 113 MIT ZAHNSTANGEN-KIPPEINRICHTUNG
TRAKTORENMAEHWERKE S.UNTER MAEHEN
9 35 TRANSMISSIONSWELLEN VERWENDUNG VON SEILEN
TRANSPORT HOLZTRANSPORT S.DORT
IM OBSTBAU S.UNTER OBSTBAU; IM WEINBAU S.UNTER WEINBAU
S.AUCH UNTER DEN EINZELNEN LANDW.U.GAERTN.ERNTEGUETERN
9 157 MECHANISIERUNG IN DER LANDWIRTSCHAFT
9 490 MECHANISIERUNG IN DER FORST-UND LANDWIRTSCHAFT
7 12 AUTOMATION DER ARBEITSPROZESSE
6 1 MECHANISIERUNGSSYSTEME DES RGW
5 159 IN DDR U.ANDEREN LAENDERN MIT SOZ.PRODUKTIONSVERHAELTNISSEN
5 161 TRANSPORTMITTELPLANUNG IN LANDW.GROSSBETRIEBEN
9 158 PROBLEME IN DER SOZIALISTISCHEN LANDWIRTSCHAFT LIT.
5 160 PROBLEME DES AUSSERBETRIEBL.GUETERUMSCHLAGES IN LANDW.
9 160 VOLUMINOESER GUETER IN DER LANDWIRTSCHAFT
5 162 ARBEITEN MIT LOSEN MASSENGUETERN
9 155 BERECHNUNG DER OPTIMALEN TRANSPORTWEGE
5 569 NEUERE AUFARBEITUNGS-UND TRANSPORTMETHODEN
7 153 OEKONOMIK IN DER LANDWIRTSCHAFT
8 464 KOSTEN AUF LANDWIRTSCHAFTLICHEN WIRTSCHAFTSWEGEN
9 153 IM LANDWIRTSCHAFTLICHEN BETRIEB ORGANISATION
6 341 NEUE WEGE ZUR MECHANISIERUNG DER INNENWIRTSCHAFT
7 152 VERRINGERUNG V.INNERBETRIEBL.TRANSPORTEN
9 10 INNERBETRIEBL.MATERIALTRANSPORT AUTOMAT.
7 503 EINFL.V.ARBEITSKETTEN AUF GEBAEUDEGESTALTUNG
9 154 PROBLEM IN BERGGEBIETEN
5 211 VON MINERALDUENGER VERLADEEINRICHTUNGEN FUER LOSETRANSPORT
8 143 VON DUENGEKALK
9 156 VON FUTTERMITTELN
9 519 64. LANDWIRTSCHAFTSAUSSTELLUNG IN BUDAPEST
9 447 1964 AUSSTELLUNG AMSTERDAM
8 393 RATIONALISIERUNG IM SAEGEWERK
9 555 TREPPEN AUS HOLZ
6 306 TRIEBACHSANHAENGER LAND DRIVE
TRIEURE S.UNTER GETREIDE.. REINIGEN SORTIEREN
S.UNTER KOERNERFRUECHTE
TROCKNUNG HEUBELUEFTUNG S.DORT; GRUENFUTTER S.DORT
S.AUCH DIE ENZELNEN ERNTEGUETER; GETREIDE S.DORT
5 333 TECHNIK UEBERSICHT UEBER DAS GESAMTGEBIET
5 361 WISSENSCHAFTLICHE GRUNDLAGEN DER TROCKNUNGSTECHNIK
5 358 LANDW.TROCKNUNGSTECHNIK VERLAG TECHNIK BERLIN
6 1 MECHANISIERUNGSSYSTEME DES RGW

9 246 TROCKNUNG PERSPEKTIVEN IN DER CSSR
8 517 ANLAGEN IN POLEN REISEBERICHT
6 13 JAHRESBERICHT DES NIAE
8 516 USA FELDFRUCHTTROCKNUNG MIT SONNENWAERME
6 11 LANDWIRTSCH.GUETER REGELUNG
9 333 VON FUTTERMITTELN FACHBUCH
7 535 ANLAGE BAUUNTERLAGEN
9 319 OEKON.VERGLEICH V.TROMMEL-U.SCHNELLUMLAUFTROCKNER
6 331 STATIONAERER MEHRZWECK-TROMMELTROCKNER
9 318 SCHNELLUMLAUFTROCKNER SANDAU MESSERGEBNISSE
9 317 BETRIEBSERFAHRUNGEN MIT SCHRAEGROSTTROCKNER GROSS-STOVE
9 318 SCHRAEGROSTTROCKNER GROSS-STOVE MESSERGEBNISSE
9 320 MEHRZWECKTROCKNER DER FIRMEN BROERE U. KUNZ
7 498 SFZ 06 WIRBELSCHICHTTROCKNER
5 344 KOERNERTROCKNUNGSVERSUCH MIT INFRAROTSTRAHLEN
6 334 LUFTVORWAERMER FUER FLUESSIGEN KRAFTSTOFF WIRKUNGSGRAD
5 494 TROCKENKALKSCRUBBER ZUM REG.DER KOHLENDIOXYDATMOSPHAERE IN OBSTLAG.
TROMMELHACKMASCHINE S.UNTER HOLZAUFBEREITUNG
6 TROMMELTROCKENENTRINDUNG S.UNTER HOLZAUFBEREITUNG
TROMMELTROCKNER S.UNTER TROCKNUNG, S.AUCH DIE EINZELNEN ERNTEGUETER
TROMMELWASCHMASCHINEN FUER TEXTILIEN S.UNTER WASCHEN.. WASCHMASCHINEN
6 515 TROPEN PLANUNG UND BAU VON FORSTWEGEN
9 493 HOLZRUECKEN ARBEITSMETHODEN
9 553 TUEREN AUSSENTUEREN AUS HOLZ
9 554 INNENTUEREN AUS HOLZ
5 633 DOPPELHOLZTUEREN WAERMEDAEMMUNG
9 566 MIT HOLZRAHMEN UND ALS FUELLUNG HOLZFASERPLATTEN
8 411 TUERKEI PLANUNG DES WALDWEGEBAUES
8 299 TULPEN KALKULATION FUER DEN ANBAU
9 420 ARBEITSMETHODEN BEIM STECKEN VON ZWIEBELN
7 160 TURBINEN UNGARISCHES FACHBUCH
TURBOLADER S.UNTER TRAKTOREN.. MOTOREN
8 TURMGEWAECHSHAEUSER S.UNTER GEWAECHSHAEUSER
TURMSILO S.UNTER SILO
7 511 TYPUNG GEBAEUDE KOMPLEXTYPENREIHE FUER SUEDLICHE SU

UDSSR AUSSTELLUNGEN S.DORT
6 22 ERZEUGUNG VON PLASTSTOFFEN
5 159 STAND DES LANDW.TRANSPORTWESENS
6 174 ENTWICKLUNG DES ZUCKERRUEBENANBAUES WAEHREND IXX.JH.IN RUSSL.
7 446 SIEBENJAHRPLAN FUER DIE FORSTWIRTSCHAFT
5 533 MECHANISIERUNG DER PFLANZUNG IN DER FORSTWIRTSCHAFT
5 524 BAU PROJEKTE FUER NEULANDGEBIETE
7 519 RAYONPLANUNG PLANUNGSVARIANTEN FUER VERSCHIED.ZONEN

5 642 UDSSR PLANUNG UND BAU VON KOLCHOSEN U.SOWCHOSEN IN BELORUSSLAND
UEBERBETRIEBLICHE MASCHINENVERWENDUNG S.GEMEINSCHAFTSEINRICHTUNGEN
5 610 UEBERSICHTEN TEHO FUER FINNISCHE RATIONALISIERUNG
6 49 UGANDA ENTWICKLUNG EINER MODERNEN LANDWIRTSCHAFT
7 59 ULTRASCHALL BESTIMMUNG V.SCHICHTDICKE U.FEUCHTIGKEIT V.ERNTEGUT
ULTRAVIOLETTSTRAHLEN S.UV-STRAHLEN
8 352 UNFALLSCHUTZ AUF DEM WEG ZUR ARBEITSSTAETTE
5 518 MASCHINENUNFAELLE IN DER BRD
5 41 ARBEITSUNFAELLE BEI INSTANDSETZUNG U.MONTAGEARBEITEN
7 68 GEFAHREN BEIM UMGANG MIT ELEKTR.BETRIEBSMITTELN
8 347 IM FUHRPARK GESETZLICHE BESTIMMUNGEN
5 516 BESONDERE GEFAHREN BEI SCHLEPPERN MIT ANBAUGERAETEN
6 145 ANBRINGEN DER HALTEKETTE AN DER GELENKWELLE
8 425 BEI PFLANZENSCHUTZMASSNAHMEN MIT FLUGZEUGEN
8 351 BEI SPRENG-UND STEINBRUCHARBEITEN
8 354 BESONDERE GEFAHRENQUELLEN IN DER FORSTWIRTSCHAFT
5 517 FORSTL.MASCHINEN U.FAHRZEUGE ALS UNFALLQUELLEN
8 349 BEI DER HOLZNUTZUNG IM GEBIRGE
6 478 HOLZFAELLEN IN DER NAEHE VON STARKSTROMLEITUNGEN
8 353 BEI DER ARBEIT MIT FORSTSCHLEPPERN
8 350 BEI DER ARBEIT MIT DER MOTORSAEGE
8 348 BEIM BESTEIGEN VON WALDBAEUMEN
5 623 STAND DER UNFALLVERHUETG.IN LANDW.BAUTEN
S.AUCH UNTER TRAKTOREN: ARBEITSSCHUTZ
UNGARN AUSSTELLUNGEN S.DORT
9 TAGUNGEN S.DORT
7 3 ENTWICKLUNG DER LANDWIRTSCHAFT
5 25 ERFAHRUNGEN MIT PLASTEN U.SINTERMETALLEN
6 450 FÖRSTLICHES BUECHEREIWESEN
5 259 UEBERBLICK UEBER DIE HALMFRUCHTERNTEVERFAHREN
5 260 ENTWICKLUNGSRICHTUNG DER HEIMISCHEN MAEHDRESCHER
8 159 MASCHINENSYSTEME FUER DIE BEHANDLUNG VON GRUENGUT
5 318 ENTWICKLUNG UND EINBAU VON TROMMELTROCKNERN
7 425 THERMALQUELLEN ZUR GEWAECHSHAUSHEIZUNG
6 452 REFÖRMENTWURF V.FORSTL.FAKULTAET FUER FORST-U.HOLZWIRTSCHAFT
8 418 PFLANZENSCHUTZGERAETE ENTWICKLUNG UND PRUEFUNG
8 436 AUFGABEN DES LANDW.BAUWESENS KONFERENZ IN BUDAPEST
6 3 UNKRAUTBEKAEMPFUNG AUFGABEN DER LANDTECHNIK IN DIESEM JAHRZEHNT
9 5 STAND UND ENTWICKLUNG DER TECHNIK
8 101 BEIM KARTOFFELANBAU
9 165 MAIS MIT EGGE UND SPRITZGERAET
5 601 IN BAUMWOLLKULTUREN
6 179 IN ERBSENKULTUREN
CHEMISCH
CHEM.ENTKRAUTUNG V.GRAEBEN S.UNTER GRABENRAEUMUNG
6 259 CHEM.AUF ACKER UND GRUENLAND
8 370 CHEM.AUF GRUNDWASSERBEEINFLUSSTEN STANDORTEN
6 528 ELEKTROSTATISCHES STAEUBEN ENTWICKLUNGSSTAND

8	419	UNKRAUTBEKAEMPFUNG	FLUGZEUGEINSATZ FAA-UEBERSICHT
9	235		GETREIDE MIT HERBIZIDEN VOM FLUGZEUG AUS
7	241		CHEM.IN ZUCKERRUEBEN ARBEITSWIRTSCH.
5	507		EINSATZ VON CHEM.MITTELN IN BAUMSCHULEN
9	244		HERBIZIDE MECHANISIERTE AUSBRINGUNG LEHRBUCH
5	600		EINBRINGUNG VON HERBIZIDEN IN DEN BODEN
7	242		EINBRINGEN VON HERBIZIDEN IN DEN BODEN
9	179		GERAETEKOMB.FUER PFLUEGEN DUENGEN SAEEN
9	179		VERSUCHE MIT HOH.DRUECKEN ROTIER.STREUAPPARATUREN
9	214		MASCHINE ZUM AUSBRINGEN VON HERBIZIDEN U.AMMONIAK
8	192		OTN 4 8 STAEUBE-UND SPRITZMASCHINE
5	599		BEI OBSTBAEUMEN ODER HECKEN BANDSPRITZUNG
5	172		SPRITZMASCHINE ONG VIM
6	14		VERHAELT.V.SONNENEINSTR.ZUR VERDUNST.CHEM.MITTEL
5	470		CHEM.MIT PARAQUAT IM OBSTBAU
6	414		ANWENDUNG VON HERBIZID SIMAZIN IM OBSTBAU
6	405		GESAGARDE EIN NEUES MITTEL FUER GEMUESEBAU
			S.AUCH UNTER SPRITZEN
			MECHANISCH
8	105		MECH.UND CHEM.BEI RUEBEN
8	359		ABBRENNEN MITTELS FLAMMENWERFER
8	192		KO 2 4 ZUR UNKRAUTVERNICHTG.MIT GASFLAMMEN
5	502		GASABBRENNGERAET AN EINEM GERAETETRAEGER
		UNTERGRUNDLOCKERUNG	TIEFPFLUEGE S.UNTER PFLUEGEN
7	413		IN BAUMSCHULEN
9	212		TIEFLOCKERER BESEITIGUNG VON BODENVERDICHTUNGEN
7	215		HAUPTDATEN SYMMETRISCHER ZINKEN
		UNTERSTELLRAEUME S.EINSTELLRAEUME	
7	4	USA	PERSPEKTIVE DER INDUSTRIELLEN REVOLUTION IN LANDWIRTSCHAFT
9	2		MECHANISIERUNG DER LANDWIRTSCHAFT
9	179		MECHANISIERUNG DER LANDWIRTSCHAFT
6	45		MECHANISIERUNGSGRAD DER LANDWIRTSCHAFT TESTZAHL
6	14		LANDTECHN.FORSCHUNG IM STAATE MISSISSIPPI
6	22		ERZEUGUNG VON PLASTSTOFFEN
8	45		DURCHSCHNITTLICHE TRAKTORENSTAERKE
9	86		ENTWICKLUNG DES TRAKTORENBESTANDES
6	48		KOSTEN VON MASCHINENEINSATZ FUER BODENBEARBEITUNG
6	48		KOSTEN V.MASCHINENEINSATZ FUER ERNTE IN NEBRASKA
8	516		FELDFRUCHTTROCKNUNG MIT SONNENWAERME
5	367		ELEKTROMECHANISIERUNG DER TIERZUCHTFARMEN
5	403		STREIFZUG DURCH AMERIKANISCHE HUEHNERSTAELLE
5	454		KUNSTSTOFFE IM AMERIKANISCHEN HAUSHALT
8	414		STUDIENREISE SCHWEDISCHER FORSTLEUTE
7	372	UV-STRAHLEN	ANLAGE FUER DIE BESTRAHLUNG VON EIERN
5	72		INSTALLATION VON ANLAGEN

		VEG VOLKSEIGENE GUETER
6	34	ORGANISATION DER INSTANDSETZUNG
		VERBRENNUNGSKRAFTMASCHINEN DIESELMOTOREN S.DORT
		MOTOREN S.DORT
6	80	GESCHICHTL.UEBERBLICK UEBER ENTSTEHUNG
6	80	GESCHICHTL.UEBERBLICK UEBER VERBREITG.
7	246	VERDICHTEN LANDWIRTSCH.HALMGUETER BERECHNUNGSBEISPIELE
6	547	VON BETON DURCH SCHLEUDERN UND VAKUUM
7	63	VERDUNSTUNGSMESSER ZUR ERFASSUNG DER WASSERSTROEMUNG
		VEREINZELN VON RUEBEN
9	168	ENTWICKLUNGSTENDENZEN
6	252	1962 ARBEITSSTUDIEN IN BELGIEN
7	240	ARBEITSANLEITUNG FUER RUEBEN
7	239	DER HACKFRUECHTE MIT GLEICHZEITIGER BODENLOCKERUNG
6	180	RUEBEN FACHBUCH
5	297	AUSDUENNEN DES PFLANZENBESTANDES VOR DEM VEREINZELN
8	107	MIT LANGSTIELIGER HACKE
8	106	DURCH ZWEIMALIGES STRIEGELN
8	147	GERAETE ZUM AUSDUENNEN
7	226	VORFUEHRUNG VON MASCHINEN
6	254	VORRICHTUNG MONTIERT AUF VIELFACHGERAET
9	234	REIHENAUSLICHTER VON ROOT HARVESTERS
9	234	AUSLICHTER DER FA. JOHN SALMON
5	223	AUSDUENNSTRIEGEL FUER RUEBEN
5	223	ACKERBUERSTE B 261 MIT AUSDUENNWERKZEUGEN
5	223	AUSDUENNBUERSTE STUDIE LMI HALLE
8	108	GERAETE HUDSON UND IMER
5	223	AUSDUENNMASCHINE FERGUSON
5	223	AUSDUENNMASCHINE HILLESHOEG
5	223	AUSDUENNMASCHINE P 921
5	223	AUSDUENNMASCHINE VICON
		VERLADEGERAETE S.UNTER FOERDERN, LADEN
		FUER HOLZ S.UNTER HOLZVERLADEN
		FUER STALLMIST S.UNTER STALLMIST
		S.AUCH UNTER DEN EINZELNEN ERNTEPRODUKTEN
5	16	VEROEFFENTLICHUNGEN RICHTLINIEN FUER GESTALTUNG
8	368	VERPACKUNG VON PFLANZEN
5	489	SCHNELLPACKMETHODE BEIM PACKEN VON FRUECHTEN
6	437	THE RAPID PACK METHOD OF PACKING FRUIT
		VERSCHALUNGEN S.UNTER BAUKONSTRUKTIONEN
8	129	VERSCHLEISS VON GRUBBERZINKEN
7	213	FESTIGKEIT GEHAERTETER EGGENZINKEN
8	193	DER SPINDELZAEHNE VON BAUMWOLLERNTEMASCHINEN
6	88	FESTIGKEIT DER KOLBENRINGE AUS HOCHSTABILEM GUSSEISEN
		S.AUCH UNTER MOTOREN
7	500	VERSUCHSFELDER NEUE MASCHINEN FUER SELEKTION UND SAATZUCHT

5 360 VERSUCHSFELDER BEWERTG.DER SAATGUTEIGENSCHAFTEN IM FELDVERSUCH
7 220 BESTIMMUNG DER VERTEILUNGSGUETE VON DUENGEMITTELN
8 421 MECH.DER SPRITZARBEITEN IM VERSUCHSWESEN
8 179 MAEHDRESCHER
8 187 EINSATZ VON KARTOFFELRODERN IM FELDVERSUCH
6 307 PARZELLENKOEPFER FUER ZUCKERRUEBEN
7 531 VERWALTUNGSBAUTEN EXPERIMENTALBAUTEN MIT GROSSPLATTEN
7 14 VETERINAERMEDIZIN KLEINE ENZYKLOPAEDIE LAND FORST GARTEN
5 9 WOERTERBUCH DER LANDW.ERGAENZUNGSBAND ITALIENISCH
9 71 VIBRATION EINFLUSS AUF INNERE BODENREIBUNGSZAHL
8 180 VIBRATIONSDRUSCH DATEN DER ARBEITSWERKZEUGE
9 156 VIBRATIONSFOERDERER FUER FUTTERTRANSPORT
7 328 VIBRATIONSZENTRIFUGE ZUR TRENNUNG VON SAATGUT
9 72 VIBRATOR ELEKTROHYDRAUL.ANWENDUNGSMOEGLICHKEITEN
VIELFACHGERAETE S.UNTER GERAETEKOMBINATIONEN
VIELZWECKBAUTEN S.MEHRZWECKBAUTEN
7 154 VIELZWECKWAGEN ANFORDERUNGEN
8 330 VOGELABWEHR NETZE ZUM SCHUTZ DER TRAUBEN GEGEN STARE
VOLKSEIGENE GUETER S.VEG
5 128 VOLLERNTEMASCHINEN ANFORDERUNGEN AN DIE BREMSFAEHIGKEIT
S.AUCH DIE EINZELNEN MASCHINEN
VOLLUMBRUCH PFLUEGE S.UNTER PFLUEGEN.. BAUARTEN TYPEN
5 444 VORRATSPFLEGE VIERZIG JAHRE VORRATSSCHUTZ IN DEUTSCHLAND
7 393 VORRATSSCHUTZ GEGEN SCHAEDLINGE FACHBUCH
S.AUCH KONSERVIERUNG
S.AUCH DIE EINZELNEN ERNTEGUETER UND VERFAHREN
VORRATSRODER S.UNTER KARTOFFELN
7 393 VORRATSSCHUTZ GEGEN SCHAEDLINGE FACHBUCH
6 VORSCHAELER S.UNTER PFLUEGEN

7 26 WAAGEN KONSTRUKTIONEN VON RADDRUCKWAAGEN
8 201 AUTOMATISCHE GETREIDEABFUELLWAAGE PRESIDETTE P SECHS
S.AUCH WIEGEN
9 538 WAERME BEDARFSBERECHNUNG VON GEBAEUDEN VEREINHEITLICHUNG
WAERMEDAEMMUNG S.UNTER WAERMESCHUTZ
6 378 WAERMEPUMPEN ELEKTR.IN DER LANDWIRTSCHAFT
5 433 WAERMESCHUTZ WAERMEDAEMMZAHLEN VON BAUSTOFFEN
8 457 WAERMELEITZAHL WAERMEDURCHLASSWIDERSTAND BESTIMMUNG

8 456 WAERMESCHUTZ WAERMEDAEMMUNG IN LANDWIRTSCHAFTLICHEN BAUTEN
8 457 FEUCHTIGKEITSBESTIMMUNG
5 631 WECHSELWIRKG.ZWISCHEN AUSSEN-U.INNENKLIMA
5 630 WAERMEDAEMMENDE WAENDE DAECHER U.FUSSBOEDEN IN STAELLEN
9 528 ARBOLIT ALS WAERMEDAEMMSTOFF
9 596 IN KARTOFFELLAGERHAEUSERN
9 597 IN KARTOFFELLAGERRAEUMEN
7 516 VON FENSTERN
S.AUCH DIE EINZELNEN BAUTEN
WAESCHETROCKNER S.UNTER WASCHEN
8 88 WAGEN VOM ACKERWAGEN ZUR TRANSPORTMASCHINE
7 252 MEHRZWECKWAGEN VON FELLA
LADEWAGEN S.DORT
S.AUCH:EINACHSANHAENGER; TRAKTORENANHAENGER; HAECKSELWAGEN
S.AUCH ACKERWAGEN
7 482 WALDBRANDBEKAEMPFUNG VOM FLUGZEUG AUS LITERATURUEBERSICHT
WALDERNEUERUNG S.UNTER AUFFORSTUNG
WALDKOMBINE S.UNTER HOLZFAELLEN
WALDWEGE S.FORSTWEGE
WALZENMUEHLEN S.UNTER FUTTERZUBEREITUNG
6 104 WANKELMOTOR VERGLEICHBARER HUBRAUM EINES NSU-WANKELMOTORS
WARMWASSERVERSORGUNG
7 12 AUTOMATION DER ARBEITSPROZESSE
7 374 IN KUECHE UND BAD GERAETE
5 648 ANLAGEN IN DEN LAENDERN DER BRD
9 386 MIT KOHLE OEL ELEKTR.U.GAS AUSSTELLUNGSBER.
5 430 GERAETE AUF DER KOELNER HERBSTMESSE
8 286 HAUSRAT-UND EISENWARENMESSE KOELN
9 379 NORMUNG DER WARMWASSERBEREITER AUS STAHL
GASBEHEIZTE GERAETE
6 372 GASDURCHLAUFERHITZER ODER ELEKTR.BOILER
ELEKTRISCHE GERAETE
6 371 ANWENDUNGSBEREICH VERSCHIED.ELEKTROGERAETETYPEN
8 265 ELEKTRISCHE HEISSWASSERBEREITER MESSEBERICHT
7 73 KREIS-U.L-NEARDIAGR.FUER ELEKTROWAERMEANLAGEN
7 378 WASSERERHITZER FUER DACHRAEUME
9 381 KOCHER WE 100
9 371 WASCHEN HUEHNEREIER-WASCHMASCHINE

WASCHEN VON TEXTILIEN
5 445 CHEMIE DER WASCHVORGAENGE
5 446 PFLEGEKENNZEICHEN FUER TEXTILIEN
8 266 WANDEL ALTER BEGRIFFE UNTER EINFL.DER VERWENDG.V.ELEKTROENERG.
WASCHMASCHINEN
6 369 MASCHINEN ANGABEN UEBER NUTZUNGSDAUER
7 395 VOLLAUTOMATEN MIT PROGRAMMSTEUERUNG
5 453 VOLLAUTOMATISCHE MASCHINEN MIT TROCKENSCHLEUDER
5 447 AEG WASCHAUTOMAT LAVAMAT NOVA REGINA
5 447 MIELE VOLLAUTOMAT DE LUXE

5 450 WASCHEN SUPERDRY AUTOMAT MIT AUTOMAT.WASCH-UND TROCKENPROZESS
8 284 WA 451 WASCHVOLLAUTOMAT PRUEFBERICHT WIESELBURG
8 285 PROGRAMMSCHEIBEN STEUERN WASCHAUTOMAT VON ZANKER
5 454 WASCHAUTOMATEN BAUELEMENTE AUS KUNSTSTOFF
9 400 CYLINDER 35 TROMMELWASCHMASCHINE AUTOMAT
6 389 WA 31 SK HALBAUTOMAT.TROMMELWASCHMASCH.VON SIEMENS
6 389 TEILAUT.TROMMELWASCHMASCH.CYLINDA AUTOMATIC
9 399 FREISCHWINGENDE TROMMELAUFHAENGUNG
5 453 ITALIEN.WASCHMASCHINE NACH DEM TURBO-PRINZIP
5 452 NEUE MASCHINE WASCH-UND WRINGVORRICHTUNG
ENTWAESSERN
6 369 TROCKENSCHLEUDERN ANGABEN UEBER NUTZUNGSDAUER
5 447 BAUKNECHT WAESCHESCHLEUDERN
9 400 K2 WAESCHESCHLEUDER VON SIEMENS
8 283 MASCH.TROCKENGERAETE HAUSRAT-UND EISENWARENMESSE IN KOELN
6 WASSERBAU WILDBACHVERBAUUNG S.DORT
5 224 UND MELIORATION
6 256 ORG.U.TECHNOLOGIE V.HYDROMELIORATIONSARBEITEN
6 255 HYDROTECHN.ANLAGEN BEI HYDROMELIORATION
7 63 VERDUNSTUNGSMESSER ZUR ERFASSUNG DER WASSERSTROEMUNG
5 590 REGULIER.U.BEFESTIG.ARBEIT.IN FLUSSBETTEN V.GEBIRGSBAECHEN
9 238 ERSTER BD.FLUSSREGULIERUNGEN ZWEITER BD.WASSERBAUTEN
5 184 MONOLITHISCHE BEFESTIGUNGEN VON BAUTEN
9 180 GESTALTUNG DER FUNDAMENTE KLEINER WASSERBAUTEN
5 225 PRODUKTIVER EINSATZ V.BAGGER
5 224 WASSERENERGIE NUTZUNG
5 464 WASSERGLAS STABILISIERUNG DER ERDDRAINE FUER BEWAESSERUNG
5 224 WASSERKRAFTWERKE TECHNISCHE PROBLEME
WASSERLEITUNGEN S.UNTER WASSERVERSORGUNG
WASSERPUMPEN S.UNTER PUMPEN
5 494 WASSERSCRUBBER ZUM REGELN DER KOHLENDIOXYDATMOSPHAERE IN OBSTLAGERN
WASSERVERSORGUNG BRUNNEN; PUMPEN; WARMWASSERVERSORGUNG S.DORT
S.AUCH TRAENKEN
6 3 AUFGABEN DER LANDTECHNIK IN DIESEM JAHRZEHNT
5 224 DER LANDWIRTSCH. VORTRAEGE
7 12 AUTOMATION DER ARBEITSPROZESSE
5 668 IN RINDERSTAELLEN OHNE ROHRLEITUNG
9 346 SONNEN-DESTILLATVERDAMPFER ZUR WASSERENTSALZUNG
7 528 KONSTRUKTION VON SUPERSCHNELLFILTERN
9 549 ROHRLEITUNGEN AUS GLAS KERAMIK PLASTEN STAHL U.A.
5 650 HYDRAUL.WIDERSTAENDE IN ASBESTBETONROHREN
5 463 POLYAETHYLENROHRE ECEPOLEN
7 38 SCHLAEUCHE UND ROHRE AUS KUNSTSTOFF

5 428 WASSERVERSORGUNG KLEINSCHWEISSTRANSFORMATOR ZUM AUFTAUEN V.LEITUNGEN
7 27 WASSERWIRTSCHAFT NEUORDNUNG DER INFORMATION UND DOKUMENTATION
8 414 STUDIENREISE DURCH EINEN TEIL KANADAS UND DER USA
9 138 WECHSELSTROMGENERATOR VORTEILE
WEGEBAU FORSTWEGE S.DORT
9 547 ARTEN KOSTEN LEBENSDAUER UND UNTERHALTUNG
5 649 VERFAHREN ZUR BEFESTIGUNG MATERIAL-UND KOSTENAUFWAND
9 548 KOSTEN UND AUFWAND V.VERFAHREN DER BODENSTABILISIERUNG
9 523 RENOVIERUNG UND INSTANDHALTUNG
6 555 WIRTSCHAFTSWEGEBAU UND HOFRAUMBEFESTIGUNG
5 646 MAKADAM-ODER PANEELFAHRBAHNEN FUER LANDW.WEGE
7 524 WIRTSCHAFTSWEGEBAU MIT ZEMENTSCHOTTER
9 561 FESTE ZUFAHRTSTRASSEN FUER VOLLMONTAGEHOEFE
7 525 AUSRUESTUNG VON ABTEILUNGEN IN DEM VEB MELIORATIONSBAU
8 464 TRANSPORTKOSTEN AUF LANDWIRTSCHAFTLICHEN WIRTSCHAFTSWEGEN
9 182 MASCHINEN
8 111 MASCHINEN IN DEN NIEDERLANDEN
9 610 AUSRUESTUNGEN FUER DEN WIRTSCHAFTSWEGEBAU
9 446 AUTOMAT.MASCH.ZUR HERSTELL.V.BETONWEGEN
7 526 WEGEHOBEL U.PLANIERGERAET ANBAUGERAETE ZUM GERAETETRAEGER
7 WEGEHOBEL S.UNTER WEGEBAU
WEIDEMELKSTAENDE S.UNTER MELKSTAENDE
5 531 WEIDEN TECHNIK DES ANBAUES
6 170 ARBEITSAUFWAND UND KOSTEN AUF INTENSIVWEIDEN
5 607 WOLSELEY PFLEGEGERAET ZUR LOCKERUNG DER GRASNARBE
S.AUCH GRUENLAND
WEIDEZAEUNE S.UNTER ZAEUNE
ELEKTROZAEUNE S.DORT
5 423 WEIDEZENTRALE MIT ROHRMELKANLAGE MILCHHYGIENE
WEINBAU HINWEISE
FROSTSCHUTZ S.DORT
S.AUCH.. NEBELN; SPRITZEN; SPRUEHEN; STAEUBEN
ALLGEMEINES
5 504 GESCHICHTLICHE ENTWICKLUNG DER TECHNIK
6 398 ENTWICKLUNGSARBEITEN AUF GEBIET DER TECHNIK
6 399 MOEGLICHKEITEN EINER WEITEREN TECHNISIERUNG
5 473 MECHANISIERUNG EINFLUSS DER GASSENBREITE
7 412 KOMPLEXE MECHANISIERUNG DER ARBEITEN
8 94 MECHANISIERUNG DES ANBAUES IN BULGARIEN
8 330 INDUSTRIESCHAU AUF DEUTSCHEN WEINBAUKONGRESS
8 328 INTERNAT.TAGE DER MECHANISIERUNG IN MONTPELLIER
5 501 INDUSTRIESCHAU AUF FUENFUNDVIERZIGSTEN KONGRESS
5 502 VEITSHOECHHEIMER MASCHINENTAG
5 457 IN PRODUKTIONSGENOSSENSCHAFTEN
8 300 MECHANISIERTER WINTERBAU IN REBANLAGEN
8 294 ANBAU ALS HYDROKULTUR

5 456 WEINBAU ARBEITSAUFWAND IN GEMISCHTBETRIEBEN MIT WEINBAU AM KAISERSTUHL
6 408 MASCH.EINSATZ AUF VERSUCHSGUT DER MASCHINENPRUEFSTATION
7 400 KOSTEN DER ARBEITSERLEDIGUNG
TRAKTORENEINSATZ
6 393 WAHL GEEIGNETER TRAKTOREN
5 459 ANFORDERUNGEN AN TRAKTOREN UND MASCHINEN
8 290 AUTOMATISCHE SCHLEPPERLENKUNG IN REBANLAGEN
7 402 KLEINTRAKTOR AGRIA
7 403 NEUER KLEINSCHLEPPER AUS DEN IRUSWERKEN
8 329 KETTEN-UND PORTALTRAKTOREN
5 500 RAUPENSCHLEPPER LOMBARDINI ALS WEINBERGTRAKTOR
8 330 KLEINRAUPE ITMA
5 501 KRAPP KLEINRAUPE MIT ANGEBAUTEM KULTIVATOR
6 124 MEILI AGROMOBIL
BODENBEARBEITUNG PFLEGE
7 405 MASSNAHMEN ZUR EROSIONSVERHINDERUNG
6 406 VERBESSERUNGEN AN BODENBEARBEITUNGSGERAETEN
6 407 GERAET ZUR BODENBEARBEITUNG IN DEN REIHEN
5 501 SITZPFLUEGE FUER DIE SEILZUGARBEIT
5 501 KREISELKRUEMLER SPATENEGGEN VICON SPATENMASCHINE
9 411 KN 2 KREISELKRUEMLER HUMUS PRUEFBERICHT IMA-BRUGG
6 400 BEWAESSERUNGSMASCHINE FUER REBANLAGEN
9 408 MASCH.FUER DUENGUNG U.SCHAEDLINGSBEKAEMPFUNG
7 409 DUNGSTREUER RMA I
7 411 ERRICHTUNG VON DRAHTANLAGEN
6 409 GERAETE UND VERFAHREN ZUM STOECKEPUTZEN
6 413 ANPASSUNG VON ZWEISCHENKLIGEN GRIFFEN AN ARBEITSHAND
8 330 REBHOLZZERKLEINERUNGSMASCHINEN UND STOCKRAEUMER
5 501 REBENRAFFER UND ZERKLEINERER
SCHAEDLINGSBEKAEMPFUNG
6 398 ENTWICKLUNG IM PFLANZENSCHUTZ
5 504 TECHNIK DER SCHAEDLINGSBEKAEMPFUNG
8 325 FLUGZEUGE ZUR KRANKHEITSBEKAEMPFUNG
6 410 HUBSCHRAUBER FUER DIE BESTAEUBUNG VON WEINSTOECKEN
6 441 MITTEL UND GERAETEEINSATZ ZUR MEHLTAUBEKAEMPFUNG
9 509 SPRITZGERAETE FUER REBANLAGEN MIT GERINGEN PFLANZABSTAENDEN
5 497 SPRUEHGERAET OV DREI A
9 507 SUPERIORANBAUSPRITZE
8 415 S 050 SPRITZ-UND SPRUEHMASCHINE
TRANSPORT
6 398 TRAUBEN HOTTENTRAEGER U.TRANSPORT DURCH KUNSTSTOFFROHRE
6 395 AVT 500 ANBAUMASCH.ZUM TRAUBENTRANSPORT
5 501 PALETTENTRAEGER
WEINLESE UND AUFBEREITUNG
9 437 UNTERSUCHG.UEBER ABSCHNEIDEN V.TRAUBEN
7 432 TRAUBENERNTEMASCHINE FUER TRAKTORANBAU
6 436 BEWAEHRUNG DER ALUMINIUM HERBSTBUETTEN
8 330 VOLLAUTOMATISCH ARBEITENDE HORIZONTALPRESSE
WEITSTRAHLREGNER S.UNTER BEREGNUNG
5 255 WEIZEN AUSWIRKUNGEN V.ERNTESCHAEDIGUNGEN AUF KEIMFAEHIGKEIT

6 319 WEIZEN VERBESSERUNG V.KLEBEREIGENSCHAFTEN DURCH ELEKTR.FELD
8 211 FEUCHTEAUSTAUSCH ZWISCHEN DEN KOERNERN
6 57 TROCKNUNG GERAET FUER UNTERSUCHUNG.V.KEIMSCHAEDIGUNGEN
5 337 LAGERUNG IN BODENSPEICHERN BETONSILOZELLEN U.SILOZELLEN
6 204 ABHAENGIGKEIT DER TRIEURLEISTUNG VON SEINEM DURCHMESSER
9 609 WERKSTAETTEN ENTWICKLUNG DES BAUES VON BETRIEBSWERKSTAETTEN
9 529 FERTIGTEILE AUS BETOLIT
6 20 WERKSTOFFE AUSTAUSCH VON METALLEN GEGEN PLASTWERKSTOFFE
8 20 DAUERFESTIGKEIT VON GLEITLAGERWERKSTOFFEN
S.AUCH DIE EINZELNEN WERKSTOFFE
5 125 WERKZEUGMASCHINEN GEBRAUCHSFAEHIGE FERNSTEUERUNGEN AMER.FIRMENLISTE
6 266 WICKEN MASCHINEN UND GERAETE ZUR HEUERNTE
6 266 WICKHAFER MASCHINEN UND GERAETE ZUR HEUERNTE
9 10 WIEGEN AUTOMATION
6 585 VON SCHWEINEN ORGANISATION
6 62 HYDRAULISCHER ZUGKRAFTMESSER ZUM AUSWIEGEN V.LASTEN
S.AUCH WAAGEN
WIESEN S.UNTER GRUENLAND
6 264 WILD EINRICHTUNG ZUR VERMEIDUNG VON VERLUSTEN BEIM MAEHEN
8 161 ZUM RETTEN
5 590 WILDBACHVERBAUUNG REGELUNGS-UND BEFESTIGUNGSARBEITEN
6 518 ANSCHWEMMUNGEN AN OBEREN HALTUNGEN VON DAEMMEN
5 507 WILDSCHAEDEN SCHUTZMITTEL
WINDEN S.UNTER HOLZRUECKEN UND -BRINGEN
S.UNTER.. HOLZTRANSPORT; HOLZVERLADEN; SEILWINDEN
7 85 WINDENERGIE NUTZUNG
5 73 NUTZBARMACHUNG
6 326 WINDSICHTUNG VERGLEICHSUNTERSUCH.AN SCHWERKRAFTWINDSICHTERN
S.AUCH GETREIDE; KOERNERFRUECHTE
WINKELPFLANZUNG S.UNTER PFLANZEN
WIRTSCHAFTSGEBAEUDE S.UNTER GEBAEUDE
WIRTSCHAFTSWEGEBAU S.UNTER WEGEBAU
7 9 WISSENSCHAFT UND PRAXIS
WOERTERBUECHER S.LEXIKA
8 434 WOHNHAEUSER ARCHITEKTONISCHE FRAGEN IM LAENDLICHEN BAUWESEN
5 611 UEBERBLICK UEBER HAUSFORSCHUNG IN DEN LETZTEN JAHREN
5 639 HYGIENESCHUTZGUERTEL ZWISCHEN WOHN-UND STALLKOMPLEXEN
6 657 FOERDERUNG DES LANDARBEITERWOHNUNGSBAUES
5 658 BESSERE ALTBAUWOHNUNGEN FUER LANDARBEITER
4 532 LANDWIRTSCHAFTLICHER WOHNUNGSBAU IN DER CSSR
5 651 WIEDERAUFBAU DER DOERFER IN RUMAENIEN
8 470 IN LANDORTEN DER UKRAINISCHEN SSR
6 560 IN SOWCHOSEN ASERBAISHANS UND ARMENIENS
5 655 ERFAHRUNGEN BEIM BAU IN USBEKISTAN
8 469 KOLCHOSSIEDLUNGEN IM GEBIET PSKOW
7 506 NEUZEITLICHE BAUGESTALTUNG

9 559 WOHNHAEUSER LEITSAETZE ZUR PLANUNG
8 468 TAKTSTRASSEN DES VEB BAUUNION NEUBRANDENBURG
5 433 IN LEICHTBAUWEISE MIT VOLLWAERMESCHUTZ
7 531 EXPERIMENTALBAUTEN MIT GROSSPLATTEN
9 531 AUS ALLZWECKMONTAGEELEMENTEN
7 510 FLACHE FUNDAMENTE FUER GEBAEUDE
7 533 BAU MEHRGESCHOSSIGER HAEUSER AUF DEM LANDE
5 654 ZWEIGESCHOSSIGE WOHNBAUTEN IN LANDGEBIETEN
9 613 BAU 4 BIS 5 GESCHOSSIGER HAEUSER
7 511 KOMPLEXTYPENREIHE FUER SUEDLICHE SU
8 466 KOMPLEXSERIE VON SOWJETISCHEN TYPENPROJEKTEN
8 467 KOMPLEXSERIE VON SOWJ.TYPENPROJEKTEN
5 656 LAENDL.WOHNHAUS AUS RAUMZELLEN IM GEBIET ALMA ATA
9 551 MEHRZWECKBAUTEN
7 516 WAERMESCHUTZ VON FENSTERN
EINRICHTUNGEN
8 471 WOHNHYGIENE IM BAUERNHAUS
9 558 ARBEITSPLAETZE UND SITZGRUPPEN IN WOHN-U.SCHLAFRAEUMEN
9 557 EINGEBAUTE SCHRAENKE SCHRANKWAENDE UND WANDSCHRAENKE
6 367 WOLLE LEISTUNGEN DES SCHAFES HANDBUCH
9 212 WUEHLSCHARE BESEITIGUNG VON BODENVERDICHTUNGEN
5 311 WURFTROMMELHAECKSLER LITERATUR
6 5 WURZELFRUECHTE ARBEITSVERFAHREN MASCHINEN UND GERAETE IN ENGLAND

ZAEUNE ELEKTROZAEUNE S.DORT
8 222 ERFAHRUNGEN BEIM BAU VON WEIDEZAEUNEN
7 351 AUFBAU UND FUNKTION VON MODERNEN WEIDEZAEUNEN
9 503 HAENGEZAUN IM FORSTAMT RHODEN
5 591 BAUMWEIDEPFAEHLE FUER KULTURZAEUNE IM AUWALD
ZAPEWELLEN S.UNTER TRAKTOREN
6 447 ZELLULOSEFABRIKEN ANNAHME DES HOLZES WUENSCHE DER FORSTWIRTSCHAFT
6 544 ZEMENT BESTIMMUNG DER MAHLFEINHEIT LIT.
6 545 ABHAENGIGKEIT DER FESTIGKEIT V.MAHLFEINHEIT LIT.
6 546 LITERATUR UEBER DEN TRANSPORT
7 524 WIRTSCHAFTSWEGEBAU MIT ZEMENTSCHOTTER
7 462 STABILISIEPUNG VON FORSTWEGEN
9 565 BODENSTABILISIERUNG FUER FUSSBOEDEN
ZENTRIFUGALSTREUER S.UNTER DUENGEN.. SCHLEUDERSTREUER
5 69 ZENTRIFUGEN OELREINIGUNGSZENTRIFUGEN AN MOTOREN
5 66 PRUEFUNG VON REAKTIONS-OELZENTRIFUGEN RMZ
ZERKLEINERN S.UNTER FUTTERZUBEREITUNG
ZETTEN S.UNTER HEUERNTE
8 440 ZIEGEL MIT STAHLBETONSTEGEN VERSEHENE DECKENPLATTEN
8 299 ZIERPFLANZENBAU VERDIENSTMOEGLICHKEITEN BEI DER BLUMENZWIEBELKULTUR
9 407 ANFORDERUNGEN AN ZWEI-ACHSTRAKTOREN
5 193 ZUCKERROHR BEWAESSERUNG DURCH BEREGNUNG HAWAI UND SUEDAFRIKA

5 306 ZUCKFRROHR MECHANISIERUNG DER ERNTE
5 307 MECHANISCHE ERNTE
ZUCKERRUEBEN S.RUEBEN
8 97 ZUECHTUNG FORDERUNGEN DIE SICH AUS NEUER ERNTETECHNIK ERGEBEN
6 93 ZUENDANLAGEN MIT HALBLEITERBAUELEMENTEN
ZWEIWAGENSEILBAHN S.UNTER SEILBAHN
6 177 ZWIEBELN ANBAU MECHANISIERUNG IN LPG
5 171 BERICHT UEBER DAS DERZEITIGE ANGEBOT AN MASCHINEN
7 443 ERNTE IM FREILAND IN BULGARIEN
5 469 VERFAHREN ZUR SAATGUT-UND STECKZWIEBELGEWINNUNG
6 434 ANBAUMASCHINE FUER DIE ERNTE VON STECKZWIEBELN
5 302 ERNTEMASCH.ULS ZWEI M ZWEIREIHIGE ANBAUMASCHINE
8 430 FRONTANBAU, RODEEINRICHTUNG
5 302 ERNTE VORRICHTUNG ZUR KARTOFFELVOLLERNTEMASCHINE
5 490 TROCKEN-U.LAGERHALTUNG V.SAMEN IN DICHTER VERPACKUNG
7 434 B 902 PUTZ-UND SORTIERANLAGE
9 173 ZWISCHENFRUCHTBAU LIT.UEBER ORGANISATION OEKONOMIK UND TECHNIK

32402

Umrechnung
von brit. und amerik. Einheiten in metrische Einheiten

(Stand 1. 1. 1960)

Längeneinheiten

1 in.	25,4	mm
1 ft.	30,5	cm
1 yd.	91,44	cm
1 mile (stat.)	1609,34	m

Geschwindigkeitseinheiten

1 ft.p.m.	0,0051	m/s
1 m.p.h.	0,447	m/s
	1,609	kmh

Flächeneinheiten

1 sq.in.	6,452	cm^2
1 sq.ft.	929,03	cm^2
1 sq.yd.	0,836	m^2
1 acre	0,405	ha
1 sq.mile	2,59	km^2

Raumeinheiten

1 cu.in.	16,39	cm^3
1 cu.ft.	28,32	l
1 cu.yd.	0,7646	m^3
1 acrefoot	1233,48	m^3
1 reg.ton	2,8317	m^3
1 Imp.gal.	4,5460	l
1 USA gal.	3,7854	l
1 bu. (Brit.)	36,368	l
1 bu. (USA)	35,242	l
1 qt.	0,291	l
1 pt.	0,568	l
1 liquid oz.	35,5	cm^3
1 liquid gal. (Brit.)	4,546	l
1 liquid gal. (USA)	3,785	l
1 petr. barrel	1,588	hl

Masseeinheiten

1 oz.	(Brit.)	28,35	g
	(USA)		
1 lb.	(Brit.)	0,4536	kg
	(USA)		
1 qt.	(Brit.)	12,7	kg
	(USA)	11,34	kg
1 cwt.	(Brit.)	50,80	kg
	(USA)	45,36	kg

1 long ton (Brit.)	1,016	t
1 short ton (USA)	0,907	t

Masse/Längeneinheit

1 oz./in.	11,161	g/cm
/ft.	9,301	g/dm
1 lb./in.	0,17858	kg/cm
/ft.	1,4882	kg/m
/yd.	0,4961	kg/m
1 long ton/in.	40,002	t/m
/ft.	3,3335	t/m
/yd.	1,1112	t/m
1 short ton/in.	35,716	t/m
/ft.	2,976	t/m
/yd.	0,992	t/m

Masse/Flächeneinheit

1 oz./sq.in.	4,394	g/cm^2
/sq.ft.	0,305	kg/m^2
1 lb./sq.in.	0,070	kg/cm^2
	51,715	mmQS
1 lb./sq.in.	4,882	kg/m^2
/sq.yd.	0,5425	kg/m^2
1 long ton/sq.in.	157,488	kg/cm^2
/sq.ft.	10,937	t/m^2
/sq.yd.	1,215	t/m^2
1 short ton/sq.in.	140,614	kg/cm^2
/sq.ft.	9,765	t/m^2
/sq.yd.	1,085	t/m^2

Masse/Raumeinheit

1 oz./cu.in.	1,730	g/cm^3
/cu.ft.	1,001	kg/m^3
1 lb./cu.in.	27,68	g/cm^3
/cu.ft.	16,019	kg/m^3
/cu.yd.	0,593	kg/m^3
/Imp.gal.	0,0998	kg/dm^3
/USA gal.	0,1198	kg/dm^3
/pt.	0,7982	kg/dm^3
1 cwt./.Imp.gal.	0,1766	kg/dm^3
1 long ton/cu.ft.	35,8815	t/m^3
/cu.yd.	1,3289	t/m^3
1 short ton/cu.ft.	32,071	t/m^3
/cu.yd.	1,187	t/m^3

Temperatur

1 °F = 4/9 °R = 5/9 °C
Temp. °C = 5/9 × (Temp. °F − 32°) =
Temp. °R = 4/9 × (Temp. °F − 32°)

Wärme

1 BTU	$1{,}076 \cdot 10^2$	kgm
	$7{,}783 \cdot 10^2$	ft.-lb.
	$2{,}9303 \cdot 10^{-4}$	int.kWh
	$2{,}5200 \cdot 10^{-1}$	ITkcal
	$3{,}9307 \cdot 10^{-4}$	HPh

Arbeit, Energie

1 ft.-lb.	0,1383	kgm
	$1{,}3826 \cdot 10^{-1}$	kgm
	$3{,}7650 \cdot 10^{-7}$	int.kWh
	$3{,}2379 \cdot 10^{-4}$	ITkcal
	$1{,}2849 \cdot 10^{-3}$	BTU
1 HPh	$1{,}980 \cdot 10^5$	ft.-lb.
	$2{,}7375 \cdot 10^6$	kgm
	1,0139	PSh
	$7{,}4548 \cdot 10^{-1}$	int.kWh
	$6{,}4110 \cdot 10^2$	ITkcal
	$2{,}5441 \cdot 10^3$	BTU

Leistung

1 ft.-lb./s	$1{,}3826 \cdot 10^{-1}$	kgm/s
	$3{,}2379 \cdot 10^{-4}$	ITkcal/s
	$1{,}8434 \cdot 10^{-3}$	PS
	$1{,}8182 \cdot 10^{-3}$	HP
	$1{,}3554 \cdot 10^{-3}$	int.kW
	$1{,}2849 \cdot 10^{-3}$	BTU/s
1 HP	76,04	kgm/s
	550,0	ft.-lb./s
	1,01387	PS
	$7{,}4548 \cdot 10^{-1}$	int.kW
	$1{,}7808 \cdot 10^{-1}$	ITkcal/s
	$1{,}0139 \cdot 1$	ITkcal/s
	$7{,}0670 \cdot 10^{-1}$	BTU/s
BTU/s	$1{,}076 \cdot 10^2$	kgm/s
	$7{,}783 \cdot 10^3$	ft.-lb./s
	1,0549	int.kW
	$2{,}520 \cdot 10^{-1}$	ITkcal/s
	1,435	PS
	1,415	HP

FSC
www.fsc.org
MIX
Papier | Fördert gute Waldnutzung
FSC® C083411

Kolibri 360 GmbH
Ferdinand-Jühlke-Straße 7
99095 Erfurt, Deutschland
produktsicherheit@kolibri360.de